云计算与虚拟化技术丛书

Cloud Architecture and Key Applications

# 云计算基础架构及关键应用

陆平 赵培 王志坤 等编著

机械工业出版社
China Machine Press

图书在版编目（CIP）数据

云计算基础架构及关键应用 / 陆平等编著 . —北京：机械工业出版社，2016.3
（云计算与虚拟化技术丛书）

ISBN 978-7-111-53176-0

I.云…　II.陆…　III.虚拟处理机 - 研究　IV.TP338

中国版本图书馆 CIP 数据核字（2016）第 044877 号

# 云计算基础架构及关键应用

出版发行：机械工业出版社（北京市西城区百万庄大街 22 号　邮政编码：100037）
责任编辑：王　颖　　责任校对：董纪丽
印　　刷：北京市荣盛彩色印刷有限公司　　版　　次：2016 年 4 月第 1 版第 1 次印刷
开　　本：186mm×240mm　1/16　　印　　张：14.5
书　　号：ISBN 978-7-111-53176-0　　定　　价：59.00 元

凡购本书，如有缺页、倒页、脱页，由本社发行部调换
客服热线：（010）88379426　88361066　　投稿热线：（010）88379604
购书热线：（010）68326294　88379649　68995259　　读者信箱：hzit@hzbook.com

# 本书编委会

主　编：陆平

副主编：赵培　王志坤

编　委：董振江　邓芳伟　张晗　杨勇　彭涛　王蔚

# 推荐序 Foreword

2009年第一届中国云计算大会的盛况仿佛还在眼前，转眼间7年过去了。在这7年间，云计算在中国从萌芽到发展，如今云计算的浪潮正在影响着数据中心、应用系统的建设，甚至无时无刻影响着人们的生活。随着云计算技术的成熟，运营商、互联网公司、政府企业都纷纷在自身的IT建设中使用了云计算。

云计算的来龙去脉是什么？为什么工业界需要云计算？其背后的技术背景、相关公司、非营利化开源组织、商业利益集团在云计算方面的策略是什么？随着云计算技术的成熟，企业如何部署自己的云计算，选用什么样的云计算、云平台来搭建IT系统？另外，云计算领域出现了许多分支——公有云、私有云、混合云等，其各自布局和未来发展如何？

这些都是相关领域的国家技术发展政策研究人员、企业CIO/CTO、高级研发人员、高校研究人员必须了解和能够回答的问题。本书和《OpenStack系统架构设计实战》(即将由机械工业出版社出版。——编辑注)，深入浅出地解释了上述问题，是难得的好书。

云计算相关的技术书籍已经有一些，且各有亮点。如虚拟化、OpenStack、KVM等方面，都有大量的参考书籍。这两本书的特点是从云计算技术及应用全貌进行完整介绍，兼顾了系统与细节：包括云计算的虚拟资源层、IaaS云管理层、PaaS等各个平台服务层次；详细介绍了KVM、Xen、Docker、OpenStack、Cloud Foundry、Ceph、SDN等云计算的关键技术；介绍了计算、存储、网络虚拟化的技术发展和应用；介绍了NFV、公有云、私有云、混合云的架构、部署和应用场景。这两本书的作者是长期从事云计算的一线研发专家，他们从云计算的关键技术着手，同时站在云计算提供者、使用者、IT建设决策者的多方角度来考虑云计算的应用场景和技术，非常难能可贵。

本人近年来一直从事分布式存储编码与系统的研发，部分理论成果——基于G2域的二进制纠删码BRS（Binary Reed-Solomen）成功融入中兴通讯的大数据存储系统中。合作的过程使得我对这两本书的作者的专业水平有了更深入的了解，强烈推荐计算机、网络、系统和相关专业的研发人员阅读此书。我相信，通过对这两本书的阅读，大家将会进一步加强对云计算的全面认识，综合理解SDN、NFV、云存储、云计算的部署和运维，全面掌握云计算的整体技术知识。

北京大学信息工程学院
北京大学大数据技术研究院存储编码及系统实验室
深圳市云计算重点实验室

# 前　言 *Preface*

早在20世纪90年代，云计算就已作为一种全新的技术模型被提出，但直到2007年，才因Google、亚马逊等云计算先驱将其付诸商业实践并获得丰厚利润，而得到业界的广泛重视。和互联网、物联网等技术一样，云计算是电子信息技术和信息社会需求发展到一定阶段的必然产物。从2007年至今，云计算已经成为人们进行信息交互与存储的重要模式，并成为大数据处理和深度挖掘的主要平台。

高盛研究在2015年的一份报告中指出，全球在云计算基础建设以及云平台上的花费将在2013～2018年间以年均30%的速率增长，而整个IT行业的预计增长仅有5%。面对这个蓬勃发展的市场，许许多多的咨询公司和研究机构都对其有着不同的预测。但是他们都一致认为，在全球范围内，云计算的发展正在加速。在巨大需求的刺激下，云计算核心得到快速发展，商业云计算与开源云计算技术在竞争中共同推进，而云计算与行业结合，也形成了形态各异、特色鲜明的电子政务云、教育云、医疗云、金融云、环保云、旅游云等云计算服务，云计算大数据的发展空间则更加广阔。

中兴通讯在云计算方面有多年的技术积累和应用实践。本书结合云计算最新技术趋势和中兴通讯的长期实践，对云计算技术进行系统的讲解，对云计算实践提供思路和建议。本书首先从云计算的需求和现状出发，分析目前云计算出现的问题。针对这些问题分析了IaaS云管理平台、IaaS云平台部署，并对PaaS（平台即服务）等进行了充分的探索和讨论。

本书由10章组成，各章主要内容如下。

第1章介绍了云计算的发展历史、基本模型及发展趋势。后续3章则对于计算、存储、网络虚拟化的主要技术分别进行阐述。其中，第2章对KVM、Xen、VMware等主要Hypervisor虚拟化技术以及容器虚拟化技术进行介绍，并阐明两类技术之间的关联。第3章以Ceph为例介绍分布式文件系统、分布式块存储、存储网关等存储虚拟化技术。2012年，在

SDN（软件定义网络）和 OpenFlow 大潮的进一步推动下，网络虚拟化再度成为热点，第 4 章重点介绍业界主流的一些虚拟网络设备或者新网络架构。第 5 章通过介绍各厂商桌面和应用虚拟化解决方案，让读者对虚拟桌面的发展有全面的了解。第 6 章对各主流云管理平台进行介绍及对比后，对 OpenStack 平台进行了重点介绍。对在不同时间、不同团队采用不同语言开发和构建的几十甚至几百个应用进行评估，考虑如何迁移到云计算环境，需要对现有 IT 基础框架有深刻的理解和认识，以及对各种云资源所能提供的功能等各种细节有深入了解。接下来，通过对通用云、NFV 云等部署方式的阐述，帮助读者在具体的云实践中可以更加有的放矢。第 7 章剖析了私有云、公有云、混合云的优势、适合场景、关键技术等，并结合 OpenStack 介绍了其构建及部署方式。第 8 章系统地介绍了 NFV 的架构及关键技术组成。第 9 章对业务链实现技术加以介绍，包括基本概念、架构及具体实现。

每一个新兴的计算技术都会迎来一个对应的新应用平台，在云计算时代，应用平台作为一种服务，通常被描述为平台即服务（PaaS）。第 10 章重点描述了 PaaS 平台的定义、应用场景以及功能与特点，并比较了业界主流的 Cloud Foundry、OpenShift、Flynn、Deis、DINP 等开源 PaaS 平台，为读者提供了选择开源 PaaS 平台的参考，另外介绍了 PaaS 平台 Cloud Foundry 的架构、工作机制及应用部署等知识。

本书适合高校及科研院所云计算研究人员、云计算开发者和工程人员阅读参考。本书的编写，除了各位编委之外，还得到了王晔、陈俊、高洪、张恒生、江滢等同事的大力支持，在此表示感谢！由于作者水平所限，书中难免存在不足之处，敬请广大读者批评指正。

# 目　录 Contents

第 1 章 Chapter 1

# 云 计 算

在过去的几年里，云计算已成为新兴技术产业中最热门的领域之一，也是继个人计算机、互联网变革后的第三次 IT 浪潮，它将给生活、生产方式和商业模式等带来根本性的变革。据 Gartner 预测，到 2018 年，由于云计算的发展和普及，70% 的专业人士将携带自有终端设备办公。云计算“一云多端”的特性将软件从本地硬件解放出来，也就是说，有了云计算，以前需要在本地进行的计算，大部分都可以基于互联网通过远程实现。这就是说，软件不再仅仅局限于某一个硬件设备。

作为一种技术和服务模式，云计算使得计算资源成为向大众提供服务的社会基础设施，它将对信息技术及其应用产生深刻影响。软件工程方法、网络和端设备的资源配置、获取信息和知识的方式等，无不因云计算而产生重大变化，它改变了信息产业现有业态，催生了新型的产业和服务。云计算带给了社会计算资源利用率的提高和计算资源获得的便利性，推动了以互联网为基础的传感网和物联网的迅速发展，并将更加有效地提升人类精准地感知世界、认识世界的能力，从而影响经济发展和社会进步。

## 1.1 云计算定义

对云计算（Cloud Computing）的定义有多种说法。对于到底什么是云计算，不同的人有不同的理解。在云计算发展的不同阶段，云计算的核心技术和服务方式也在不停地变化。现阶段广为人们所接受的是美国国家标准与技术研究院（NIST）的定义：云计算是一种按使用量付费的模式，这种模式提供可用的、便捷的、按需的网络访问，进入可配置的计算资源共享池（资源包括网络、服务器、存储、应用软件、服务），这些资源能够被快速地提供，只需投入很少的管理工作，或与服务供应商进行很少的交互。

2009 年，中国云计算专家委员会对云计算做了定义：云计算是一种基于互联网的计算方式，通过这种方式，共享的软硬件资源和信息可以按需提供给计算机和其他设备。

## 1.2 云计算发展历史

1983 年，Sun 公司就提出“网络是计算机”（The Network is the Computer）的概念，并推出了相关的工作站产品。

1999 年，VMware 推出了针对 x86 系统的虚拟化技术，旨在解决提升资源利用率方面存在的很多难题，并将 x86 系统转变成通用的共享硬件基础架构，以便使应用程序环境在完全隔离、移动性和操作系统方面有选择的空间，为云计算技术的发展和推广打下了基础。

2006 年 8 月 9 日，Google 首席执行官埃里克·施密特（Eric Schmidt）在搜索引擎大会（SES San Jose 2006）上首次提出“云计算”的概念。Google“云端计算”源于 Google 工程师克里斯托弗·比希利亚所做的 Google 101 项目。

云计算的概念和理论基础首次出现在学术界。2007 年 10 月，Google 与 IBM 开始在美国大学校园，包括卡内基梅隆大学、麻省理工学院、斯坦福大学、加州大学柏克莱分校及马里兰大学等，推广云计算的计划，这项计划希望能降低分布式计算技术在学术研究方面的成本，并为这些大学提供相关的软硬件设备及技术支持（包括数百台个人电脑、BladeCenter 与 System x 服务器，这些计算平台提供了 1600 个处理器，支持 Linux、Xen、Hadoop 等开放源代码平台），而学生则可以通过网络开发各项以大规模计算为基础的研究计划。

2008 年 1 月 30 日，Google 宣布在中国台湾地区启动“云计算学术计划”，与台湾台大、交大等学校合作，将这种先进的云计算技术大规模、快速地推广到校园。

2008 年 2 月 1 日，IBM 公司宣布在中国无锡太湖新城科教产业园为中国的软件公司建立全球第一个云计算中心（Cloud Computing Center）。

2008 年 7 月 29 日，雅虎、惠普和英特尔宣布一项包括美国、德国和新加坡在内的联合研究计划，推出云计算研究测试床，以推进云计算。该计划要与合作伙伴创建 6 个数据中心作为研究试验平台，每个数据中心配置 1400 ～ 4000 个处理器。这些合作伙伴包括新加坡资讯通信发展管理局、德国卡尔斯鲁厄大学 Steinbuch 计算中心、美国伊利诺伊大学香槟分校、英特尔研究院、惠普实验室和雅虎公司。

2008 年 8 月 3 日，美国专利商标局网站信息显示，戴尔申请了“云计算”（Cloud Computing）商标，此举旨在加强对这一未来可能重塑技术架构的术语的控制权。

2010 年 3 月 5 日，Novell 与云安全联盟（CSA）共同宣布一项供应商中立计划，名为“可信任云计算计划”（Trusted Cloud Initiative）。

2010 年 4 月 8 日，由剑桥大学发起的开源虚拟机 Xen 项目发布了 4.0.0 正式版。它支持 64 个虚拟 CPU，主机支持 1 TB RAM 和 128 个物理 CPU，推动云计算的加速发展。

2010 年 7 月，美国国家航空航天局以及 Rackspace、AMD、英特尔、戴尔等支持厂商共同宣布了 OpenStack 开放源代码计划。微软在 2010 年 10 月表示，支持 OpenStack 与 Windows Server 2008 R2 的集成；而 Ubuntu 已把 OpenStack 加至其 11.04 版本中。

观察图 1-1 所示的 Gartner 2014 新兴技术成熟度曲线，我们可以发现，云计算技术已经进入泡沫化的低谷期，即将进入爬升和高峰期。据业内预计，Gartner 2015 新兴技术成熟度曲线中将不再出现云计算技术，这表示云计算已不再是“新兴”技术，而成为“主流”技术了。随着云计算技术的成熟，OpenStack、KVM 等开源项目的不断成熟，VMware、IBM、惠普等云计算产品在行业市场的不断推广，以及 Google、腾讯、百度、阿里巴巴等互联网企业对云计算的广泛应用，云计算作为主流技术，正无时无刻改变和影响着人们的生活，已经成为我们生活中必不可少的一部分。

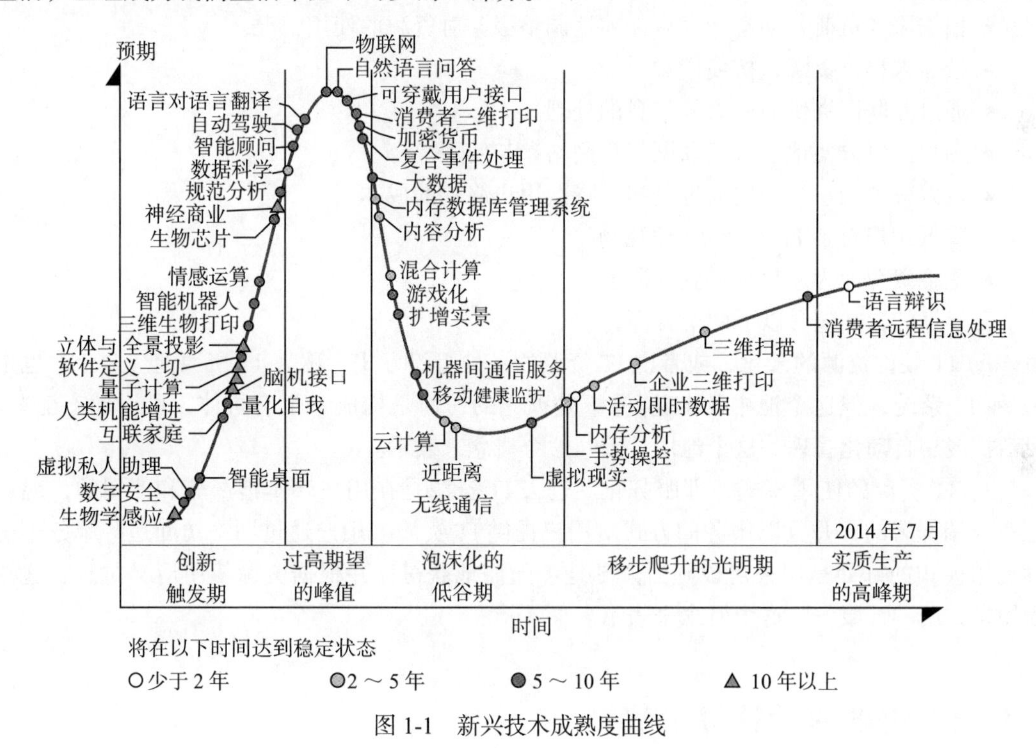


图 1-1 新兴技术成熟度曲线

## 1.3 云计算的特征

云计算包括狭义的云计算和广义的云计算。狭义的云计算指 IT 基础设施的交付和使用模式，通过网络以按需、易扩展的方式获得所需资源，对应着云计算 IaaS 服务，目前业界如阿里云、亚马逊云都属于狭义云计算服务的范畴。广义的云计算指服务的交付和使用模式，通过网络以按需、易扩展的方式获得所有服务，通常通过互联网来提供动态的、易扩展的且经常是虚拟化的资源。这种服务可以是提供IT基础设施、软件或互联网相关的各种服务，也可以是其他类型的服务，如IaaS、PaaS、SaaS都属于广义云计算的范畴。“云”是网络、互联网的一种比喻说法，也用来表示互联网和底层基础设施的抽象。

通过使计算分布在大量的分布式计算机上，而非本地计算机或远程服务器中，企业数据中心的运行将与互联网更相似。这使得企业能够将资源切换到需要的应用上，根据需求访问计算机和存储系统，类似于从传统的单台发电机模式转向电厂集中供电的模式。它意味着计算能力也可以作为一种商品进行流通，就像天然气、水、电一样，取用方便，费用低廉。而最大的不同在于，它是通过互联网进行传输的。

互联网上的云计算服务特征和供电、供水具有一定的相似性，应该具备以下几条特征：

- 基于虚拟化技术快速获取资源并部署服务。
- 根据服务负荷，动态地、可伸缩地调整服务对资源的使用情况。
- 按需求提供资源，按使用量付费。
- 通过互联网提供面向海量信息的处理。
- 用户可以方便地通过互联网门户网站参与使用。
- 可以减少用户终端的处理负担，降低用户终端的成本。
- 降低用户对于IT专业知识的依赖。
- 虚拟资源池为用户提供弹性服务。

云计算的含义包含以下两个方面：

1）IT硬件资源的云化，或者说IT资源的一种组织方式，称为IT资源池。这个池也是一种IT系统，但这个池中的IT资源不是孤立的，而是构成一个有机体，可以动态配置、灵活扩展、自动化管理。这个池用“云”这个概念来表示。

2）IT资源的使用模式，即服务化。过去IT资源是在用户端本地部署和使用的，现在是在云端部署的，并且以服务的方式对用户提供IT资源。用户通过网络访问这些服务。这种使用模式的好处是服务可以随时、随地、随需地获得，并根据资源使用情况付费。这种使用模式用“云服务”这个概念来表示。

## 1.4 IT建设的云计算趋势

云计算成为IT领域最令人关注的话题之一，也是当前大型企业、互联网的IT建设正在考虑和投入的重要领域。云计算的提出，引发了新的技术变革和新的IT服务模式。在这个过程中，企业内部IT服务模式经历了3个阶段。

**第一阶段：企业IT大集中过程**

在这一过程中，企业将分散的数据资源、IT资源进行了物理集中，形成了规模化的、集中的数据中心基础设施，在这一过程中，也实现了企业IT资产的统一管理以及自动化运维。在数据集中过程中，不断实施数据和业务的整合，大多数企业的数据中心基本上完成了自身的标准化，使得既有业务的扩展和新业务的部署能够规划、可控，并以企业标准进行 IT 业务的实施，解决了数据业务分散时期的混乱无序问题。在这一阶段中，很多企业在数据集中后期也开始了容灾建设，特别是在自然界雪灾、大地震之后，企业的容灾中心建设普遍受到重视。以金融行业为例，在银监会、证监会的规范要求下，整个行业都开展了容灾建设，并且大部分容灾建设的级别都非常高，都是面向应用级容灾（以数据零丢失为目标）。总的来说，第一阶段解决了企业 IT 分散管理和容灾的问题。

**第二阶段：实施虚拟化的过程**

在数据集中与实现容灾之后，随着企业的快速发展，数据中心 IT 基础设施扩张速度加快，但是系统建设成本高、周期长，即使是标准化的业务模块建设（哪怕是系统的复制性建设），软硬件采购成本、调试运行成本与业务实现周期并没有显著下降。标准化并没有给系统带来灵活性，集中的大规模 IT 基础设施出现了系统利用率低下的问题，不同的系统运行在独占的硬件资源中，效率低下而数据中心的能耗、空间问题逐渐凸显出来。因此，以降低成本、提升 IT 运行灵活性、提升资源利用率为目的的虚拟化开始在数据中心进行部署。虚拟化屏蔽了不同物理设备的异构性，将基于标准化接口的物理资源虚拟化为在逻辑上也完全标准化和一致化的逻辑计算资源（虚拟机）和逻辑存储空间。虚拟化可以将单台物理服务器虚拟成多台，在每台服务器上运行多种应用的虚拟机，实现物理服务器资源利用率的提升。由于虚拟化环境可以实现计算与存储资源的逻辑化变更，特别是虚拟机的克隆，使得数据中心 IT 实施的灵活性得到大幅度提升，业务部署周期可由数月缩短到一天。虚拟化后，应用以 VM 为单元部署运行，数据中心服务器数量可大为减少，且计算能效提升，使得数据中心的能耗与空间问题得到控制。

总的来说，第二阶段提升了企业 IT 架构的灵活性，使数据中心的资源利用率有效提高，而运行成本降低。同时由于虚拟机克隆技术的出现，业务部署周期大幅度缩短。

**第三阶段：云计算阶段**

对企业而言，数据中心的各种系统（包括软硬件与基础设施）是一大笔资金投入。一方面，新系统（特别是硬件）在建成后一般经历 3 ～ 5 年即面临逐步老化，需要更换，而软件技术则将面临不断升级的压力。另一方面，IT 的投入难以匹配业务的需求，即使进行了虚拟化也难以解决不断增加的业务对资源变化的需求，在一定时期内扩展性总是有所限制。于是企业 IT 产生新的期望蓝图：IT 资源应能够弹性扩展、按需服务，将服务作为 IT 的核心，提升业务敏捷性，进一步大幅度降低成本。因此，面向服务的 IT 需求开始演化到云计算架构上。云计算架构可以由企业自己构建，也可采用第三方云设施，但基本趋势是企业将逐步采取租用 IT 资源的方式来实现业务需要，如同水力、电力资源一样，计算、存储、网络将成为企业 IT 运行的一种被使用的资源，无需自己建设，可按需获得。从企业角度而言，云计算解决了 IT 资源的动态需求和最终成本问题，使得 IT 部门可以专注于服务的提供和业务运营，而业务部门则可以更加关注应用系统的运行，不需要再为IT环境的搭建、硬件设备的损坏而烦恼。云服务的标准化也将是这一过程中的关键因素，服务标准化以后，企业也可以根据自身的需求，选择私有云服务或者公有云服务，甚至可以同时使用公有云和私有云服务，形成企业自身的混合云。

这3个阶段中，大集中与容灾面向数据中心物理组件和业务模块，虚拟化面向数据中心的计算与存储资源，云计算最终面向IT服务。这样一个演进过程，表现出IT运营模式的逐步改变，而云计算则最终根本改变了传统IT的服务结构，它剥离了IT系统中与企业核心业务无关的因素（如IT基础设施），将IT与核心业务完全融合，使企业IT服务能力与自身业务的变化相适应。在技术变革不断发生的过程中，网络逐步从基本互联网功能转换到Web服务时代（典型的Web 2.0时代），IT也由企业网络互通性转换到提供信息架构、全面支撑企业核心业务。技术驱动力为云计算提供了实现的客观条件。

## 1.5 云计算模型

对于云计算的分类，目前比较统一的方式是按服务的层次和云的归属两个维度进行划分。

按云服务的层次划分，不同的云服务商提供不同的服务，如资源租赁服务、应用设计服务、软件业务服务等，通常我们把云服务分为IaaS、PaaS、SaaS三层，如图1-2所示。

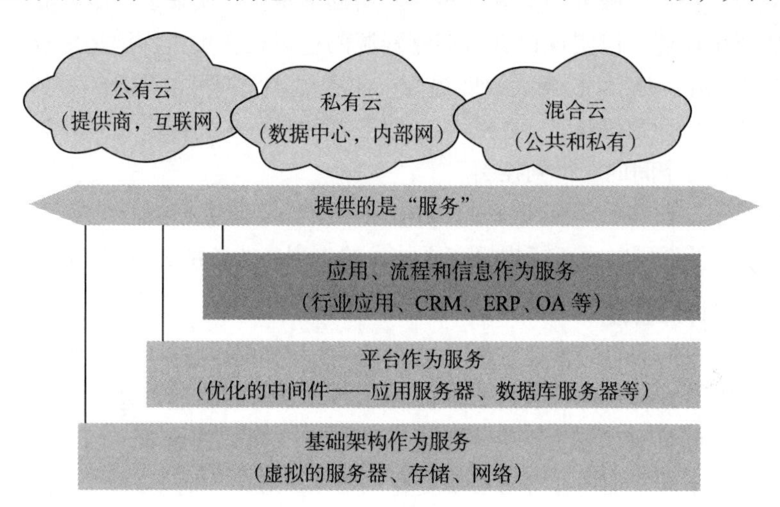


图1-2 云服务分层

1）IaaS（Infrastructure-as-a-Service，基础设施即服务）。有时候也叫作Hardware-as-a-Service，几年前如果想在办公室或者公司的网站上运行一些企业应用，用户需要去买服务器，或者别的高昂的硬件来控制本地应用，让你的业务运行起来。但是现在有IaaS，用户可以将硬件外包到别的地方去。IaaS公司会提供场外服务器、存储和网络硬件，用户可以租用。这样就节省了维护成本和办公场地，公司可以在任何时候利用这些硬件来运行其应用。一些大的 IaaS 公司包括 Amazon、Microsoft、VMWare、Rackspace 和 Red Hat，不过这些公司又各有自己的专长，比如 Amazon 和微软所提供的不只是 IaaS，他们还会将其计算能力出租给用户来托管用户的网站。

2）PaaS（Platform-as-a-Service，平台即服务）。有时候也叫作中间件。用户所有的开发都可以在这一层进行，节省了时间和资源。PaaS 在网上提供各种开发和分发应用的解决方案，比如虚拟服务器和操作系统，这节省了用户在硬件上的费用，也让分散的工作场所之间的合作变得更加容易。PaaS 平台包括网页应用管理、应用设计、应用虚拟主机、存储、安全以及应用开发协作工具等功能。大的 PaaS 提供者有 Google App Engine、Microsoft Azure、Force.com、Heroku、Engine Yard。最近新兴的公司有 AppFog、Mendix 和 Standing Cloud。

3）SaaS（Software-as-a-Service，软件即服务）。这一层是每天和人们的生活相接触的一层，大多通过网页浏览器来接入。任何一个远程服务器上的应用都可以通过网络来运行，这就是 SaaS。用户消费的服务完全是从网页，如 Netflix、MOG、Google Apps、Box.net、Dropbox 或者苹果的 iCloud 那里进入这些分类。尽管这些网页服务既可用作商务也可用于娱乐，或者两者都有，但这也算是云技术的一部分。一些用作商务的 SaaS 应用包括 Citrix 的 GoToMeeting，Cisco 的 WebEx，Salesforce 的 CRM、ADP、Workday 和 SuccessFactors。

按云的归属来看，我们把云计算分为公有云、私有云和混合云，如图 1-2 所示。公有云一般由 ISP 构建，面向公众、企业提供公共服务，由 ISP 运营；私有云是指由企业自身构建的为内部使用的云服务；当企业既有私有云又采用公有云计算服务时，这两种云之间形成一种内外数据相互流动的形态，便是混合云的模式。

## 1.6 IaaS

IaaS 作为云计算的主要服务之一，将基础架构进行云化，形成计算、存储和网络的虚拟化资源池，从而更好地为应用系统的上线、部署和运维提供支撑，提升效率，降低 TCO。同时，由于 IaaS 包含各种类型的硬件和软件系统，因此在向云迁移的过程中也会面临前所未有的复杂性和挑战。那么，云基础架构包含哪些组件？主要面临哪些问题？有哪些主要的解决方法呢？

如图 1-3 所示，传统的 IT 业务部署架构是“烟囱式”的，或者叫作“专机专用”系统。在这种架构中，新的应用系统上线的时候需要分析该应用系统的资源需求，确定基础架构所需的计算、存储、网络等设备规格和数量。这种部署模式主要存在的问题有以下两点：

1）硬件高配低用。考虑到应用系统未来 3 ～ 5 年的业务发展，以及业务突发的需求，为满足应用系统的性能、容量承载需求，用户往往在选择计算、存储和网络等硬件设备的配置时会留有一定比例的余量。但硬件资源上线后，应用系统在一定时间内的负载并不会太高，这就使得较高配置的硬件设备利用率不高。

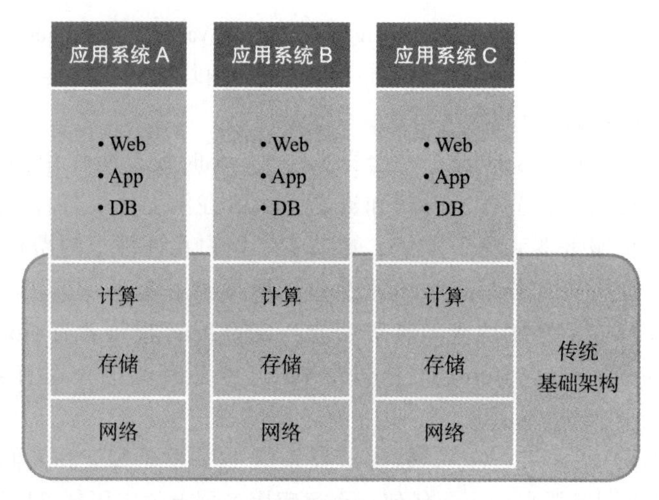


图 1-3　传统 IT 业务部署架构

2）整合困难。用户在实际使用中也注意到了资源利用率不高的情形，当需要上线新的应用系统时，会优先考虑部署在既有的基础架构上。但因为不同的应用系统所需的运行环境、对资源的抢占会有很大的差异，更重要的是考虑到可靠性、稳定性、运维管理问题，将新、旧应用系统整合在一套基础架构上的难度非常大。所以，更多的用户往往选择新增与应用系统配套的计算、存储和网络等硬件设备。

这种部署模式造成了每套硬件与所承载应用系统的“专机专用”的情况，多套硬件和应用系统构成了“烟囱式”部署架构，使得整体资源利用率不高，占用过多的机房空间和能源。随着应用系统的增多，IT 资源的效率、扩展性、可管理性都面临很大的挑战。

如图 1-4 所示，云基础架构的引入有效解决了传统基础架构的问题。云基础架构在传统基础架构计算、存储、网络硬件层的基础上，增加了虚拟化层、云管理层。

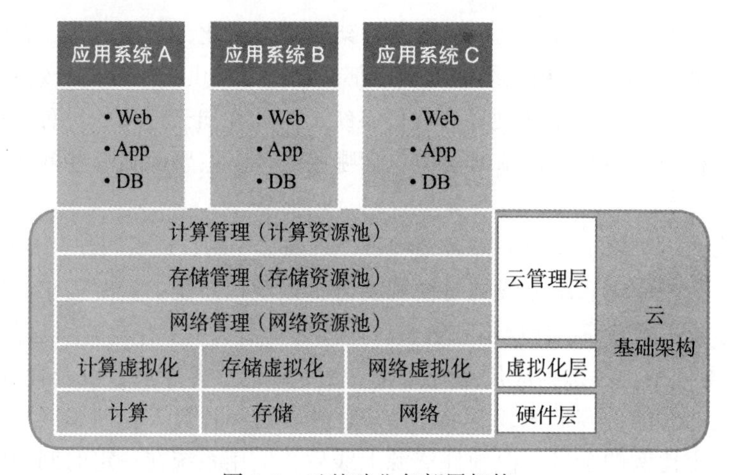


图 1-4　云基础业务部署架构

1）虚拟化层：大多数云基础架构广泛采用虚拟化技术，包括计算虚拟化、存储虚拟化、网络虚拟化等。通过虚拟化层，屏蔽了硬件层自身的差异和复杂度，向上呈现为标准化、可灵活扩展和收缩、弹性的虚拟化资源池。

2）云管理层：对资源池进行调配、组合，根据应用系统的需要自动生成、扩展所需的硬件资源，将更多的应用系统通过流程化、自动化部署和管理，提升 IT 运行效率。

相对于传统基础架构，云基础架构通过虚拟化整合与自动化，应用系统共享基础架构资源池，实现高利用率、高可用性、低成本、低能耗，并且通过云平台层的自动化管理，实现快速部署、易于扩展、智能管理，帮助用户构建 IaaS 云业务模式。

# 1.7 计算虚拟化简介

## 1.7.1 计算虚拟化

计算虚拟化是指通过虚拟化技术将一台计算机虚拟为多台逻辑计算机。在一台计算机上同时运行多个逻辑计算机，每个逻辑计算机可运行不同的操作系统，并且应用程序都可以在相互独立的空间内运行而互不影响，从而显著提高计算机的工作效率。

计算虚拟化使用软件的方法重新定义、划分 IT 资源，可以实现 IT 资源的动态分配、灵活调度、跨域共享，提高 IT 资源利用率，使 IT 资源能够真正成为社会基础设施，服务于各行各业中灵活多变的应用需求。

如图 1-5 所示，虚拟化技术的核心是运行在硬件服务器上的 Hypervisor 软件。Hypervisor 是一种运行在物理服务器和操作系统之间的中间软件层，允许多个操作系统和应用共享一套基础物理硬件，因此也可以看作虚拟环境中的“元”操作系统，它可以协调访问服务器上的所有物理设备和虚拟机，也叫虚拟机监视器（Virtual Machine Monitor）。Hypervisor 是所有虚拟化技术的核心，非中断地支持多工作负载迁移的能力是 Hypervisor 的基本功能。当服务器启动并执行 Hypervisor 时，它会给每一台虚拟机分配适量的内存、CPU、网络和磁盘，并加载所有虚拟机的客户操作系统。

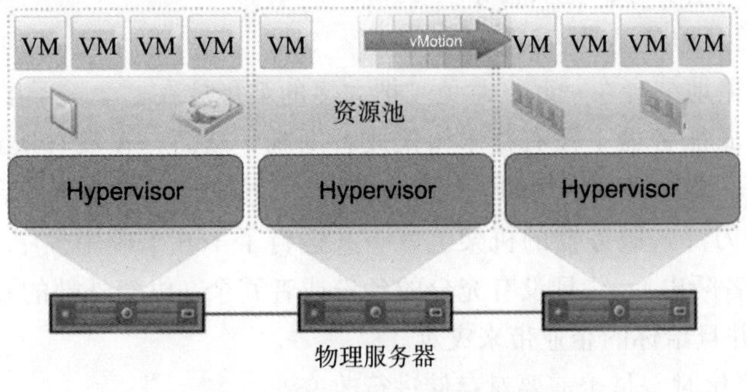


图 1-5 虚拟化技术基本架构

### 1.7.2 计算虚拟化的作用

存储虚拟化技术可以扩大硬件的容量，简化软件的重新配置过程。CPU 的虚拟化技术可以用单 CPU 模拟多 CPU 并行，允许一个平台同时运行多个操作系统，应用程序可以在相互独立的空间内运行而互不影响，从而显著提高计算机的工作效率。

虚拟化技术与多任务及超线程技术是完全不同的。多任务是指在一个操作系统中多个程序同时并行运行，而在虚拟化技术中，则可以同时运行多个操作系统，而且每一个操作系统中都有多个程序运行，每一个操作系统都运行在一个虚拟 CPU 或者虚拟主机上；而超线程技术只是用单 CPU 模拟双 CPU 的工作，来平衡程序运行性能，这两个模拟出来的 CPU 是不能分离的，只能协同工作。

### 1.7.3 计算虚拟化解疑

当技术人员刚接触到云计算和虚拟化时，在好奇的同时，总会有这样或那样的问题，如服务器是否可以多虚一等，在这里对一些常见问题进行解答。

1）在一台特定的服务器上，每一个虚拟机是否可以运行任何版本的操作系统？

服务器虚拟化对于在每一个虚拟机上使用的 Windows（或者 Linux）服务器操作系统没有任何版本限制，不过，全新版本的 Windows 需要在安装之前检查一下它与服务器虚拟化软件的兼容性。

2）重新启动虚拟机是否会对其他虚拟机产生影响？

重新启动虚拟机不需要接触服务器或者服务器虚拟化软件。重新启动虚拟机对于其他虚拟机没有任何影响。虚拟机完全是相互隔离的。不过，如果重新启动物理服务器（也就是说重新启动服务器虚拟化软件），它将中断所有虚拟机的运行。

3）如何为虚拟机分配任务？

总的来说，最好是把繁重工作量和轻工作量的应用程序搭配起来安装到每一台物理服务器上，以便最有效地使用服务器。从性能方面看，繁重工作量的应用程序能够从在通信高峰期随时使用大量处理器和内存资源中获得益处，同时还不影响轻工作量的应用程序有效地利用服务器的剩余资源，提供服务。

4）虚拟化和刀片服务器是否可以一起使用？

技术上应该谨慎地结合在一起，避免“把太多的鸡蛋放在一个篮子里”。把服务器虚拟化软件安装在刀片式服务器上没有技术错误或者困难。然而，在没有认真考虑它将产生的集中的风险之前，不要这样做。例如，如果在 16 台刀片式服务器的每一台服务器上建立 10 个虚拟机，在这个刀片式服务器的机架上就一共运行了 160 个应用程序。如果这个机架发生问题（如火灾或者断电），并且没有充分的备份或者冗余（机架外部的），你就会同时失去 160 个应用程序，并且给你的企业带来灾难。

5）服务器虚拟化时，是否需要对存储进行改变？

如果用户已经在数据中心建立了一个存储局域网，在不改变存储网络原有架构的情况下，只需要将原有存储网络扩展到虚拟机所在的那些服务器即可。

6）在遇到业务中断的时候，使用虚拟化是否会使不利影响降到最低？

提高冗余的水平以避免中断的增多影响多个应用程序或者服务，即使不担心刀片式服务器与服务器虚拟化的结合，在标准服务器上使用服务器虚拟化也是“把许多鸡蛋放在一个篮子里”。考虑到一台服务器故障可能导致10个应用程序或者数据库中断，一般来说，理想的情况是提供同样水平的冗余，允许这台服务器在主服务器发生故障时把其全部内容迅速转移到一台待机的服务器上。

7）应用程序和数据库的实例应该放在什么地方？

一般来说，最好指定物理服务器作为开发、测试/质量保证和生产服务器，并且相应地把应用程序实例和数据库放在这些服务器上。这个政策是安全需求推动的。在某些行业，管理部门的规定要区别对待不同的环境（特别是生产环境）。

8）虚拟化环境中，跟踪软件许可证是否会变得更加困难？

在一个理想的数据中心，跟踪虚拟化的服务器的软件许可证并不困难。然而，现实世界的经验表明，这确实是很困难的。在虚拟化环境中，虚拟机很容易创建，而且业务部门很难发现每一个虚拟机上需要什么软件，或者已经安装了什么软件，从而使跟踪许可证的要求和许可证的使用非常困难。

9）服务器虚拟化以后，安全管理会变得更加困难吗？

充分地保证访问虚拟机的安全以及在虚拟机上存储信息的安全要比在传统的物理环境中复杂一些。首先，访问虚拟化软件必须要严格控制。第二，任何能够访问虚拟机的人都可以下载一个应用程序，向隔离每一个虚拟机的虚拟“墙”实施攻击。第三，对于每一个虚拟机来说，实施网络级的接入限制是更复杂的对于虚拟化的安全，在网络安全方面，云服务商已经提供了vFW、云盾等虚拟化的网络安全服务产品；在数据安全方面，目前已经有数据加密、数据位置标识、数据彻底清除等方案的支持。

10）引进虚拟化时，管理数据库是否要重新设计？

需要对其基础的数据库（也就是方案）进行彻底的重新设计。如果使用当前的配置管理数据库不可能进行重新设计，必须购买新的配置管理数据库软件。

虽然有许多配置管理数据库软件供应商已经开始采用服务器虚拟化，但是，在数据中心还使用许多老版本的配置管理数据库软件。这些老版本的软件也许不能把虚拟机当作“数据入口”，不能识别“物理服务器X上虚拟机A”的关系。物理服务器上的许多东西，如安装的操作系统版本和IP地址等，现在必须与虚拟机关联起来。此外，这些事情还必须与非虚拟化的服务器关联起来。这些要求意味着配置管理数据库下面的数据库设计需要进行彻底修改，以便在已经引进虚拟化的数据中心中使用。

11）虚拟服务器环境与传统服务器环境相比，软件成本是否会减少？

软件许可证成本将增加，因为业务部门要求增加更多的“机器”（业务部门知道增加虚拟机很容易并且很便宜）。一旦IT部门告诉业务部门，他们能够在几个小时之内配置一个新的虚拟机，人类的贪婪本性就会占上风。业务部门会大量地提出虚拟机配置申请。但如果他们要等待批准购买物理服务器的预算、下订单、交货、安装和设置使用，那么他们在提出申请的时候就会犹豫一下。一些专家把这个结果称作“虚拟机蔓延”。更糟糕的是，当一个计划取消的时候或者开发工作完成的时候，业务部门会告诉 IT 部门那个相关的虚拟机可以撤销了吗？当然不会。

12）全面应用虚拟化的数据中心和传统数据中心相比，人员是否会减少？

服务器和操作系统的技术支持人员数量大体相同。数据中心完成的大部分工作是由“服务器”的数量推动的。这些服务器是虚拟的还是物理的都没有什么区别。在对待故障单、管理操作系统和应用程序更新和补丁、管理安全问题、监视性能等方面，每一个虚拟机都要与物理服务器同样对待。不必安装物理服务器所减少的少量工作量将会被在每一个新的虚拟机上安装和设置 VMware 等服务器虚拟化系统这类工作所抵消。

### 1.7.4 计算虚拟化厂家

当前，虚拟化应用变得越来越热门，下面简单分析几大虚拟化厂商各自的优缺点。

#### 1. Citrix 公司

Citrix 公司是近两年业务增长非常快的一家公司，这得益于云计算的兴起。Citrix 公司主要有三大产品：服务器虚拟化 XenServer，优点是便宜，管理一般；应用虚拟化 XenAPP；桌面虚拟化 Xendesktop。后两者是目前为止最成熟的桌面虚拟化与应用虚拟化产品。企业级 VDI 解决方案中不少都是 Citrix 公司的 Xendesktop 与 XenApp 的结合使用。

#### 2. IBM

在 2007 年 11 月的 IBM 虚拟科技大会上，IBM 就提出了“新一代虚拟化”的概念。只是时之今日，成功的案例却并不多见，像陕西榆林地区的中国神华分公司那样的失败案例倒是不少。不过，IBM 虚拟化还是具备以下两点优势：第一，IBM 丰富的产品线，对自有品牌有良好的兼容性；第二，强大的研发实力，可以提供较全面的咨询方案，只是成本过高，不是每一个客户都这么富有的。加上其对第三方支持兼容较差，运维操作也比较复杂，其对于企业来说就像是把双刃剑。并且 IBM 所谓的虚拟化只是服务器虚拟化，而非真正的虚拟化。

#### 3. VMware

作为业内虚拟化领先厂商的 VMware 公司，一直以其易用性和管理性得到广泛的认同。只是受其架构的影响限制，VMware 主要是在 x86 平台服务器上有较大优势，而非真正的 IT 信息虚拟化。加上其本身只是软件方案解决商，而非像 IBM 与微软那样拥有各自的用户基础的厂商。所以当前，对于 VMware 公司来说将面临着多方面的挑战，其中包括微软、XenSource（被 Citrix 收购）、Parallels、IBM 公司。所以，未来对于 VMware 公司来说这条虚拟化之路能否继续顺风顺水下去还真不好说。

#### 4. 微软

2008 年，随着微软 Virtualization 的正式推出，微软已经拥有了从桌面虚拟化、服务器虚拟化到应用虚拟化、展现层虚拟化的完备的产品线。至此，其全面出击的虚拟化战略已经完全浮出水面。因为，在微软眼中虚拟化绝非简单的加固服务器和降低数据中心的成本，还意味着帮助更多的 IT 部门最大化 ROI，并在整个企业范围内降低成本，同时强化业务的可持续性。所以微软研发了一系列的产品，用以支持整个物理和虚拟基础架构。

#### 5. KVM

这是一个开源的系统虚拟化模块，自 Linux 2.6.20 之后集成在 Linux 的各个主要发行版本中。它使用 Linux 自身的调度器进行管理，所以相对于 Xen，其核心源码很少。KVM 目前已成为学术界的主流 VMM 之一。目前，大量云供应商都以 KVM 作为其虚拟化的底层核心，大规模使用，从而使 KVM 的影响力空前巨大。

近两年，随着虚拟化技术的快速发展，虚拟化技术已经走出了局域网，进而延伸到了整个广域网。几大厂商的代理商业越来越重视客户对虚拟化解决方案需求的分析，因此也不局限于仅代理一家厂商的虚拟化产品。

## 1.8 存储虚拟化简介

### 1.8.1 存储虚拟化

存储虚拟化（StorageVirtualization）最通俗的理解就是对存储硬件资源进行抽象化表现。这种虚拟化可以将用户与存储资源中大量的物理特性隔绝开来，就好像我们去仓库存放或者提取物品一样，只要跟仓库管理员打交道，而不必关心我们的物品究竟存放在仓库内的哪一个角落。对于用户来说，虚拟化的存储资源就像是一个巨大的“存储池”，用户不会看到具体的存储磁盘、磁带，也不必关心自己的数据经过哪一条路径通往哪一个具体的存储设备。

存储虚拟化减少了物理存储设备的配置和管理任务，同时还能够充分利用现有的存储资源。如果没有存储虚拟化，那只能对物理存储设备进行单个管理，无疑这种管理的难度是很大的，并且非常容易造成存储资源的浪费。

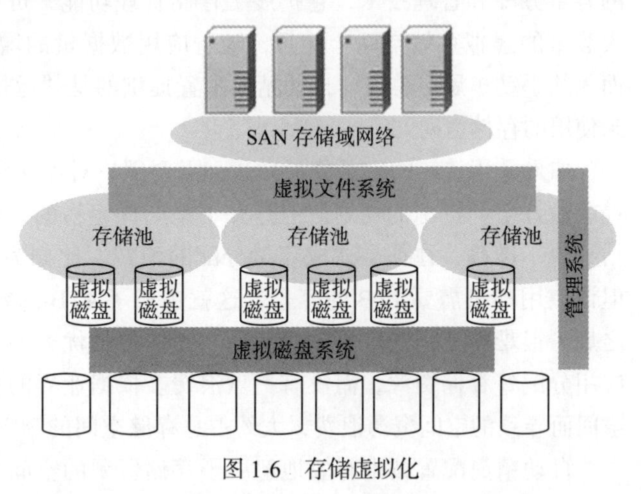


图 1-6 存储虚拟化

存储虚拟化的方式是将整个云系统的存储资源进行统一整合管理，为用户提供一个统一的存储空间。如图 1-6 所示，存储虚拟化技术的核心就是将底层的存储设备统一管理，将存储物理设备中的存储资源抽象成一个个虚拟资源，并且可以根据用户的需求来分配用户所需的存储空间和存储类型给用户使用。

### 1.8.2 存储虚拟化的特点

存储虚拟化具有以下功能和特点。

1）集中存储：存储资源统一整合管理，集中存储，形成数据中心模式。

2）分布式扩展：存储介质易于扩展，由多个异构存储服务器实现分布式存储，以统一模式访问虚拟化后的用户接口。

3）按需分配，按需使用：根据用户需要的空间大小，为用户提供相应的存储能力，同时支持存储自动精简配置。

4）节能减排：服务器和硬盘的耗电量巨大，但为了提供全时段数据访问，存储服务器及硬盘是不可以停机的。为了节能减排，需要利用更合理的协议和存储模式，尽可能地减少开启服务器和硬盘的次数。

5）虚拟本地硬盘：存储虚拟化应当便于用户使用，最方便的形式是将云存储系统虚拟成用户本地硬盘，使用方法与本地硬盘相同。

6）安全认证：新建用户加入云存储系统前，必须经过安全认证并获得证书。

7）数据加密：为保证用户数据的私密性，将数据存到云存储系统时必须加密。加密后的数据除被授权的特殊用户以外，其他人一概无法解密。

8）级层管理：支持级层管理模式，即上级可以监控下级的存储数据，而下级无法查看上级或平级的数据。

### 1.8.3 自动精简配置

存储虚拟化的重要特点是自动精简配置。自动精简配置是一种先进的、智能的、高效的容量分配和管理技术，它扩展了存储管理功能，可以用小的物理容量为操作系统提供超大容量的虚拟存储空间。并且，随着应用数据量的增长，实际存储空间也可以及时扩展，而无须手动扩展。总之，自动精简配置提供的是“运行时空间”，可以显著减少已分配但是未使用的存储空间。

如果采用传统的磁盘分配方法，需要用户对当前和未来业务发展规模进行正确的预判，提前做好空间资源的规划。但这并不是一件容易的事情，在实际中，由于对应用系统规模估计得不准确，往往会造成容量分配的浪费。比如为一个应用系统预分配了5TB的空间，但该应用却只需要1TB的容量，这就造成了4TB的容量浪费。而且这4TB容量被分配了之后，很难再被别的应用系统使用。即使是最优秀的系统管理员，也不可能恰如其分地为应用分配好存储资源，而没有一点浪费。根据业界的权威统计，由于预分配了太大的存储空间而导致的空间资源浪费，大约占总存储空间的30%。

自动精简配置技术有效地解决了存储资源的空间分配难题，提高了资源利用率。采用自动精简配置技术的数据卷分配给用户的是一个逻辑的虚拟容量，而不是一个固定的物理空间，只有当用户真正向该逻辑资源写数据时，才按照预先设定好的策略从物理空间分配实际空间容量。

### 1.8.4 存储虚拟引擎

存储虚拟引擎根据数据特征可以分为带外（out-of-band）虚拟引擎和带内（in-band）虚拟引擎。带外虚拟引擎是在数据路径外的服务器上实现的虚拟功能，也就是将控制数据和存储数据安排在不同的数据路径上传输。带外能够避免带内的一些问题，但是每台服务器都必须安装虚拟化客户端软件，这种方式将数据路径和控制路径分开，确保了虚拟化设备不会成为数据传输的瓶颈，减少了存储数据网络中的流量，有助于提高系统性能。但是因为一般需要安装专用软件，也容易受到攻击。如DFS分布式文件系统、Ceph等都属于带外虚拟引擎。

带内虚拟引擎是在应用服务器和存储的数据通路内部实现虚拟存储，控制数据和需要存储的实际数据在同一个数据通路内传递。带内虚拟存储具有较强的协同工作能力，同时便于通过集中化的管理界面进行控制。但是，无论是基于设备还是基于交换机，带内虚拟化都比较脆弱。由于带内设备现在成为服务器和存储资源之间必须经过的网关，设备的失效可能会导致整个SAN数据访问出现问题。同时带内存储会占用较多的数据网络带宽来传输控制数据，因而容易在服务器和存储设备之间产生性能瓶颈。IBM的SVC等存储存储网关设备都属于带内虚拟引擎。

## 1.9 网络虚拟化简介

随着云计算的高速发展，虚拟化应用成为了近几年在企业级环境下广泛实施的技术，而除了服务器/存储虚拟化之外，在2012年SDN（软件定义网络）和OpenFlow大潮的进一步推动下，网络虚拟化又再度成为热点。不过谈到网络虚拟化，其实早在2009年，各大网络设备厂商就已相继推出了自家的虚拟化解决方案，并已服务于网络应用的各个层面和各个方面。网络虚拟化又分为网络设备虚拟化、链路虚拟化和虚拟网络3个层次。

### 1.9.1 网络设备虚拟化

#### 1. 网卡虚拟化

网卡虚拟化（NIC Virtualization）包括软件网卡虚拟化和硬件网卡虚拟化。

1）软件网卡虚拟化主要通过软件控制各个虚拟机共享同一块物理网卡实现。软件虚拟出来的网卡可以有单独的MAC地址、IP地址。所有虚拟机的虚拟网卡通过虚拟交换机以及物理网卡连接至物理交换机。虚拟交换机负责将虚拟机上的数据报文从物理网口转发出去。根据需要，虚拟交换机还可以支持安全控制等功能。

2）硬件网卡虚拟化主要用到的技术是单根 I/O 虚拟化（Single Root I/O Virtualization，SR-IOV）。所有针对虚拟化服务器的技术都通过软件模拟虚拟化网卡的一个端口，以满足虚拟机的 I/O 需求，因此在虚拟化环境中，软件性能很容易成为 I/O 性能的瓶颈。SR-IOV 是一项不需要软件模拟就可以共享 I/O 设备、I/O 端口的物理功能的技术。SR-IOV 创造了一系列 I/O 设备物理端口的虚拟功能（Virtual Function，VF），每个 VF 都被直接分配到一个虚拟机上。SR-IOV 将 PCI 功能分配到多个虚拟接口以便在虚拟化环境中共享一个 PCI 设备的资源。SR-IOV 能够让网络传输绕过软件模拟层，直接分配到虚拟机，这样就降低了软件模拟层中的 I/O 开销。

#### 2. 硬件设备虚拟化

硬件设备虚拟化主要有两个方向：在传统的基于 x86 架构机器上安装特定操作系统，实现路由器的功能，以及传统网络设备硬件虚拟化。

通常，网络设备的操作系统软件会根据不同的硬件进行定制化开发，以便设备能以最高的速度工作，比如思科公司的 IOS 操作系统，在不同的硬件平台上需使用不同的软件版本。近年来，为了提供低成本的网络解决方案，一些公司提出了网络操作系统和硬件分离的思路。

典型的网络操作系统是 Mikrotik 公司开发的 RouterOS。这类网络操作系统通常基于 Linux 内核开发，可以安装在标准的 x86 架构的机器上，使得计算机可以虚拟成路由器使用，并适当地扩展一些防火墙、VPN 的功能。此类设备因其低廉的价格以及不受硬件平台约束等特性，占据了不少低端路由器市场。

传统网络设备硬件（路由器和交换机）的路由功能是根据路由表转发数据报文。在很多时候，一张路由表已经不能满足需求，因此一些路由器可以利用虚拟路由转发（Virtual Routing and Forwarding，VRF）技术，将转发信息库（Forwarding Information Base，FIB）虚拟化成多个路由转发表。

此外，为增加大型设备的端口利用率，减少设备投入，还可以将一台物理设备虚拟化成多台虚拟设备，每台虚拟设备仅维护自身的路由转发表。比如思科的 N7K 系列交换机可以虚拟化成多台 VDC。所有 VDC 共享物理机箱的计算资源，但各自独立工作，互不影响。此外，为了便于维护、管理和控制，将多台物理设备虚拟化成一台虚拟设备的技术也有一定的市场，比如 H3C 公司的 IRF 技术。

### 1.9.2 链路虚拟化

链路虚拟化是日常使用最多的网络虚拟化技术之一。常见的链路虚拟化技术有链路聚合和隧道协议。这些虚拟化技术增强了网络的可靠性与便利性。

#### 1. 链路聚合

链路聚合（Port Channel）是最常见的二层虚拟化技术。链路聚合将多个物理端口捆绑在一起，虚拟为一个逻辑端口。当交换机检测到其中一个物理端口链路发生故障时，就停止在此端口上发送报文，根据负载分担策略在余下的物理链路中选择发送报文的端口。链路聚合可以增加链路带宽，实现链路层的高可用性。

在网络拓扑设计中，要实现网络的冗余，一般都会使用双链路上连的方式。而这种方式明显存在一个环路，因此在生成树计算完成后，就会有一条链路处于 block 状态，所以这种方式并不会增加网络带宽。如果想用链路聚合方式来实现双链路上连到两台不同的设备，而传统的链路聚合功能不支持跨设备的聚合，在这种背景下就出现了虚链路聚合（Virtual Port Channel，VPC）技术。VPC 很好地解决了传统聚合端口不能跨设备的问题，既保障了网络冗余又增加了网络可用带宽。

#### 2. 隧道协议

隧道协议（Tunneling Protocol）指一种技术 / 协议的两个或多个子网穿过另一种技术 / 协议的网络实现互联，使用隧道传递的数据可以是不同协议的数据帧或包。隧道协议将其他协议的数据帧或包重新封装然后通过隧道发送。新的帧头提供路由信息，以便通过网络传递被封装的负载数据。隧道可以将数据流强制送到特定的地址，并隐藏中间节点的网络地址，并可根据需要提供对数据加密的功能。一些典型的使用隧道的协议有 GRE（Generic Routing Encapsulation）和 IPsec（Internet Protocol Security）。

### 1.9.3 虚拟网络

虚拟网络（Virtual Network）是由虚拟链路组成的网络。虚拟网络节点之间的连接并不使用物理线缆连接，而是依靠特定的虚拟化链路相连。典型的虚拟网络包括叠加网络、VPN 网络以及在数据中心使用较多的虚拟二层延伸网络。

#### 1. 叠加网络

叠加网络（Overlay Network）简单说就是在现有网络的基础上搭建另外一种网络。叠加网络允许对没有 IP 地址标识的目的主机路由信息，例如分布式哈希表（Distributed Hash Table，DHT）可以路由信息到特定的结点，而这个结点的 IP 地址事先并不知道。叠加网络可以充分利用现有资源，在不增加成本的前提下提供更多的服务。比如，ADSL Internet 接入线路就是基于已经存在的 PSTN 网络实现的。

#### 2. 虚拟专用网

虚拟专用网（Virtual Private Network，VPN）是一种常用于连接中、大型企业或团体与团体间的私人网络的通信方法。虚拟专用网通过公用的网络架构（比如互联网）来传送内联网的信息。利用已加密的隧道协议来达到保密、终端认证、信息准确性等安全效果。这种技术可以在不安全的网络上传送可靠的、安全的信息。需要注意的是，信息是否加密是可以控制的，没有加密的信息依然有被窃取的危险。

#### 3. 虚拟二层延伸网络

虚拟化从根本上改变了数据中心网络架构的需求。虚拟化引入了虚拟机动态迁移技术，要求网络支持大范围的二层域。一般情况下，多数据中心之间的连接是通过三层路由连通的。而要实现通过三层网络连接的两个二层网络互通，就要使用虚拟二层延伸网络（Virtual L2 Extended Network）。

传统的 VPLS（MPLS L2VPN）技术，以及新兴的 Cisco OTV、H3C EVI 技术，都是借助隧道的方式，将二层数据报文封装在三层报文中，跨越中间的三层网络，实现两地二层数据的互通。也有虚拟化软件厂商提出了软件的虚拟二层延伸网络解决方案。例如 VXLAN、NVGRE，在虚拟化层的 vSwitch 中将二层数据封装在 UDP、GRE 报文中，在物理网络拓扑上构建一层虚拟化网络层，从而摆脱对底层网络的限制。

### 1.9.4 基于 SDN 的网络虚拟化

SDN 改变了传统网络架构的控制模式，将网络分为控制层（Control Plane）和数据层（Data Plane）。网络的管理权限交给了控制层的控制器软件，通过 OpenFlow 传输通道，统一下达命令给数据层设备，数据层设备仅依靠控制层的命令转发数据包。由于 SDN 的开放性，第三方也可以开发相应的应用置于控制层内，使得网络资源的调配更加灵活。网管人员只需通过控制器下达命令至数据层设备即可，无须一一登录设备，节省了人力成本，提高了效率。可以说，SDN 技术极大地推动了网络虚拟化的发展进程。

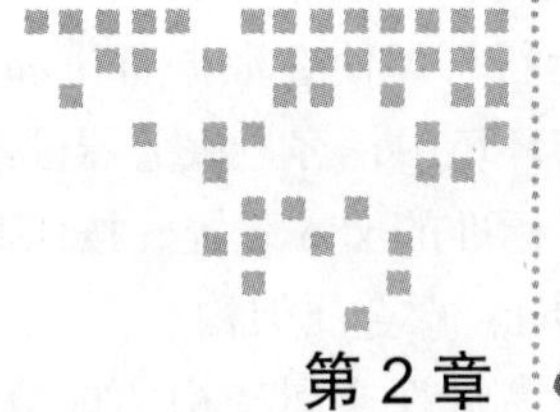

第 2 章 Chapter 2

# 计算虚拟化技术

## 2.1 计算虚拟化技术简介

虚拟化是云计算的基石。通过虚拟化，单服务器资源被分割成多个细粒度资源，实现了资源的高效利用。虚拟化技术主要包括 Hypervisor 虚拟化和容器虚拟化。

### 2.1.1 Hypervisor 虚拟化

Hypervisor 虚拟化表达了服务请求与底层物理交付的分离。通过在物理硬件与操作系统间增加一层逻辑虚拟化层，计算机的各种实体资源，如 CPU、内存、网络及存储等，得以被抽象分割，形成多个虚拟机实体。对于上层服务，虚拟机就是真实的计算机，它拥有独立的计算环境，拥有自己的虚拟硬件。

如图 2-1 所示为 Hypervisor 虚拟化基本原理图，其中 Hypervisor 层负责服务器硬件和虚拟机操作系统之间的通信。

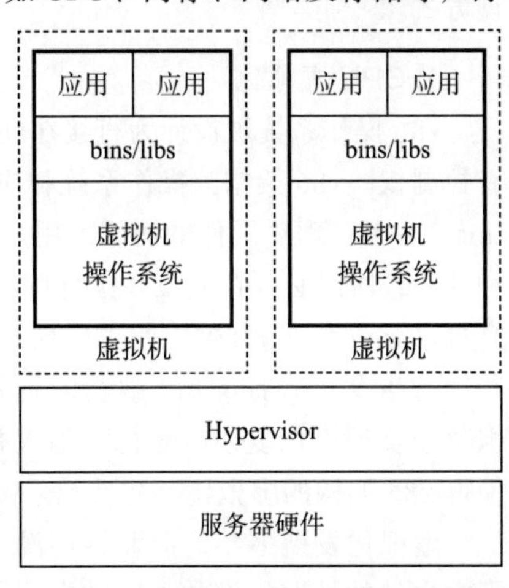


图 2-1 Hypervisor 虚拟化基本原理图

随着桌面和服务器处理能力逐年持续增长，Hypervisor 虚拟化也被证明是一种强大的技术。虚拟化可以简化软件开发、测试，有助于服务器整合，提高数据中心的敏捷性和业务的连续性。事实表明，把操作系统和应用程序从硬件中完全抽象出来，封装成具有可移植性的虚拟机，可以带来很多单纯硬件所不具备的虚拟化特性。最常见的例子是，通过虚拟化提供的在线迁移特性，服务可以 7 × 24 小时不间断运行，即使在数据备份和硬件维护时也不需要中断服务。事实上，在一些真实的虚拟化生产环境中，客户服务器已经运行数年而没有发生宕机。

对于业界标准的 x86 系统，按照其虚拟化实现方式，可以分为如下两种类型。

（1）类型 1：裸金属架构

类型 1 或者说裸金属架构的虚拟化是运行在服务器硬件之上，如图 2-1 所示。虚拟机运行在 Hypervisor 层之上，而 Hypervisor 层直接安装在硬件之上。由于不需要通过操作系统就可以直接访问硬件资源，这种虚拟化类型更高效，并且具有更好的可扩展性和更高的安全性。目前在市场上使用这种虚拟化架构的产品有微软的 Hyper-V、VMware vSphere 的 ESXi 和 Citrix 的 XenServer。

（2）类型 2：寄居架构

类型 2 或者说寄居架构虚拟化层将虚拟化层以一种应用程序的方式运行在操作系统之上，如图 2-2 所示。只要是操作系统能支持的硬件，虚拟化层都能支持，所以寄居架构具备很好的硬件兼容性。

无论采用裸金属架构还是寄居架构，虚拟化层都负责运行和管理所有虚拟机。虚拟化层为每个虚拟机实现虚拟机硬件抽象，并负责运行客户操作系统，通过分割和共享 CPU、内存和 I/O 设备等来实现系统的虚拟化。因内部体系结构和具体实现不同，Hypervisor 所呈现的功能会有很大的差异。以下从 CPU、内存、设备虚拟化 3 个方面，简单介绍 Hypervisor 内部的实现方式。

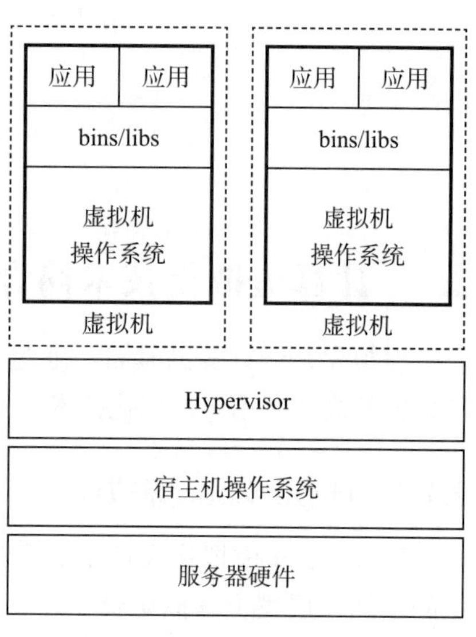

图 2-2 寄居架构

### 1. CPU 虚拟化

x86 操作系统被设计为直接在硬件上运行，很自然，操作系统会认为它们拥有硬件的所有控制权。x86 架构为操作系统和应用程序提供了 4 个权限级别（ring 0、ring 1、ring 2 和 ring 3）来管理对硬件的访问。用户程序一般运行在 ring 3，而操作系统需要直接访问内存和硬件，所以必须在 ring 0 执行特权指令。虚拟化 x86 架构需要在操作系统（原本运行于最高权限 ring 0）与硬件之间再增加一个虚拟层，用于为创建和管理虚拟机提供共享资源。某些敏感指令在非 ring 0 下执行时具有不同的语义，而不能很好地被虚拟化，这使得 x86 虚拟化的实现更加复杂。运行时陷入并翻译这些敏感指令和特权指令是一个巨大的挑战，这使得 x86 架构的虚拟化起初看起来像是“不可完成的任务”。

虚拟化发展多年，但业界还没有一个开放的标准来定义和管理虚拟化。每个公司可以根据自己的情况，设计不同的虚拟化方案来应对虚拟化的技术挑战。而处理敏感和特权指令，以实现 x86 架构上 CPU 虚拟化的技术，大体可归纳为以下 3 种：

- 使用二进制翻译的全虚拟化
- 操作系统辅助或半虚拟化
- 硬件辅助的虚拟化

（1）使用二进制翻译的全虚拟化

这种方法对内核代码进行翻译，将不可虚拟化的指令替换为一串新的指令，而这串指令对虚拟化硬件可达到预期效果，如图 2-3 所示。同时，将用户级的代码直接运行在物理处理器上以保证虚拟化的高性能。虚拟机监控器为虚拟机提供真实的物理系统的所有服务，包括虚拟 BIOS、虚拟设备和虚拟内存管理等。

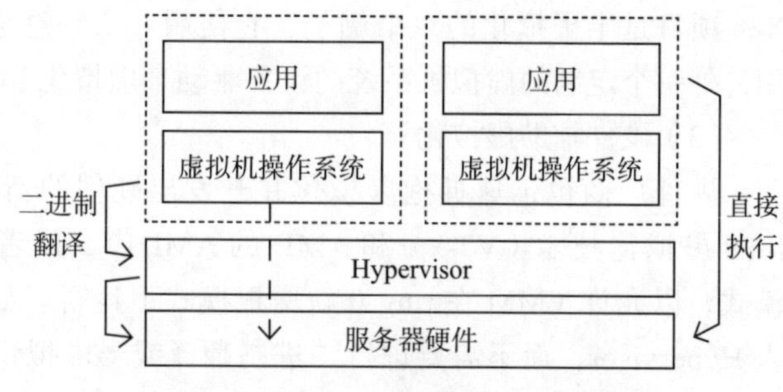

图 2-3 使用二进制翻译的全虚拟化

由于虚拟机操作系统被完全抽象，通过虚拟化层与底层硬件彻底解耦，所以，二进制翻译和直接指令执行的结合提供了全虚拟化。虚拟机操作系统完全意识不到虚拟化，不需要对虚拟机系统做任何的修改。Hypervisor 在运行过程中动态翻译操作系统指令，并将结果缓存以备后续使用。而用户级指令无需修改就可以运行，具有和物理机一样的执行速度。

全虚拟化为虚拟机提供最佳的隔离性和安全性。由于同样的虚拟机实例可以运行在虚拟化环境或真实物理硬件上，所以全虚拟化也简化了虚拟机的可移植性。VMware 的虚拟化产品和微软的 Virtual Server 就采用了全虚拟化。

（2）操作系统辅助虚拟化或半虚拟化

相对于全虚拟化，半虚拟化是指通过虚拟机系统和 Hypervisor 间的交互来改善性能和效率。半虚拟化涉及修改虚拟机操作系统内核，将不可虚拟化的指令替换为超级调用 Hypercall，以便直接与虚拟化层通信，如图 2-4 所示。Hypervisor 也为其他关键的系统操作，如内存管理、中断处理、计时等，提供超级调用接口。

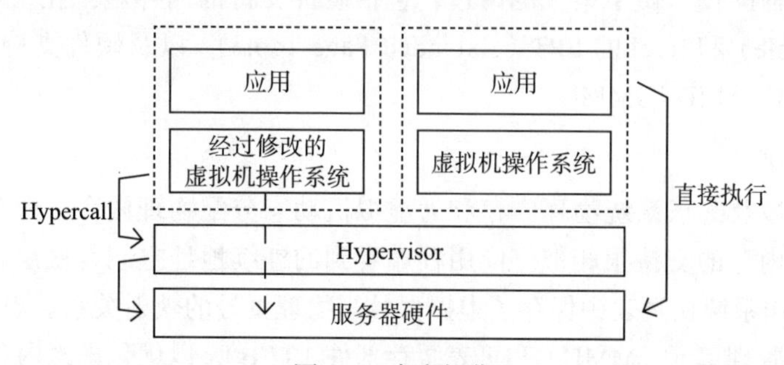

图 2-4 半虚拟化

在全虚拟化中，未经修改的虚拟机系统并不知道自身被虚拟化，敏感系统调用陷入进行二进制翻译。与全虚拟化不同，半虚拟化的价值在于减少了虚拟化开销。但是半虚拟化相对于全虚拟化的性能优势与工作负载有很大的关系。由于半虚拟化不支持未经修改的操作系统（如 Windows 2000/XP），它的兼容性和可移植性较差。由于需要对系统内核进行深度修改，很明显，在生产环境中半虚拟化在技术支持和维护上会引入很多问题。开源的 Xen 项目是半虚拟化的一个例子，它使用一个经过修改的 Linux 内核来虚拟化处理器，而用另外一个定制的虚拟机系统的设备驱动来虚拟化 I/O。

（3）硬件辅助虚拟化

硬件厂商也迅速拥抱虚拟化并开发出硬件的新特性来简化虚拟化技术，这其中包括 Intel 虚拟化技术（VT-x）和 AMD 的 AMD-V。两者都为特权指令增加了新的 CPU 执行模式，以允许 VMM 在 ring 0 新增根模式下运行。如图 2-5 所示，特权和敏感调用自动陷入 Hypervisor，而不需要进行二进制翻译或半虚拟化。虚拟机状态保存在虚拟机控制结构（VMCS，VT-x）或虚拟机控制块（VMCB，AMD-V）中。支持 VT-x 和 AMD-V 特性的第一代硬件辅助特性处理器在 2006 年发布，但第一代硬件辅助的实现采用的编程模型僵化，导致 Hypervisor 到虚拟机的切换开销很高，以至于硬件辅助虚拟化性能低于某些优化后的二进制翻译性能。

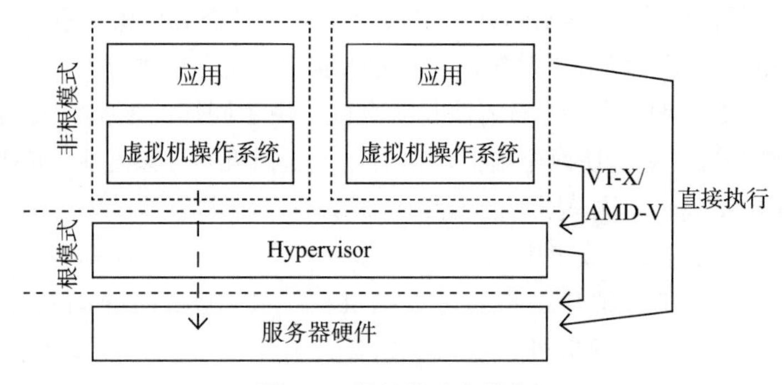


图 2-5 硬件辅助虚拟化

第二代硬件辅助技术做了很大的改进，包括硬件支持的内存虚拟化，如 AMD 的 NPT（Nested Page Table）和 Intel 的 EPT（Extended Page Table），以及硬件支持的设备，和 I/O 虚拟化 Intel VT-d、AMD IOMMU。

**2. 内存虚拟化**

内存虚拟化涉及共享系统物理内存和为虚拟机动态分配物理内存。内存虚拟化和现代操作系统对虚拟内存的支持很相似。应用程序看到的连续地址空间与底层真实物理内存并不一一对应，操作系统在页表中保存了虚拟页号与物理页号的映射关系。当前，所有的 x86 CPU 都采用内存管理单元（MMU）和页表缓存部件（TLB），以优化虚拟内存的性能。

为了在一个系统上运行多个虚拟机，还需要另外一层内存虚拟化。换句话说，需要虚拟化 MMU 来支持虚拟机系统。虚拟机系统仍然控制虚拟机中虚拟地址到内存物理地址的映射，但虚拟机系统不能直接访问真实物理机器内存。

在硬件辅助虚拟化出现之前，Hypervisor 负责将虚拟机物理内存映射到真实的机器内存，并使用影子页表来加速映射过程。Hypervisor 使用硬件中的 TLB 将虚拟内存直接映射到机器内存，以避免每次访问时所进行的两级转换。影子页表的引入意味着 Hypervisor 需要为每个客户机的每个进程的页表都维护一套相应的影子页表，这会带来内存上较大的额外开销。此外，客户机页表和和影子页表的同步也比较复杂。当虚拟机改变了虚拟内存到物理内存的映射时，Hypervisor 需要更新影子页表，以备后续可以直接查找。

Intel EPT 技术和 AMD NPT 技术都对内存虚拟化提供了硬件支持。这两种技术原理类似，都是通过硬件方式加速客户机虚拟地址到宿主机物理地址之间的转换。以 EPT 为例，EPT 页表实现客户机物理地址到宿主机物理地址的映射，这样就将客户机虚拟地址到宿主机物理地址的转换分解为客户机虚拟地址到客户机物理地址映射和客户机物理地址到宿主机物理地址的映射，而这两步映射都由硬件自动完成。当客户机运行时，客户机页表被载入 CR3，而 EPT 页表被载入专门的 EPT 页表指针寄存器 EPTP。EPT 页表对地址的映射机制与客户机页表对地址的映射机制相同。EPT 实现方式不需要为每个客户机的每个进程维护一套页表来进行转换映射，EPT 比影子页表实现简单，且由于采用硬件实现，虚拟化性能、效率也得到大幅提升。

**3. 设备虚拟化**

设备和 I/O 虚拟化涉及对虚拟设备和共享物理设备之间的 I/O 请求路径的管理。

相较于物理硬件直通（direct pass-through)，基于软件的 I/O 虚拟化和管理提供了更丰富的特性和更简化的管理方式。以网络为例，虚拟网卡和虚拟交换机在虚拟机之间创建虚拟网络，而不需要消耗物理网络的带宽。网卡绑定允许将多个物理网卡展现为一块网卡，在网卡故障时可以对虚拟机做到透明切换，并且，虚拟机可以通过热迁移在不同的系统间无缝迁移，而保持 MAC 地址不变。高效 I/O 虚拟化的关键是要在维持虚拟化优势的同时，最小化 CPU 消耗。

Hypervisor 虚拟化物理硬件为每个虚拟机呈现标准的虚拟设备。这些虚拟设备有效地模拟了所熟知的硬件，并将虚拟机的请求转换到系统物理硬件。所有虚拟机可以配置为运行在相同的虚拟硬件上，而与底层真实的系统物理硬件无关。设备驱动的一致性和标准化也进一步推动了虚拟机的标准化，增强了虚拟机在不同平台间的可移植性。

### 2.1.2 容器虚拟化

容器也是对服务器资源进行隔离，包括 CPU 份额、网络 IO、带宽、存储 IO、内存等。同一台主机上的多台容器之间可以公平友好地共享资源，而不互相影响。

如今，容器是云计算的一个热门话题。在同一台服务器上部署容器，其密度相较于虚拟机可以提升约 10 倍。但是容器并不是一个新的技术，它至少可以追溯到 2000 年 FreeBSD jails 的出现，而 FreeBSD jails 则是基于 1982 年 BSD UNIX 的 chroot C 命令。再往前，chroot 最早源于 1979 年 UNIX7 版本。通过 chroot 可以改变进程和子进程所能看到的根目录，这意味着可以在指定的根目录下独立运行程序，所以说从早期的 chroot 中就可以看出容器的踪迹。但是 chroot 仅适合于运行简单的应用，往往只是一个 shell 程序。虽然 chroot 会为程序创造一个 jail，jail 通过虚拟对文件系统、网络等的访问，限制用户的行为，但是还是有些方法很容易发生“越狱”，这使得 chroot 很难应用于大型复杂系统。

SUN 利用了 jail 的概念，将其演化成 Solaris Zones。但这一技术是 Solaris 特有的，所以虽然我们可以在 Zone 中运行 Solaris 应用或者一个更早版本的 Solaris，但是无法在 AIX 或者 Linux 中运用这一技术。

在 Solaris 基于 FreeBSD jail 开发 Solaris Zone 的同时，Google、RedHat、Canonical 等公司也基于 Linux 进行了容器的相关研究。Parallels 在 2001 年研发了 Virtuozzo，并获得了一定的商业成功。Parallels Virtuozzo 在 2005 年演变为 OpenVZ，其后又作为 LXC 开源进入 Linux 内核。而 Google 于 2013 年开源了 lmctfy 项目，虽然 Google 容器项目开源得很晚，但事实上，Parallels、RedHat 以及 Google 自身的 lmctfy 项目都是依托于 Google 的 cgroup 技术。cgroup 技术使得开发者可以进一步抽象系统资源，增强了 Linux 系统安全性。Google 内部也一直在使用容器支持日常的公司运作，甚至支持 Google Doc、Gmail、Google Search 等商业应用。Google 每周要运行约 20 亿个容器。

但是，对于大部分公司，容器还是一个神秘甚至有些令人畏惧的技术。直到 Docker 的出现才改变了业界开发、运维模式。Docker 使得人们认识了又一个开源容器项目 libcontainer，Docker 自身也成为了 Linux 容器的事实标准。

容器虚拟化和 Hypervisor 虚拟化的差别在于，容器虚拟化没有 Hypervisor 层，容器间相互隔离，但是容器共享操作系统，甚至 bins/libs，如图 2-6 所示。每个容器不是独立的操作系统，所以容器虚拟化没有冗余的操作系统内核及相应的二进制库等，这使得容器部署、启动的开销几乎为零，且非常迅速。

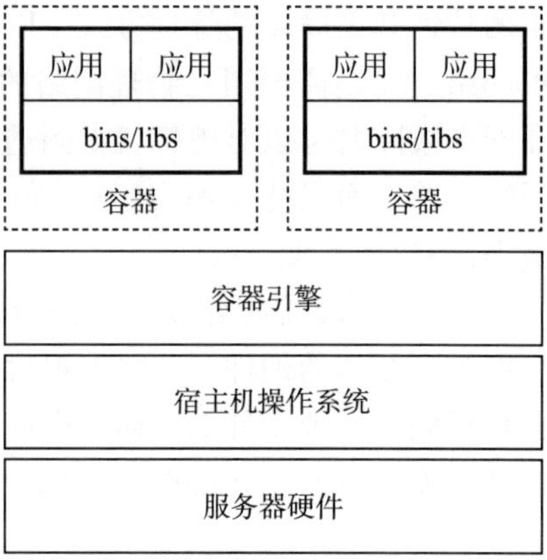

图 2-6　容器虚拟化原理

容器是非常轻量的。容器内进程可以是一个 Linux 操作系统，可以是一个三层架构的 Web 应用，也可以是一个数据库后端，甚至是一个简单的 hello world 程序。

容器使用的主要内核特性如下。

（1）namespace

容器虚拟化利用 namespace 提供容器间的隔离。当运行容器时，容器虚拟化为容器创建一组 namespace。容器在 namespace 中运行，不会超出 namespace 指定的范围。

容器使用了以下 namespace。

1）Pid namespace：提供进程隔离。

2）Net namespace：管理容器网络接口，实现网络隔离。

3）IPC namespace：提供容器进程间通信隔离，例如不同的容器采用不同的消息队列。

4）Mnt namespace：允许不同的容器看到的文件目录不同。

5）Uts namespace ：允许容器有独立的 hostname 和 domain name，这使得容器在网络上可以作为一个独立节点而非一个进程呈现。

（2）cgroup

cgroup 是 Google 贡献的一个项目，目的是通过内核技术对共享资源进行分配、限制及管理。容器利用 cgroup 为每个容器分配 CPU、内存以及 blkio 等资源，并对其使用容量进行限制。通过引入 cgroup，可以在同一主机的多台容器间公平、友好地共享资源，避免了因某些容器资源滥用而导致其他虚拟机甚至主机性能受到显著影响。

容器得到了一些初创公司的关注，如 Docker、CoreOS、Shippable 等公司，同时也受到了很多大公司的热捧。Google 基于之前 Borg 系统的经验开发了 Kubernetes 容器管理系统，IBM 在其 BlueMix PaaS 平台支持 Docker，Amazon 在其弹性云上开放容器服务，HP、微软、RedHat 也在容器领域做了相应工作。

容器面临的最大的挑战是安全问题。目前已经有一些安全产品，如 RedHat 的 SELinux 增强 Linux 安全级别，Ubuntu 的 AppArmor 针对应用设定访问控制属性。但是还需要进一步加强内核安全，在多租户环境中将入侵者阻挡在容器外。

## 2.2 KVM

KVM 最初是由一个名为 Qumranet 的以色列小公司开发的，2008 年 9 月由 RedHat 收购。但当时的虚拟化市场上主要以 VMware 为主，KVM 没有受到太多关注。2011 年，为了避免 VMware 一家独大，IBM 和 RedHat，联合惠普和英特尔成立了开放虚拟化联盟（Open Virtualization Alliance），使得 KVM 快速发展起来。

KVM 全称为 Kernel based virtual machine，如图 2-7 所示。从命名可以看出，KVM 采用的是裸金属架构，并且是基于 Linux 内核的。KVM 利用 Linux 操作系统，并在其上扩展了一个 kvm.ko 内核模块，由它提供虚拟化能力。

通过 KVM 可以创建和运行多个虚拟机。而在 KVM 架构中，虚拟机被实现为一个普通的 Qemu-kvm 进程，由 Linux 标准调度器进行调度。事实上每个虚拟 CPU 都呈现为一个常规 Linux 进程，这就使得 KVM 可以使用 Linux 内核的所有特性。

设备模拟通过一个修改后的 Qemu 提供，包括对 BIOS、PCI 总线、USB 总线，以及标准设备集如 IDE 和 SCSI 磁盘控制器、网卡等的模拟。

在 KVM 中通过用户态与内核协作完成虚拟化。从用户角度看，KVM 是一个典型的 Linux 字符设备。用户可以通过 ioctl 函数对 /dev/kvm 设备节点进行操作，如创建、运行虚拟机。

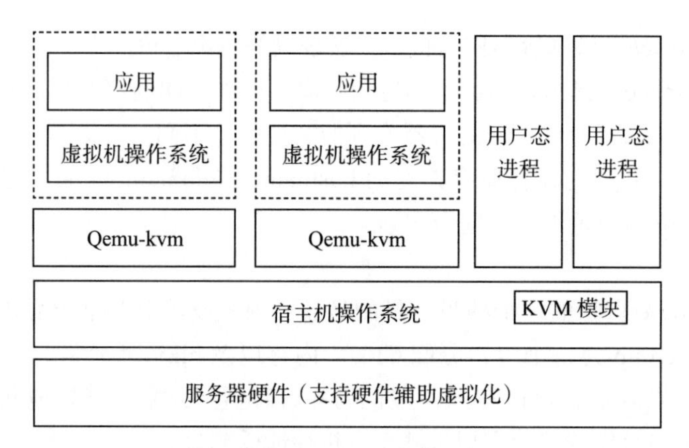


图 2-7 KVM 架构

通过 /dev/kvm 提供的操作如下：

- 创建虚拟机。
- 为虚拟机分配内存。
- 读写虚拟 CPU 寄存器。
- 向虚拟 CPU 注入中断。
- 运行虚拟机。

KVM 采用硬件辅助虚拟化技术，CPU 运行时有 3 种模式：用户模式、内核模式和客户模式。

客户操作流程如图 2-8 所示。描述如下：

1）在最外层，用户首先通过 ioctl() 调用内核，触发 CPU 进入客户 (Guest) 模式，执行客户机代码，直到 I/O 指令或者外部事件（如网络包到达、定时器超时等）发生。对于 CPU，外部事件表现为中断。

2）在内核层，内核引起硬件进入客户模式。如果由于外部中断、影子页表缺失等事件，CPU 退出客户模式，内核执行必要的处理，之后继续客户机执行。如果退出原因为 I/O 指令或者队列中断信号，则内核退出到用户态。

3）在最内层，CPU 执行客户代码，直到由于指令退出客户态。

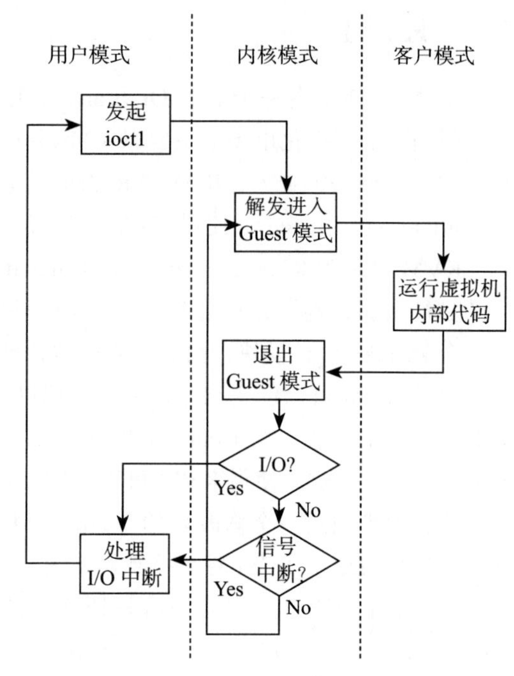


图 2-8 客户操作流程

KVM 在 Linux 内核的基础上添加了虚拟机管理模块，由于借用原生 Linux CPU 调度和内存管理机制，KVM 实现非常轻量。并且在 kernel 机制向前发展的同时，KVM 也能获益。由于采用了最新的 Linux 机制，并且依赖于 x86 硬件辅助虚拟化，通过 CPU vt-x、内存 ept 技术等，KVM 的性能也呈现出了较好的表现。

## 2.3　Xen

Xen 最初是由英国剑桥大学的研究人员以 GNU 的 GPL 授权发布的开源软件，其架构如图 2-9 所示。

Xen 虚拟化环境由以下组件组成。

（1）Xen Hypervisor

Xen Hypervisor 直接部署在硬件上，负责服务器上多台虚拟机的 CPU 调度和内存分配。由于所有虚拟机共享同一个处理环境，所以 Hypervisor 不仅为虚拟机抽象硬件，还控制虚拟机的执行。Hypervisor 不负责网络、外部存储设备和其他 I/O 功能。

（2）Dom0 虚拟机

Dom0 是一个以经过修改的以 Linux 内核作为操作系统的特权虚拟机。Dom0 虚拟机运行在 Xen Hypervisor 上。Dom0 拥有访问物理 I/O 资源的特权，和同一服务器上的其他虚拟机进行交互。所有 Xen 虚拟化环境，在启动其他虚拟机前，需要保证 Dom0 处于运行态。

（3）DomU 虚拟机

DomU 虚拟机不是特权虚拟机，没有访问物理 I/O 资源的权限。DomU 虚拟机对 I/O 资源的访问必须通过 Dom0 虚拟机。DomU 支持半虚拟化和全虚拟化，目前主要采用全虚拟化，以保障虚拟机性能。

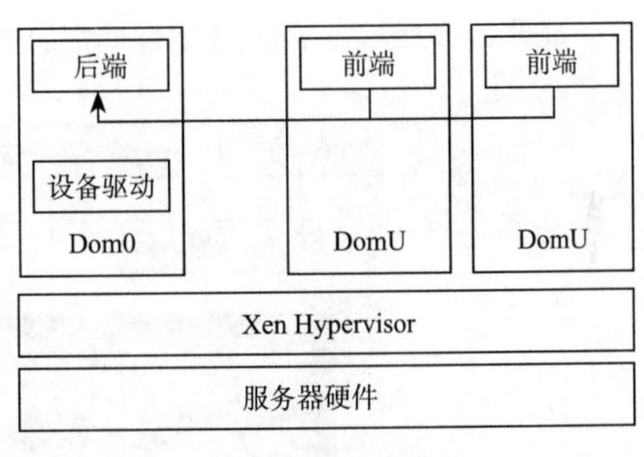

图 2-9　Xen 架构

处理器半虚拟化最大的问题在于它需要修改虚拟机操作系统，这使得虚拟机系统的运行依赖于特定的 Hypervisor。例如，Xen 接口实现的深度半虚拟化对 Hypervisor 有很强的依赖性。虚拟机操作系统和 Hypervisor 实现的数据结构有强耦合。Xen 的 Linux 内核不能运行在裸机或其他的 Hypervisor 上，这带来了不兼容性，使 kernel 的发布和需要维护的版本数增加了 2 倍。另外，对新的开源操纵系统来说有限制，因为对虚拟机操作系统的修改需要得到操作系统厂商的支持。最后，对 Hypervisor 的强依赖性阻碍了内核的独立进化。

## 2.4　VMware

VMware 成立于 1998 年，是全球领先的虚拟化解决方案提供商。VMware 在 1998 年就开发了二进制翻译技术，使得 VMM 运行在 ring 0 以达到隔离和性能的要求，而将操作系统转移到比应用程序所在 ring 3 权限高，但比虚拟机监控器所在 ring 0 权限低的用户级。2001 年，VMware 发布了第一个针对 x86 服务器的虚拟化产品。

VMware ESXi 是其底层虚拟化管理程序，目前最新版本为 ESXi 6。它采用一种裸金属虚拟化架构，直接安装在物理服务器之上，并将物理服务器划分成多个虚拟机。

VMware ESXi 具有如下特性。

1）安全性高：ESXi 支持内存加固、内核模块完整性校验、可信平台模块。

2）磁盘 footprint 占用空间小。

3）可以安装在硬盘、SAN 设备 LUN、USB 设备、SD 卡、无磁盘主机上。

VMware 虚拟化层为每个虚拟机实现虚拟机硬件抽象，并负责运行客户操作系统，通过分割和共享 CPU、内存和 I/O 设备等来实现系统的虚拟化，同时负责主机服务器的资源共享。

VMware 虚拟化层最主要的部件是 VMkernel。VMkernel 负责其上所有进程，包括管理应用和代理、虚拟机的运行。VMkernel 控制服务器上所有硬件设备，为应用管理分配资源。

VMkernel 是 VMware 开发的一个类 Posix 操作系统，和其他操作系统相同，VMkernel 提供一些必要的系统功能，包括进程创建和控制、信号、文件系统和线程等。对于虚拟化，VMkernel 着重设计、支持运行多虚拟机，并提供资源调度、I/O 堆栈、设备驱动等核心功能。

在 VMkernel 中，每一个虚拟机对应一个虚拟机监视器（Virtual Machine Monitor，VMM）。VMM 提供虚拟机执行环境和一个 VMX 进程。

如图 2-10 所示为 ESXi 5 组件架构的框图。

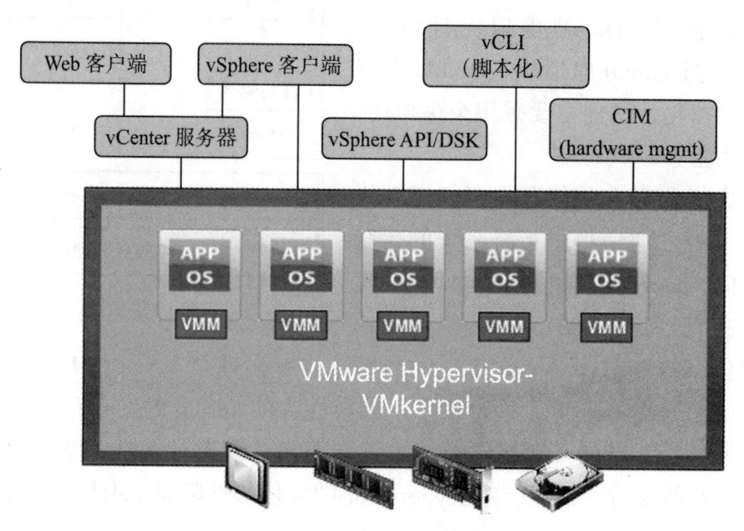


图 2-10　VMware ESXi 5 架构

与其他虚拟化管理程序不同，其所有管理功能都可以通过远程管理工具实现。VMware ESXi 采用无代理方法，通过一种基于 API 的合作伙伴集成模型来进行硬件监控和系统管理。管理任务通过 vSphere Command Line Interface（vCLI）和 PowerCLI 提供的远程命令行执行，而 Power CLI 使用 Windows PowerShell cmdlet 和脚本实现自动化管理。

由于没有底层操作系统和任何服务控制台，VMware ESXi 非常轻量，安装空间低至 144 MB。有些制造商直接将 ESXi 集成到服务器内部存储、USB key 或者 SD 卡上。VMware ESXi 的轻量性也极大地缩小了恶意软件和网络威胁的攻击面，从而提高了可靠性和安全性。

VMware 一直致力于和一些领头的技术厂商合作定义虚拟化的开放标准。任何一个行业，开放接口和格式被证明是产品被广泛采用的一个保证，虚拟化也不例外。VMware 通过推动标准制定，带动虚拟化的增长，加速客户解决方案的交付最终形成虚拟化技术的广泛采用。虚拟化用户可以使用的不同虚拟化方案的产品在不断地增加，只要虚拟化解决方案兼容，客户就可以进行更大范围的访问从而受益。开放接口和格式对业界的好处是，它促进虚拟化生态系统中厂商的合作和创新，并为大家扩大了市场机会。

VMware 贡献了自己现有的框架和 API。这些开放接口和格式是基于 VMware 多年虚拟真实部署的经验，不断演进提炼出的。

这些开放接口和格式包括：

- 虚拟机接口：Hypervisor 和虚拟机之间的 API。
- 管理接口：一套致力于管理独立主机和高度变化数据中心规模虚拟化系统的标准化操作的框架。
- 虚拟机磁盘格式：虚拟机磁盘格式使得虚拟机可以跨平台部署、迁移和维护。

## 2.5 Docker

随着互联网的发展，分布式应用越来越普遍，应用提供商们期望，不管有多少用户，不论在何种设备上，这些程序都能随时随地可用和运行。至于应用程序，它们必须具备足够的弹性、互操作性，并可以被大规模扩展。此外，越来越多的应用提供商不仅要求满足当前需求，还期望建立复杂且可被广泛采用的下一代应用程序。

这个工作最大的挑战在于——应用程序不再只运行在一台计算机上。解决方案层面要求将逻辑软件组件和底层基础设施拆分。当主机故障、升级或者在其他环境中重新部署时，服务独立于之前的基础设施环境，始终随处可用。

而其首要解决的问题就是封装和分发，若没有一致的封装方法，将同一个软件部署在各类不同的操作系统、设备、数据中心，必然会产生大量不稳定因素。因此，需要通过现存技术打造一个标准格式：一个始终一致的容器——可以移动，可随时运行的 Docker 容器。第二个问题就是如何在不同的机器上执行这些容器，并产生一致的、可预期的结果。这两个问题定义了 Docker 发布前的大部分工作，也说明了 Docker 成功带来的价值。

Docker 采用 Client-Server 架构，如图 2-11 所示。Docker Deamon 作为服务器，部署在

每台主机上，支持主机上所有容器的分发、创建和运行。Docker 客户端与 Docker Deamon 通过 Socket 或者 Restful API 进行交互。Docker 客户端和 Daemon 可以部署在同一台主机上，也可以由 Docker 客户端远程访问 Docker Daemon。

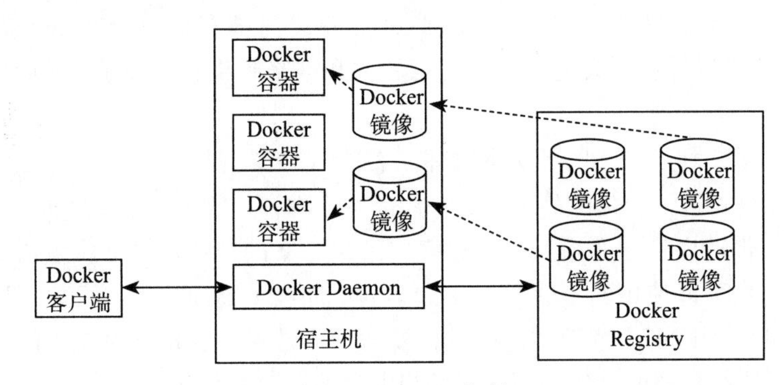


图 2-11 Docker 架构

Docker 包括以下主要部件。

（1）Docker Daemon

Docker Daemon 运行在服务器上，但用户并不直接和 Docker Daemon 通信，而是通过 Docker 客户端与 Docker Daemon 交互。

（2）Docker 客户端

Docker 客户端是 Docker 的主要用户接口，Docker 客户端接收用户请求，交给后端 Docker Daemon，并将响应返回给用户。

（3）Docker 镜像

Docker 镜像和虚拟机镜像一样，是一个只读模板。一个 Web 应用的 Docker 镜像可以是一个已经安装了 Apache 和 Web 应用的 Ubuntu 操作系统。Docker 镜像可以用于创建 Docker 容器。Docker 提供了简单的方式构建新镜像和更新已有镜像，用户也可以从 Docker Registry 下载其他用户已创建好的镜像。Docker 镜像是 Docker 的构建组件。

（4）Docker Registry

Docker Registry 存储并管理 Docker 镜像。用户可以从公共或者私有存储上传或下载 Docker 镜像。公共 Docker Registry 成为 Docker Hub。Docker Registry 提供大量已构建好的镜像供用户使用，这些镜像可以是由用户自己创建的，也可以是由其他用户创建并共享的。Docker Registry 是 Docker 的分发部件。

（5）Docker 容器

Docker 容器像一个目录。Docker 容器包含了运行一个应用需要的所有环境。每个容器从 Docker 镜像创建而产生。Docker 容器的生命周期包括运行、启动、停止、移动和删除。每个容器是一个隔离的、安全的应用平台。Docker 容器是 Docker 的运行部件。

下面，我们以 Docker run 命令为例对 Docker 流程进行描述。

1）用户在 Docker 客户端执行以下命令：

```
$ docker run -i -t ubuntu /bin/bash
```

Docker 客户端与 Docker Daemon 交互。

2）Docker Daemon 检查宿主机上是否有 Ubuntu 镜像，如果没有则从 Docker registries 下载 Docker Ubuntu 镜像。

3）Docker Daemon 从 Ubuntu 镜像创建 Docker 容器，并为其分配文件系统，mount 一个可读写镜像层，之后 Docker Daemon 为容器分配网卡资源，设置 IP。

4）Docker Daemon 启动应用，自此 Docker 容器完成启动过程。

用户通过 Docker 客户端管理容器，也可以与容器中的应用进行交互。当容器运行结束后，用户通过 Docker 客户端删除容器。

Docker 所依赖的底层技术除了 namespace、cgroup 特性，还有 Netlink、Capability 等其他内核特性。所以，Docker 本质上是一个上层管理工具，如图 2-12 所示。通过对 Linux 内核的 namespace、cgroup、netlink 等特性的调用和整合，实现了应用逻辑与底层基础设施的解耦。

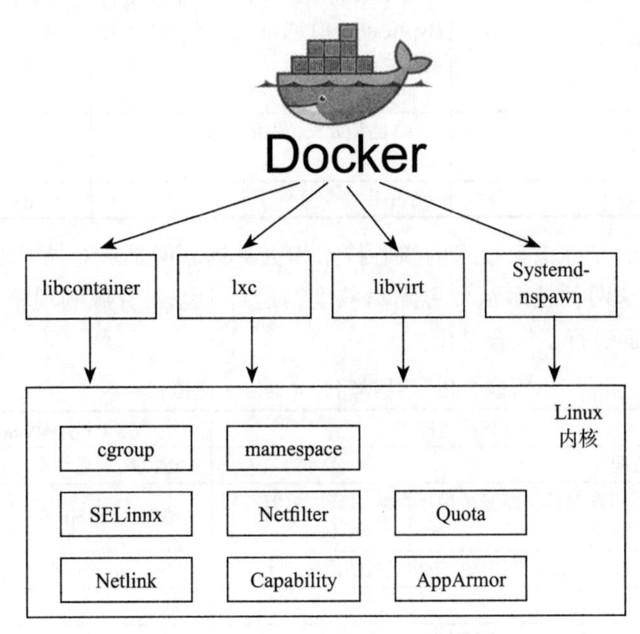


图 2-12　Docker 与 Linux 内核关系图

Docker 让容器虚拟化真正走入人们的视线，而 Docker 的成功离不开对联合文件系统（union file system）的引入。联合文件系统通过创建镜像层，将具有不同文件结构的镜像层进行叠加挂载，使它们看上去像一个文件系统。由于通过多个镜像层叠加挂载，所以联合文件系统非常轻量。通过联合文件系统，在大规模部署场景，Docker 可以对容器快速复制、重建及更新。Docker 可利用的联合文件系统包括 AUFS、btrfs、vfs、devicemapper 等。目前 AUFS 提供的功能最全面，使用最广泛。

## 2.6 计算虚拟化技术对比及应用场景

本节对各种虚拟化技术进行对比，以使大家对虚拟化技术有一个全面而清晰的认识。

表 2-1 从开源情况、采用技术、性能、应用情况等方面展示了各种 Hypervisor 技术的综合对比情况。

表 2-1 Hypervisor 虚拟化技术对比

| | VMware ESXi | Xen | KVM |
|---|---|---|---|
| **开源情况** | **闭源** | **开源** | **开源** |
| 采用技术 | 主要采用全虚拟化：<br>● 特权指令使用二进制翻译<br>● 用户请求指令直接执行 | 主要采用半虚拟化：<br>特权指令通过 Hypercall（超级调用机制）陷入，Hypercall 与系统调用类似通过软中断（0x82）实现 | 主要采用硬件辅助虚拟化<br>特权指令退出到根模式执行 |
| 客户操作系统兼容性 | 无需修改<br>兼容性强 | 需要修改客户操作系统以执行 Hypercall，所以不能运行在原生硬件或其他 Hypervisor<br>兼容性差 | 无需修改<br>兼容性强 |
| 性能 | 高 | I/O 路径太长，性能较差 | CPU 采用 vt-x，内存采用 ept 技术，I/O 路径短，性能高 |
| 应用情况 | VMware | Citrix | RedHat |

容器与 Hypervisor 虚拟化技术的核心技术相去甚远，但是从对外展现上容易造成一定的混淆。表 2-2 对这两种技术从资源隔离粒度、运行形态、资源利用率、并发性、性能、镜像占用空间等方面进行了综合对比。

表 2-2 容器与 Hypervisor 虚拟化

| | 容器虚拟化 | Hypervisor 虚拟化 |
|---|---|---|
| 资源隔离粒度 | 进程 | 虚拟机 |
| 镜像大小 | 不同容器共享同一个操作系统内核，镜像占用磁盘空间小 | 镜像包含操作系统内核，一般数十 GB |
| 运行形态 | 容器 Daemon 必须运行于宿主机的内核之上 | Hypervisor 可直接运行于硬件上 |
| 资源利用率 | 高 | 低 |
| 并发性 | 单宿主机可以启动上千个容器 | 最多几十个虚拟机 |
| 性能 | 容器性能接近宿主机本地进程<br>容器启动速度快（秒级） | 虚拟机性能逊于宿主机<br>虚拟机启动速度慢（分钟级） |
| 安全 | 差，不适用于公有云、多租户场景 | 操作系统隔离，安全性强 |

IBM 研究部门于 2014 年 7 月发表过一篇关于容器和虚拟机环境性能比较的论文。这篇论文在原生、容器和虚拟化环境中运行了 CPU、内存、网络和 I/O 的 benchmark，其中，

分别使用KVM和Docker作为虚拟化和容器技术的代表。结果显示，在绝大部分测试中，Docker的性能都等同于或超过KVM的性能。在CPU性能方面，KVM两层调度，增加了GuestOS调度的复杂性，由于未识别出底层系统拓扑，KVM与Docker相比性能损失高达55%。在随机内存访问方面，KVM为Docker性能的86%。

由于每个虚拟机完整地运行独立的GuestOS，所以天然地提供了更优的资源隔离和安全性。在Hypervisor虚拟化中，虚拟机根本无法直接与宿主机内核进行交互，无法以任何方式直接访问内核文件系统。虚拟机访问的都是模拟设备，虚拟机和宿主通信的唯一方式就是通过陷入内核后与宿主机Hypervisor进行交互。

而Docker的安全性远不及虚拟机。一言以蔽之，Docker的安全性问题主要源于在Docker这样的容器里就可以访问宿主的内核，要做到充分隔离、绝对安全很难。

评估Docker的安全性时，主要考虑以下4个方面。

（1）由内核namespace等机制提供的容器内在安全

在Linux系统中不是所有机制都支持命名空间。Docker主要利用5个命名空间：进程、网络、挂载、宿主和共享内存。没有命名空间的内核子系统有cgroups、file systems under /sys、/proc/sys、/proc/sysrq-trigger、/proc/irq、/proc/bus等，没有命名空间的设备有/dev/mem、/dev/sd* file system devices等。所以，Docker如此简单的命名空间显然无法给开发者提供复杂的安全保护。开发者只要访问或者攻击任何一个，就可以获得整个系统的控制权。

（2）Docker程序本身的健壮性、抗攻击性

和任何软件一样，Docker引擎本身可能存在漏洞。Docker曾多次更新，解决了一些明显的安全问题，包括有漏洞允许镜像放松安全限制，有漏洞允许任意文件系统写入（由此执行代码）。

（3）内核对容器安全性的影响

由于多个Docker容器共享一个Linux内核，内核漏洞可能导致特权升级而引起攻击。如普通权限的容器用户可利用内核漏洞升级为root用户，渗透到kernel去逃逸进行攻击。这个问题，其实又回到了命名空间的健全性。Docker的主要安全弱点在于内核系统调用都不是namespace-aware的，所以会引起容器间的意外的渗透和侵入。而Linux系统调用API太庞大了，审计每一个系统调用的命名空间相关的bug是一项浩大的工程。

（4）Docker镜像的安全性

这包括Docker镜像内容、Docker镜像下载通道的安全性。Docker已经支持自动化数字签名验证，以便官方镜像的用户可以确保镜像在下载前没有被篡改。

Docker作为新的容器技术，其生态系统尚不成熟，在OS支持、可视性、风险控制、管理、编排等方面都有明显的不足。容器的安全性完全依赖于操作系统内核，然而操作系统的安全性并不足以支撑容器在公有云环境的应用。尤其在Amazon、Google公有云环境中，并不能完全用容器取代虚拟机。

由于容器人工部署的快捷性，使得它非常适用于尚不稳定、快速变化的早期开发阶段。当

业务开发稳定后，用户可以根据具体情况，选择是继续使用容器，还是将应用部署到虚拟机中。

在开发过程中，将业务分到不同团队的，每一个团队只关注相关领域，容器非常适合这样的微服务场景。

对于私有云环境，采用容器可以获得极大的应用部署便捷性。但是对于公有云环境，云提供商还需要虚拟机级别的应用安全隔离。

Hypervisor 虚拟化和容器虚拟化各有千秋，所以虚拟机和容器之间不应该被视为相互竞争，而应该是互补关系。云计算发展至今，人们意识到单一的云提供商往往是不够的，混合云和多云管理是必然趋势。同样的，使用单一虚拟化技术也是不够的，不同的技术有不同的适用场景，所以，容器和虚拟机注定要紧密合作，共同应对不同场景的挑战。

## 2.7 计算虚拟化与云管理平台的关联实现

本节以 OpenStack 作为主要的云管理平台，说明计算虚拟化与云管理平台如何实现关联。

OpenStack 作为业界领先的开源云计算管理平台，对于 Hypervisor 混合管理有着很好的支持。OpenStack 支持当前几乎所有主流的 Hypervisor，包括 KVM、Xen、VMware、PowerVM、HyperV 等。但并不是所有 Hypervisor 都完整地实现了 Nova 的所有功能，所以在 Hypervisor 选择时，要尽可能使用社区关注度比较高、开发团队比较活跃、CI 做得比较完整的 Hypervisor。目前 Nova 默认使用 KVM 驱动。

同 Nova API 一样，Nova Compute Driver 也是通过动态加载的方式来实现的。一般情况下，Hypervisor 提供的 Compute Driver 设置在 Nova 组件的 nova/virt/ 子目录下，如图 2-13 所示。如 nova/virt/PowerVM 提供 PowerVM 的 Compute Driver、nova/virt/libvirt/ 提供 KVM 的 Compute Driver 等。

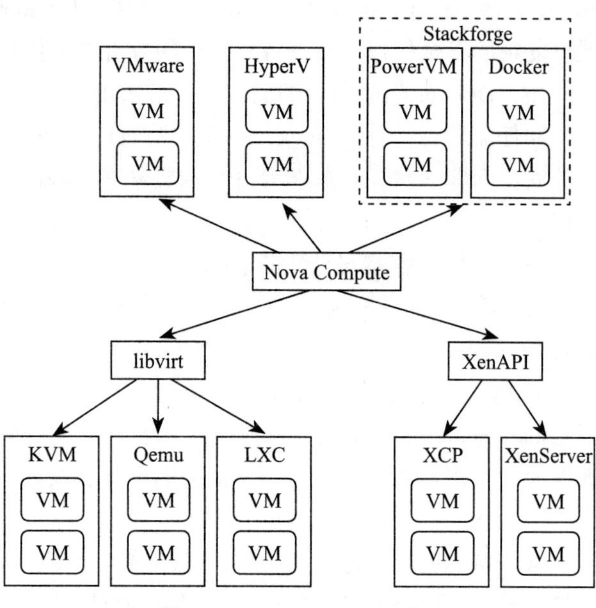


图 2-13 Nova Compute 驱动

### 2.7.1 Libvirt-KVM

OpenStack 默认采用 KVM，要改变 Hypervisor 类型，只需修改 nova.conf 的 virt_type 选项，并重启 nova-compute 服务。

Nova.conf 中配置如下：

```
compute_driver = libvirt.LibvirtDriver
[libvirt]
virt_type = kvm
```

### 2.7.2 Libvirt-Docker

Nova 驱动中内嵌了一个小型的 HTTP 客户端。HTTP 客户端通过 UNIX 套接字与 Docker Rest API 进行通信，来操控容器和获取容器信息。

Nova 驱动从 OpenStack 镜像服务（Glance）取得镜像，加载到 Docker 文件系统中，如图 2-14 所示。镜像可以通过 docer save 命令从 Docker 导出，并部署到 Glance 中。

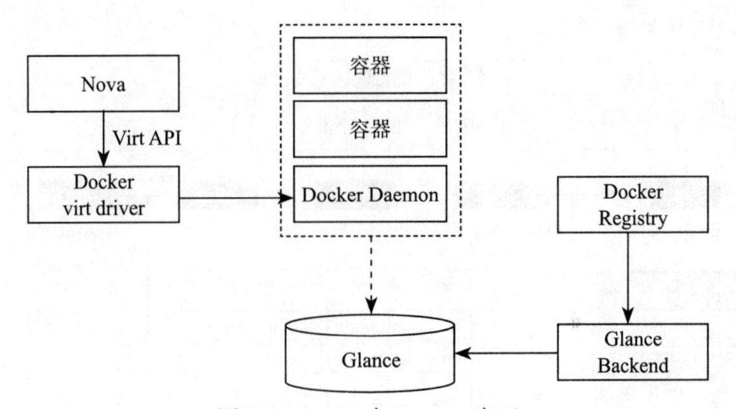


图 2-14　Nova 与 Docker 交互

老版本的驱动中需要运行一个私有 docker-registry 镜像库作为 Glance 的代理，新版本已经去掉了这一限制。

要支持 Docker，需要对所有运行 nova-compute 服务的节点上的 /etc/nova/nova-compute.conf 文件作如下设置：

```
compute_driver=docker.DockerDriver
```

同样，Glance 也需要进行配置以支持 Docker 容器格式。

/etc/glance-api.conf 按如下设置：

```
container_formats = ami,ari,aki,bare,ovf,docker
```

需要说明的是，Nova 驱动支持 Docker 的方式是将 Docker 和虚拟机归一化进行管理，所以 Docker 的很多网络、容器链接等高级功能都无法使用。在一些简单的环境中，可以采用 Nova 驱动方式管理 Docker，以简化管理，但是在一些大规模生产型环境，Nova-driver 并不能满足需求。目前，OpenStack 社区正在推动 Magnum 项目，以弥补这一不足。

### 2.7.3 XenAPI

XAPI 是 Xen Hypervisor 之上的一个管理工具，它在 Xen 中的角色可以类比 libvirt 之于 KVM。XAPI 提供的 API 称为 XenAPI。OpenStack 的一个计算驱动和 XAPI 交互，这样所有 XAPI 管理的服务器可以被 OpenStack 加以利用。

XenServer 是包含 Xen Hypervisor 和 XAPI 管理工具的一套开源虚拟化软件。

OpenStack 计算服务（即 nova-compute）运行在 DomU，使得 OpenStack 软件和 Dom0 特权虚拟机之间安全隔离。在 OpenStack 中，普通的客户虚拟机可以以半虚拟或者硬件辅助虚拟化的模式运行，而 OpenStack DomU（即 nova-compute 所运行的虚拟机）必须和 Dom0 一样以半虚拟模式运行。

图 2-15 展示了 OpenStack 环境中典型的 XenAPI 部署框架，其中网络采用的是 nova-network。

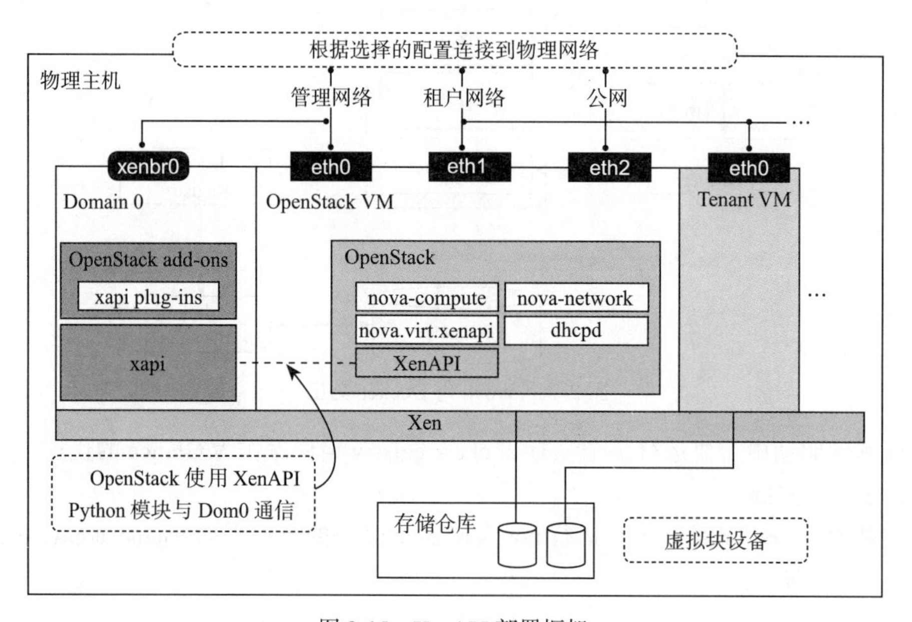


图 2-15　XenAPI 部署框架

需要注意的是：

1）Hypervisor 采用的是 Xen。

2）Dom0 运行 XAPI 和 OpenStack 的 XAPI 插件。

3）在每一个 XAPI 管理的主机上都部署了一个 OpenStack 虚拟机。OpenStack 虚拟机以半虚拟模式运行，虚拟机中运行 nova-compute 实例和 nova-network 实例。

4）Nova Compute 通过 XenAPI Python 库与 XAPI 进行交互，通过 Managed Network 从 OpenStack 虚拟机访问 Dom0。

下面讲述如何配置，使得 OpenStack 与 Xen 进行交互。

（1）安装 XenServer

在 OpenStack 上运行 XenServer 之前，必须先安装 Xen Hypervisor。

（2）安装后操作

在完成 Xen Hypervisor 安装后，还需要执行以下操作：

1）为了虚拟机热迁移功能，需要启用免密码 SSH 认证，并在 Dom0 中创建 /images 目录。

2）安装 XAPI 插件。

3）为了支持 AMI 类型镜像，需要在 Dom0 中创建 /boot/guest symlink 目录。

4）创建半虚拟机运行 nova-compute。

5）安装配置 nova-compute 所在虚拟机。

（3）在 nova.conf 中配置 XenAPI 驱动

采用推荐配置，OpenStack 可以通过 XenAPI 驱动使用 XAPI。

为了启用 XenAPI 驱动，需要在 /etc/nova/nova.conf 中添加如下配置项，并重启 OpenStack Compute。

```
compute_driver=xenapi.XenAPIDriver
[xenserver]
connection_url = http://your_xenapi_management_ip_address
connection_username = root
connection_password = your_password
```

OpenStack Compute 服务利用 connection 信息与 Hypervisor、XenCenter、XenServer 管理控制台建立连接。

### 2.7.4 VMware Driver

OpenStack 支持 VMware vSphere 产品系列，提供虚拟机热迁移 vMotion、高可用、动态资源调度（DRS）等高级特性。

Nova Compute 服务通过 VMware vCenter 驱动与 VMware vCenter 服务器进行通信，管理一个或多个 ESX 主机集群。VMware vCenter 驱动将 ESX 主机汇聚到一个集群，对 Nova Compute 调度器呈现为一个有较大容量的 Hypervisor 实体。由于每个 ESX 主机个体对调度器是不可见的，所以调度器以集群粒度进行调度，将请求传递给 vCenter。在集群内部，vCenter 使用 DRS 选择合适的 ESX 主机。当虚拟机创建后加入 vCenter 集群，vCenter 集群中虚拟机具备所有 vSphere 特性。

图 2-16 展示了 VMware 驱动的逻辑架构。

如图 2-16 所示，从 OpenStack 计算调度器可以看到 3 个 Hypervisor，每个对应一个 vCenter 集群。VMware 驱动运行在 nova-compute 上。当计算调度器按集群粒度进行调度时，nova-compute 中的 VMware 驱动与 vCenter API 交互，在集群内选择合适的 ESX 主机。vCenter 在集群内部可以采用 DRS 高级功能进行虚拟机部署。

VMware vCenter 驱动也可以和 OpenStack 镜像服务进行交互，从镜像服务后端存储复制 VMDK 镜像。图 2-16 中的虚线表示 VMDK 镜像从 OpenStack 镜像服务复制了 vSphere

数据存储。VMDK 镜像被缓存在数据存储中，所以仅当第一次使用 VMDK 镜像时才需要执行复制操作。

OpenStack 在 vSphere 集群中启动虚拟机后，虚拟机在 vCenter 可见，并且可以使用 vSphere 高级特性。同时，虚拟机在 OpenStack dashboard 也可见，用户可以像对其他 OpenStack 虚拟机一样，对 vSphere 中虚拟机进行操作。

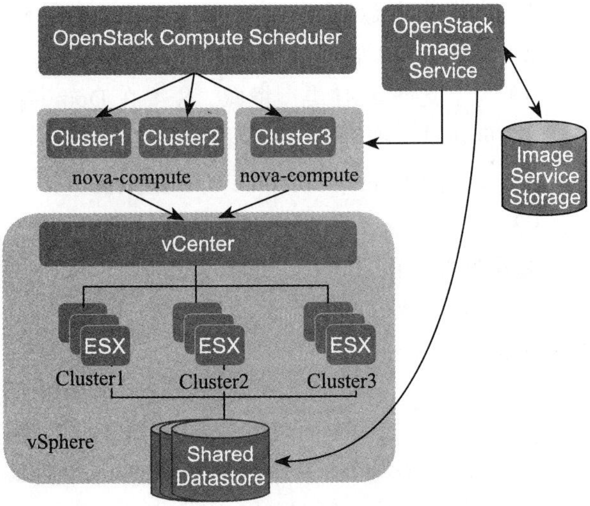

逻辑架构图中并没有体现网络。事实上，VMware 驱动对 nova-network 和 OpenStack Networking Service 都支持。

接下来描述需要如何配置，OpenStack 才可以与 VMware vCenter 进行交互。



图 2-16　VMware 驱动逻辑架构

（1）配置 vCenter

按照下列步骤准备 vSphere 环境：

1）拷贝 VMDK 文件（仅限于 vSphere 5.1）。在 vSphere 5.1 中，从 Glance 拷贝大文件（如 12GB 或更大）需要很长时间。为了提升性能，VMware 建议将 vMware Center 升级到 5.1 或更高版本。

2）DRS。对于任一集群，启用 DRS 全自动化部署虚拟机。

3）共享存储。OpenStack 中 VMware vSphere 仅支持共享存储，所以数据存储需要在集群所有节点间共享。

4）集群和数据存储。不要将 OpenStack 集群和数据存储用于其他用途，否则，OpenStack 展现的利用率信息可能不准确。

5）网络。网络配置依赖于采用的网络模型。不同网络模型对应配置方式不同。

6）安全组。如果使用 OpenStack Networking 和 NSX 插件，则 OpenStack 中 VMware vSphere 支持安全组。如果使用 nova-network，则不支持安全组。

7）VNC。每个 ESX 主机上的端口段 5900 ～ 6105 会自动分配用于 VNC 连接。用户必须修改 ESXi 防火墙配置允许 VNC 端口。为了使得虚拟机重启后防火墙配置修改也能保持，用户必须创建一个 vSphere Installation Bundle（VIB）。之后，VIB 会被安装到运行的 ESXi 主机上，或者添加到自定义镜像 profile 文件中，用于后续 ESXi 主机安装。

（2）在 nova.conf 中配置 VMware vCenter 驱动

通过 VMware vCenter 驱动（VMware VCDriver）在 OpenStack Compute 和 vCenter 之

间建立关联。采用推荐配置，可以通过 vCenter 使用 vSphere 高级特性，如虚拟机热迁移、动态资源调度等。

对于 VMware VCDriver（vCenter 5.1 或更高版本），在 nova.conf 中添加如下 VMware 相关配置信息：

```
[DEFAULT]
compute_driver=vmwareapi.VMwareVCDriver
[vmware]
host_ip=<vCenter host IP>
host_username=<vCenter username>
host_password=<vCenter password>
cluster_name=<vCenter cluster name>
datastore_regex=<optional datastore regex>
```

vCenter 驱动可以支持多个集群。当使用多个集群时，只需在 cluster_name 后将集群名称一一列出即可。

（3）将 VMDK 镜像加载到 OpenStack 镜像服务

vCenter 驱动支持 VMDK 镜像格式。VMDK 格式镜像可以从 VMware Fusion 或者 ESX 环境获取，也可以利用 qemu-img 特性从如 qcow2 其他格式进行转化。当 VMDK 磁盘准备好后，将其载入 OpenStack 镜像服务器，然后 VMware vCenter driver 就可以使用 VMDK 磁盘了。

当镜像加载到 OpenStack 镜像服务时，需要对 Vmware_disktype 属性进行设置。示例中，设置 vmware_disktype 为 sparse，创建了一个稀疏镜像。

```
$ glance image-create --name "ubuntu-sparse" --disk-format vmdk \
         --container-format bare \
         --property vmware_disktype="sparse" \
         --property vmware_ostype="ubuntu64Guest" \
         < ubuntuLTS-sparse.vmdk
```

（4）配置网络

VMware 驱动通过 nova-network 服务和 OpenStack Networking Service 提供网络：

1）使用 nova-network 服务的 FlatManager 或 FlatDHCPManager。

创建一个端口组，端口组名称与 nova.conf 中 flat_network_bridge 值相同。Flat_network_bridge 默认值为 br100。

虚拟机所有网卡挂载到这个端口组。

2）使用 nova-network 服务的 VlanManager。

设置 vlan_interface 配置项，要求与 ESX 主机上处理 VLAN-tagged 虚拟机流量的网络接口一致。

OpenStack nova-network 会自动创建对应的端口组。

3）使用 OpenStack Networking 服务。

在部署虚拟机前，创建一个端口组。端口组与 nova.conf 中 vmware.integration_bridge

同名，默认为 br-int。将虚拟机所有网卡挂载到这个端口组，通过 OpenStack Networking 插件进行管理。

## 2.8 小结

本章主要介绍了服务器虚拟化技术。虚拟化技术主要分为 Hypervisor 虚拟化和容器虚拟化。由于容器人工部署的快捷性，容器非常适用于尚不稳定、快速变化的早期开发阶段。当业务开发稳定后，用户可以根据具体情况选择是继续使用容器，还是将应用部署到虚拟机中。对于私有云环境，采用容器可以获得极大的应用部署的便捷性；但是对于公有云环境，云提供商还需要虚拟机级别的应用安全隔离。

Hypervisor 虚拟化和容器虚拟化各有千秋，所以虚拟机和容器之间不应该被视为相互竞争，而应该是互补关系。云计算发展至今，人们意识到单一的云提供商往往是不够的，混合云和多云管理是必然趋势。同样，使用单一虚拟化技术也是不够的，不同的技术有不同的适用场景，所以，容器和虚拟机注定要紧密合作，共同应对不同场景的挑战。

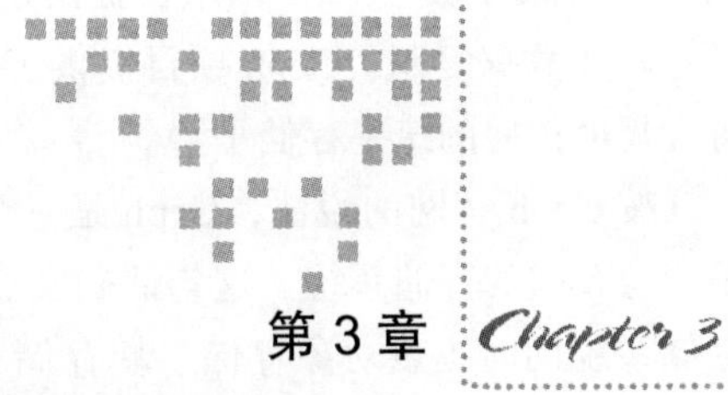

# 第3章 Chapter 3 存储虚拟化技术

对存储虚拟化（Storage Virtualization）最通俗的理解就是对存储硬件资源进行抽象化表现，如图3-1所示。这种虚拟化使用户可以与存储资源中大量的物理特性隔绝开来，就好像我们去仓库存放或者提取物品时，只需要跟仓库管理员打交道，而不必去关心我们的物品究竟存放在仓库内的哪一个角落。对于用户来说，虚拟化的存储资源就像是一个巨大的“存储池”，用户不会看到具体的磁盘、磁带，也不必关心自己的数据经过哪一条路径通往哪一个具体的存储设备。

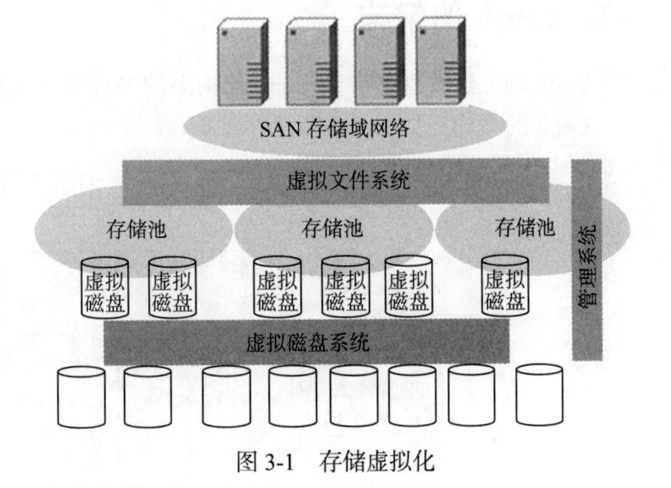

图3-1 存储虚拟化

业界主流的存储虚拟化技术包括分布式文件系统（如HDFS）、分布式块存储（如Ceph）、存储网关（如IBM的SVC）等。

## 3.1 Ceph 简介

Ceph是一个符合POSIX（Portable Operating System for UNIX）、开源的存储系统，依据GNU通用公共许可而运行。Ceph项目起源于其创始人Sage Weil在加州大学Santa Cruz分校攻读博士期间的研究课题。项目的起始时间为2004年。在2006年的OSDI学术会议上，Sage发表了介绍Ceph的论文，并在该篇论文的末尾提供了Ceph项目的下载链接，由此 Ceph 开始广为人知。该项目提出了一个没有任何单点故障的集群，确保能够跨集群节点进行永久数据复制。Ceph 项目提供了一种便捷方式在通用的商用硬件上部署一个低成本且可大规模扩展的统一存储平台。

按 Ceph 官网的说法，Ceph 是一个为优秀的性能、可靠性和可扩展性而设计的，统一的、分布式的存储系统。这句话确实点出了 Ceph 的要义，“统一的”意味着 Ceph 可以一套存储系统同时提供对象存储、块存储和文件系统存储 3 种功能，以便在满足不同应用需求的前提下简化部署和运维。而“分布式的”在 Ceph 系统中则意味着真正的无中心结构带来的高可靠性，和没有理论上限的系统规模 \ 性能的可扩展性。

Ceph 的主要特性如下。

- 高扩展性：使用普通的商用 x86 服务器，支持 10 ～ 10 000 台服务器，支持 TB 到 PB 级的扩展。
- 高可靠性：没有单点故障，多数据副本，自动管理，自动修复。
- 高性能：数据分布均衡，并行化程度高。对于 objects storage 和 block storage, 不需要元数据服务器。

由于 Ceph 的优良特性，它得到了广泛的支持，越来越多的企业也在其生产环境中部署了 Ceph。

## 3.2 Ceph 的架构

Ceph 的上述特性来源于 Ceph 架构上的先进设计思想。

Ceph 的架构图如图 3-2 所示。

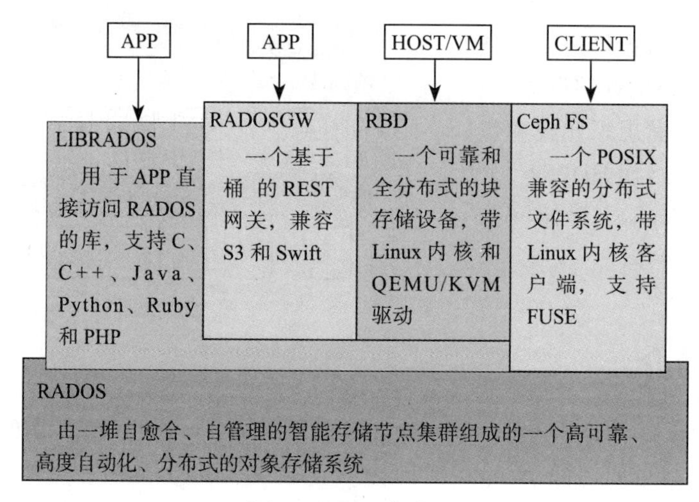


图 3-2 Ceph 架构图

从图 3-2 看，Ceph 主要由以下 5 部分组成：

- LIBRADOS 库
- RADOSGW
- RBD
- Ceph FS
- RADOS 集群存储节点

### 3.2.1　RADOS 集群存储节点

Ceph 的底层是 RADOS，意思是 A reliable, autonomous, distributed object store comprised of self-healing，self-managing，intelligent storage nodes，即由一堆自愈合、自管理的智能存储节点集群组成的一个高可靠、高度自动化、分布式的对象存储系统。

RADOS 主要有两个后台进程，如图 3-3 所示。

- OSD：Object Storage Device，提供对象存储资源。
- Monitor：维护整个 Ceph 集群的全局状态（cluster map）。

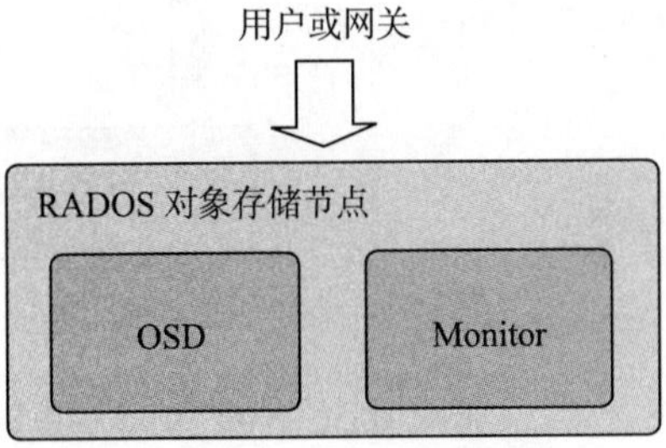

图 3-3　OSD 存储

#### 1. OSD 如何存储对象数据

要解读 RADOS 是如何将对象分发到不同的 OSD 上的，首先需要了解 Ceph 定义的几个存储区域概念。

首先是存储 Pool（池），Pool 是一个命名空间，客户端向 RADOS 上存储对象时需要指定一个 Pool，Pool 通过配置文件定义，并可以指定 Pool 的存储 OSD 节点范围和 PG 数量。

在 Ceph 集群中存储对象时，首先要确定存在哪个 Pool，它是用户存储对象的逻辑分区。Pool 带有如下几个参数：

- 副本的个数
- Placement group 的个数
- CRUSH-Ceph 的规则表

而 PG（Placement Group）是 Pool 内部的概念，是对象和 OSD 的中间逻辑分层。对象首先通过简单的 Hash 算法来得到其存储的 PG，这个 PG 和对象是确定的。然后每一个 PG 都有 OSD 组，包括一个 Primary OSD 和几个 Secondary OSD（组内 OSD 的个数由 Pool 的副本数决定）。对象被分发到 PG 内的这组 OSD 上存储，对象存储是写到 Primary OSD，其他的 OSD 存储的是对象的 Replicas。

通常一个 OSD 大约可配置 100PG。

Ceph 的存储区域层次结构如图 3-4 所示。

（1）CRUSH-Ceph 算法（保证数据的均匀分布）

在 Ceph 集群中，对象被分发到这些 PG 上存储的这个分发策略称为 CRUSH-Ceph

（Controlled Replication Under Scalable Hashing）的负责集群中的数据放置和检索的伪随机算法。CRUSH-Ceph 的核心思想是要保证数据的均匀分布。需要注意的是整个 CRUSH 以上的流程实现都是在客户端计算，因此客户端本身需要保存一份 Cluster Map，而这是从 Monitor 处获得的。CRUSH 算法是可配置的，通过指定 PG Number 和 Weight 可以得到不同的分布策略。

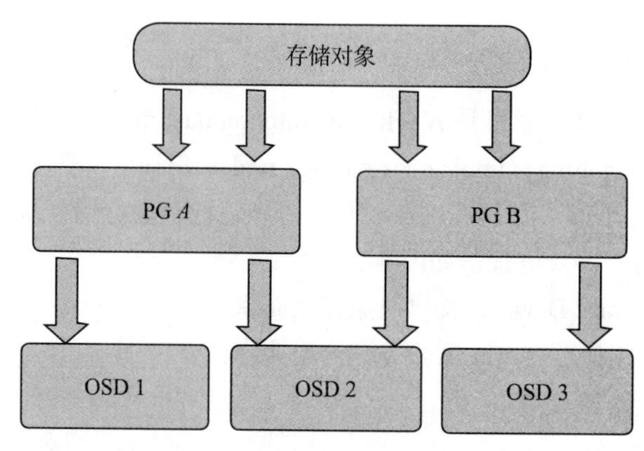


图 3-4　Ceph 存储层次结构

当添加或减少 OSD 存储节点时，Ceph 根据策略调整 OSD 存储节点的数据分布，仍旧能保证数据近似均匀分布。如图 3-5 所示是增加一个 OSD 节点时的示意图。

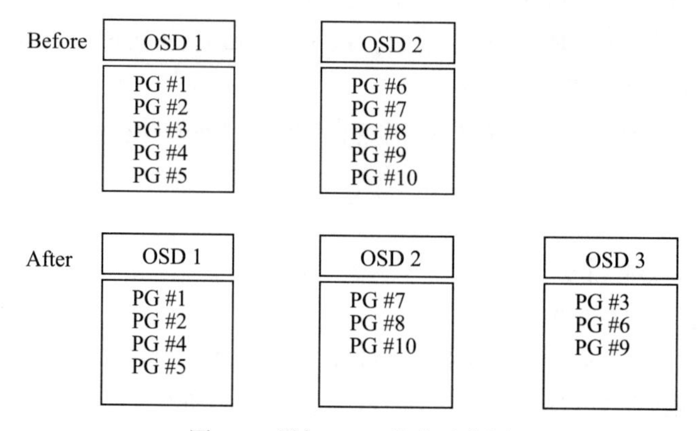


图 3-5　增加 OSD 节点示意图

当增加一个 OSD 到集群后，OSDMap 会被更新，MON 重新计算 PG 的分布，并更新 PGMap。这会改变 object 的位置，因为改变了 CRUSH 算法的输入。如图 3-5 描述的是一个 rebalance 的过程。 并非所有的 PG 都要从原有的 OSD（OSD 1 或 OSD 2）迁移到新的 OSD（OSD 3）上。rebalance 时，CRUSH 是稳定的，且大多数 PG 仍旧保留原来的配置。

这就是 CRUSH 算法的优点，添加或减少 OSD 时，只有“少”部分 PG 迁移，且数据近似均匀分布。

（2）Ceph 的写操作采用 Primary-Replica 模型（保证数据的强一致性）

Ceph 的写操作采取的是 Primary-Replica 模型，Client 只向对象所对应的 PG 中的 OSD 组的 Primary OSD 发起写请求。当 Primary OSD 收到对象的写请求后，负责把数据发到其他 Replica 上去，只有当所有的 OSD 都完成这个对象的保存后，Primary OSD 才会给对象操作应答成功，如图 3-6 所示。这保证了数据的强一致性。

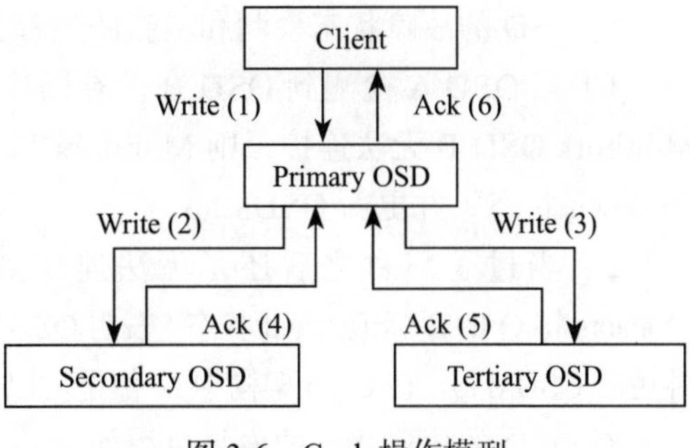


图 3-6　Ceph 操作模型

**2. Monitor 后台守护进程如何维护整个 Ceph 集群的成员状态**

RADOS 的 Monitor 维护整个 Ceph 集群的成员和成员状态。Monitor 维护整个 Ceph 集群的状态主要是依靠其维护的 Cluster Map，包括 MONMap、OSDMap、PGMap、LogMap、AuthMap、MDSMap，其中 PGMap 和 OSDMap 是最重要的 Map。Monitor 使用 Quorum 和 Paxos 算法建立全局状态的共识。

OSDMap 存有 Ceph 集群中所有 OSD 的信息，所有 OSD 节点的改变，如进程退出、节点的加入和退出或者节点权重的变化，都会反映到这张 Map 上。这张 Map 不仅被 Monitor 掌握，OSD 节点和 Client 也会从 Monitor 得到这张表，因此 Ceph 的 OSD 进程以及客户端都知道集群信息。每个 OSD 进程知道集群中其他的 OSD 进程。这使得 OSD 进程可以直接与其他 OSD 进程和 Ceph Monitors 进行交互。此外，它也使得 Ceph 客户端可以直接与 Ceph OSD 进程进行交互。

让 Monitor 将其掌握的更新后的 OSDMap 通知给所有的 OSD 和 Client 是不现实的，因此通过 OSD 进程与 Client 及其他 OSD 进行交互可以较迅速地在集群内普及更新的 Map 表。

对 OSD 的状态的监控主要依靠 OSD 的心跳来检测对方是否故障的，以便及时发现故障节点，进入相应的故障处理流程。

OSD 状态的描述分为两个维度：up 或者 down（表明 OSD 是否正常工作），in 或者 out（表明 OSD 是否在至少一个 PG 中）。因此，对于任意一个 OSD，共有以下 4 种可能的状态。

1）up 且 in：说明该 OSD 正常运行，且已经承载至少一个 PG 的数据。这是一个 OSD 的标准工作状态。

2）up 且 out：说明该 OSD 正常运行，但并未承载任何 PG，其中也没有数据。一个新的 OSD 刚刚被加入 Ceph 集群后，便会处于这一状态。而一个出现故障的 OSD 被修复后，重新加入 Ceph 集群时，也处于这一状态。

3）down 且 in：说明该 OSD 发生异常，但仍然承载着至少一个 PG，其中仍然存储着数据。这种状态下的 OSD 刚刚被发现存在异常，可能仍能恢复正常，也可能会彻底无法工作。

4）down 且 out：说明该 OSD 已经彻底发生故障，且已经不再承载任何 PG。

图 3-7 是添加和减少 OSD 的数量时 OSD 状态变化的示意图。

对 OSD 的故障状态检测和更新的过程如下：

1）当 OSD A 检测到 OSD B 没有回应时，会报告 Monitors OSD B 无法连接，则 Monitors 将 OSD B 标记为 down 状态，并更新 OSDMap。

2）当过了 M 秒之后还是无法连接到 OSD B，则 Monitors 将 OSD B 标记为 out 状态（表明 OSD B 不能工作），并更新 OSDMap。在 Ceph 架构中 M 值是可以配置的。

对 OSD 的故障状态的恢复过程如下：

1）当某个 PG 对应的 OSD set 中有一个 OSD 被标记为 down 时（假如是 Primary 被标记为 down，则某个 Replica 会成为新的 Primary，并处理所有读写 object 请求），则该 PG 处于 active+degraded 状态，也就是当前 PG 有效的副本数是 N-1。

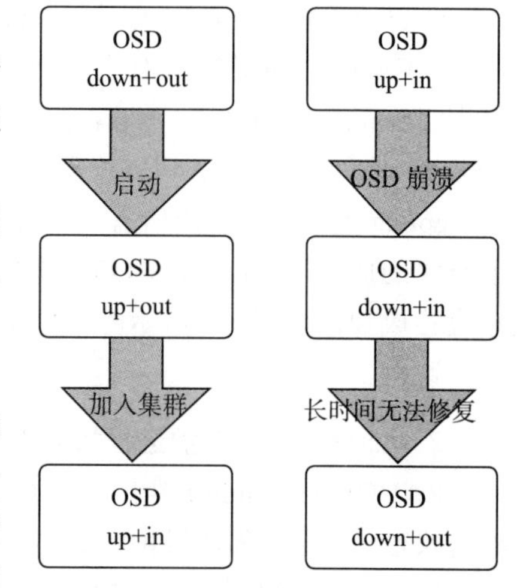


图 3-7　OSD 状态变化示意

2）过了 M 秒之后，假如还是无法连接该 OSD，则它被标记为 out，Ceph 会重新计算 PG 到 OSD set 的映射（当有新的 OSD 加入集群时，也会重新计算所有 PG 到 OSD set 的映射），以此保证 PG 的有效副本数是 N。

3）新 OSD set 的 Primary 先从旧的 OSD set 中收集 PG log，得到一份 Authoritative History（完整的、全序的操作序列），并让其他 Replicas 同意这份 Authoritative History（也就是其他 Replicas 对 PG 的所有 objects 的状态达成一致），这个过程叫作 Peering。

4）当 Peering 过程完成之后，PG 进入 active+recoverying 状态，Primary 会迁移和同步那些降级的 objects 到所有的 replicas 上，保证这些 objects 的副本数为 N。

在大规模部署的场景中，如果任意两个 OSD 节点间都建立心跳连接将带来巨大的负担，如图 3-8 所示。尤其是，当新加入一个 OSD 节点时这个负担就会成倍增加。Ceph 中每个 OSD 只和以下两类节点建立心跳连接：一类是同一个 PG 下的 OSD 节点之间，因为属于同一个 PG 的 OSD 节点会保存同份数据的副本，若出现故障则会直接影响数据的可用性。另一类是 OSD 的左右两个相邻的节点，这两个节点同自己物理上存在比较紧密的联系，例如可能连接在同一台交换机。

public 端口用来监听来自 Monitor 和 Client 的连接；cluster 端口用来监听来自 OSD Peer 的连接；其中 front 和 back 两个端口都是用于发送心跳的。OSD 使用 T_Heartbeat 线程定时向 Peer OSDs 发送心跳报文，发送报文的时间间隔在 0.5 ～ 6.5 秒之间，由 osd_heartbeat_interval 配置选项决定。心跳报文会同时向 Peer OSD 的 front 和 back 端口发送。心跳报文分两种

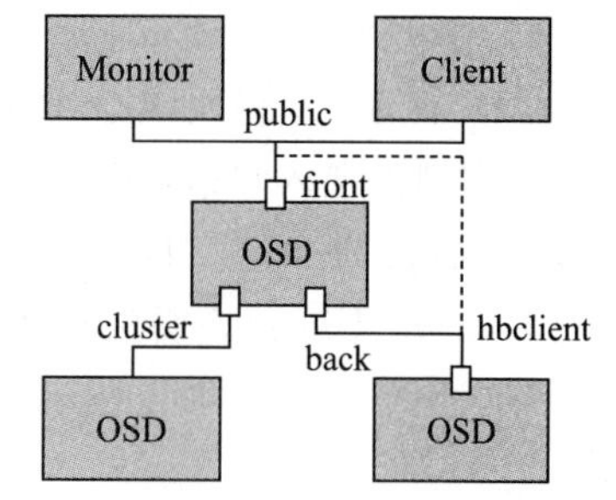


图 3-8　节点心跳连接

类型，一种是Ping类型，另一种是Reply类型。Ping类型的报文是OSD主动发送给Peer OSD的报文，而Reply是Peer OSD回应给自己的报文。两种类型的心跳报文都携带时间戳，但它们的时间戳代表的含义不一样。Ping类型报文的时间戳是发送报文时的时间，而Reply类型报文的时间戳是从Ping报文中读取出来的，不代表它自己的发送时间而是代表它对应的Ping报文的发送时间。OSD接收到Reply报文时将记录报文的时间戳，并以此来判断是否超时。对每个Peer节点，如果其最近的应答的时间（最近的Reply报文的时间戳）位于cutoff之前（即超时grace秒），则将其加入failure_queue队列。OSD会定时向Monitor汇报自己的状态，在汇报状态时将failure_queue队列中的Peer发送给Monitor，由Monitor将其标记为down状态。Monitor在接收到OSD对Peer的故障报告后，通过PAXOS算法决定是否将Peer OSD标记为down状态。如果将Peer OSD标记为down状态，那么将更新OSDMap，OSD接收到OSDMap更新的消息后，断开和Peer OSD的心跳连接。如果在向Monitor报告故障之后但在接收到OSD Down消息之前，再次接收到Peer OSD对心跳报文的回应，则将Peer OSD从failure_queue队列中移除，并通知Monitor该节点依旧存活着。

Monitor是通过PGMap来维护PG的状态，在Ceph架构中Object（即用户数据）是跟着PG走的，而不会跟OSD产生联系。当一个OSD因为意外crash时，其他与该OSD保持Heartbeat的OSD都会发现该OSD无法连接，在汇报给Monitor后，该OSD会被临时性标记为out，所有位于该OSD上的Primary PG都会将Primary角色交给其他OSD。PG迁移需要Monitor作出决定然后反映到PGMap。Monitor大致是通过这样的方式维护PGMap的。当然实际情况更复杂，在Ceph中PG存在多达十多种状态和数十种事件的状态机去处理PG可能面临的异常。

### 3.2.2 Librados库

Librados库提供了用户App直接访问RADOS的接口，Librados库采用Key/Value的访问接口。Librados的实现是基于RADOS的插件API，因此实际上就是在RADOS上运行的封装库。Librados提供对C、C++、Java、Python、Ruby和PHP的支持。

Librados库的接口主要包括以下5类。

（1）Ceph集群句柄操作

Ceph集群句柄（RADOS Client类的实例）的创建、销毁、配置、连接等，pool的创建和销毁，I/O上下文的创建和销毁等。

使用Librados进行I/O操作之前的初始工作流程如下：

1）创建一个集群句柄，实际上创建了一个RADOS的客户端（RADOS Client类的实例）在RADOS的所有操作都是建立在RADOS Client之上操作的，如rados_create，rados_create2，rados_create_with_context。

2）根据配置文件、命令行参数、环境变量配置集群句柄，如rados_conf_read_file，

rados_conf_parse_argv，rados_conf_parse_argv_remainder，rados_conf_parse_env 等。

3）连接集群，相当于使 RADOS Client 能够时能集群通信，rados_connect。

4）连接成功之后就可以创建 pool 了，rados_pool_create。Pool 相当于 Ceph 集群中不同的命名空间，不同的 Pool 有不同的 crush 分布策略、复制级别、位置策略等。

5）I/O 上下文的创建，rados_ioctx_create。当 I/O 上下文创建成功之后就可以进行读写等 I/O 操作了。

除以上接口，还提供了指定配置的设置和获取、Pool 的查找和获取，Pool 空间和对象的统计，I/O 上下文的获取等操作。

（2）快照相关接口

Librados 支持对于整个 Pool 的快照，接口包括快照的创建和销毁、对象到快照版本的回滚、快照查询等。

（3）同步 I/O 操作接口

包括读、写、覆盖写、追加写、对象数据克隆、删、截断、获取和设置指定的扩展属性、批量获取扩展属性、迭代器遍历扩展属性、特殊键值对获取等。

（4）异步 I/O 操作接口

包括异步读、异步写、异步覆盖写、异步追加写、异步删、Librados 还提供了对象的监视功能，通过 rados_watch 可以注册回调，当对象发生变化时会回调通知上层。

（5）I/O 操作组原子操作

即可以把对同一个对象的一系列 I/O 操作放到同一个组里，最后保证加入组里的所有 I/O 操作保持原子性，要么全部成功，要么全部失败，而不会给用户呈现出文件系统不一致的问题。包括创建 read 或 write 操作组、销毁操作组、向操作组里添加其他 I/O 操作等。

### 3.2.3 RADOSGW

RADOSGW 位于 Librados 之上，并不直接访问 RADOS，RADOSGW 和 Librados 的区别在于 RADOSGW 承载了 http 协议。RADOSGW 可以给用户提供将 Ceph Cluster 作为分布式对象存储的能力。RADOSGW 是一个 FastCGI 服务。RADOSGW 提供了 RESTful 接口，并且兼容 amzon S3 和 Swift 接口，这使得用户的 APP 可以灵活地选用对象存储的接口，如图 3-9 所示。

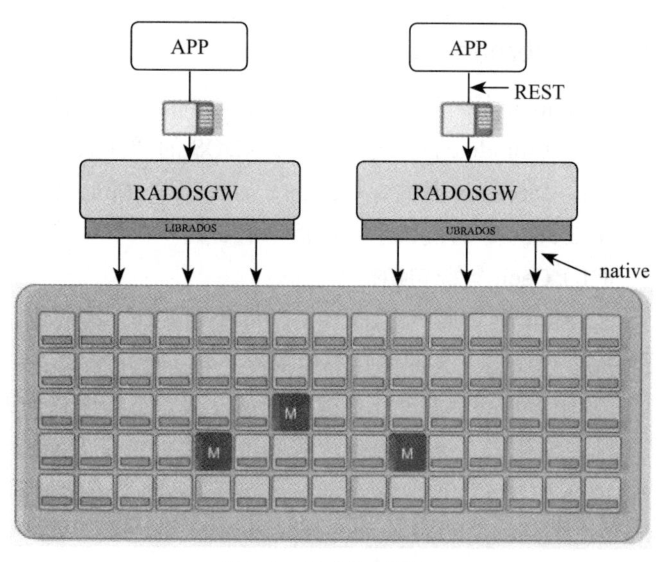


图 3-9 对象存储接口

RADOSGW 使用 Bucket 的统一命名空间，提供了对账户管理的支持，能够提供对用户的账户身份验证和访问控制等。

### 3.2.4 RBD

RBD 是 Ceph 的一个分布式块存储服务，目前 Ceph 的 RBD 块存储服务比较稳定，是最接近生产环境部署的服务。

使用 Ceph 的块存储有两种路径。一种是利用 QEMU/KVM 走 librbd 路径为虚机提供块存储支持。librbd 是基于 Librados 的块设备接口实现，主要将一个块设备映射为不同的对象来实现。通过 librbd 可以创建一个块设备（Container)，然后通过 QEMU/KVM 把块设备 Attach 到 VM 上。

另一种是使用 Linux kernel module，走 kernel 的路径。第二种主要为 Host 主机提供块设备支持，两种路径的接口实现不完全相同。

Ceph RDB 主要 API 实现如下。

1）创建卷：使用 RADOS API 创建一个 Header Object，将这个卷的元数据，如 id、size、snaps、name、seq 等信息写入。然后将自身（id）注册到一个 RBD_DIRECTORY 的 Object 里。

2）创建快照：发送一个请求到 Monitor 得到一个 snap_seq，同时将一个快照的元信息，如 name、features、size、parent 作为一个 Snap Context 存到之前创建的 Image Header Object 里。更多的快照实现细节参见解析 Ceph：Snapshot。

3）克隆卷：克隆卷需要指定来源卷和特定快照。首先获取来源卷的信息，也就是通过之前创建的 Header Object 得到。然后同样创建一个新的 Header Object，存入与来源卷一样的元信息，并且指定 parent 为来源卷。最后将 [source_pool, source_image, source_snap_id]-> [c_image_id, c2_image_id, ...] 存入一个 RBD_CHILDREN 的对象。这个关系主要用来快速查找和确认父子关系。

4）快照回滚：在创建快照之后可以在任意时刻回滚到之前快照状态，首先从该快照所属的 Image 获取信息，然后对该 Image 下的所有 Object 回滚到之前快照的数据。这个回滚 object 的操作主要是删除最新的 object，然后 clone 之前 snapshot object 为最新的 object。

5）写入数据：通常卷被 QEMU 或者 Kernel driver 管理，因此卷元信息会被一直持有。在写入数据时得到数据写入卷的 offset、length，然后根据卷元信息得到这些数据分别归属的 objects，可能会跨越多个。这样，一个 op 请求会转为多个 object op，分别发送到对应的 OSD。如果该卷存在 parent 卷，也就是 clone 得到，那么如果这些数据对应的 object 为空，就会去 parent 卷的指定 snapshot 复制数据，然后将最新的数据覆写并发送。

6）读取数据：与写入数据的逻辑类似，读取请求也可能跨越多个 object，或者存在 parent 卷。

### 3.2.5 Ceph FS

Ceph FS 也是基于底层的 RADOS 实现的 PB 级分布式文件系统。而这里会引入一个新的组件 MDS（Meta Data Server），它主要为兼容 POSIX 文件系统提供元数据服务，如目录和文件元数据。同样，MDS 也会将元数据存在 RADOS（Ceph Cluster）中。当元数据存储在 RADOS 中后，元数据本身也达到了并行化，大大加强了文件操作的速度。需要注意的是，MDS 并不会直接为 Client 提供文件数据，而只是为 Client 提供元数据的操作。

## 3.3 Ceph 和 OpenStack

目前 Ceph 已成为 OpenStack 主要的支持后端存储了。OpenStack 云管理平台的 Nova、Glance、Cinder 模块都提供了对 Ceph 的支持。 这些 OpenStack 组件对 Ceph 的具体支持情况可以参见本书前面几章的相关说明。

虽然 Ceph 是一个提供了块、对象和文件的统一存储系统，但 Ceph 的对象存储和 OpenStack 的原生对象存储 Swift 对比没有任何优势，文件存储 CephFS 还不完善，因此集成到 OpenStack 中最令人感兴趣的还是 Ceph 的块设备服务。

Ceph 块设备服务只能通过调用 librad 来实现，Ceph 底层为 RADOS 分布式存储系统，提供访问 RADOS 的是 librados 库，librad 的调用就是基于 librados 的。Cinder 和 Glance 模块都可以直接调用 librad 接口；Nova 不能直接调用 librad，而 libvirt 配置了 librbd 的 QEMU 接口，通过它可以在 OpenStack 中使用 Ceph 块存储。因此在 OpenStack 环境下集成部署 Ceph，需要先安装 QEMU 和 libvirt，如图 3-10 所示。

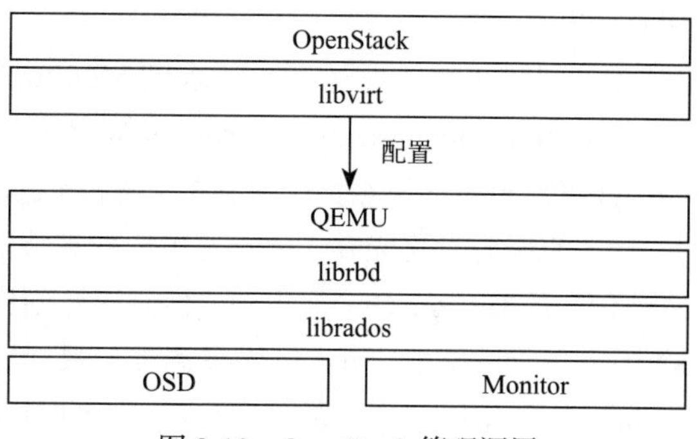


图 3-10 OpenStack 管理调用

在 OpenStack 中集成 Ceph 所带来的直接好处就是可以不需要迁移数据。如图 3-11 所示，在建立虚拟机的过程中，Nova 和 Glance、Cinder 组件间需要有交互和频繁的数据迁移。

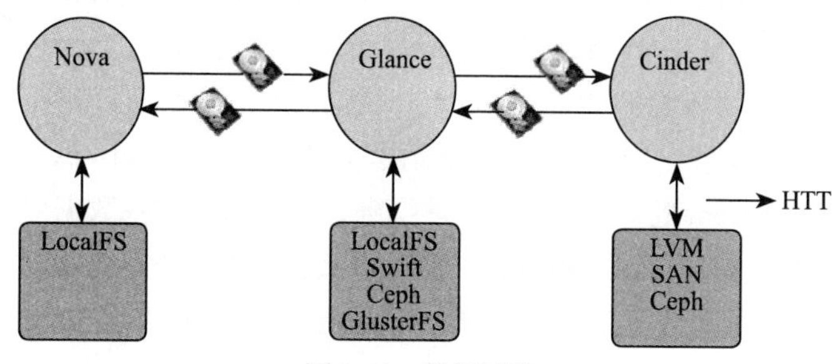


图 3-11 数据迁移

把 Ceph 集成到 OpenStack 的部署示意图如图 3-12 所示。由于数据都存在 Ceph 的统一存储资源池中，建立虚拟机时不再需要进行数据迁移。

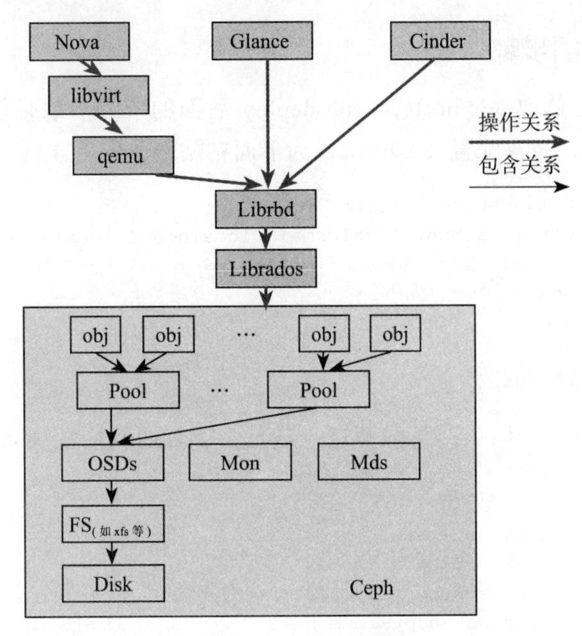


图 3-12　虚拟部署

## 3.4　Ceph 的部署

本节简单介绍一个 Ceph 部署的实例。该实例部署了 3 个 OSD（官方推荐至少要部署 2 个 OSD）、3 个 Monitor 和 1 个 MDS，还有一台机器部署 OpenStack 管理节点。

其部署过程如下。

### 3.4.1　部署需要准备的系统环境

本次部署实例的系统环境采用安装了 RedHat 6.5 的 4 台机器。

1）mds 192.168.122.149 装一个 mds 一个 mon，一个 osd。

2）osd 192.168.122.169 装一个 mon，一个 osd。

3）mon 192.168.122.41 装 一个 mon，一个 osd。

4）client 192.168.122.104 上安装 openstack all-in-one，管理节点。

其中的 3 台机器组成 Ceph 存储集群，hostname 分别为 mds、osd、mon，在这 3 台机器上都部署 Monitor 和对象存储 OSD，在 mds 上部署 metadata 服务器 mds，另外一台机器作为 OpenStack all-in-one 环境节点 hostname:client。

我们采用 ceph-deploy 来部署安装 Ceph，这个类似于我们部署 OpenStack 用的 chef，非常方便。

### 3.4.2 Ceph 部署的步骤

1）在管理节点上修改 /etc/hosts，ceph-deploy 后面的节点参数必须使用 hostname。为了能够解析 hostname，需要配置 /etc/hosts，为下面粘贴部分的后 4 行。

```
[root@client ceph ]# cat /etc/hosts
127.0.0.1 localhost localhost.localdomain localhost4 localhost4.localdomain4
::1 localhost localhost.localdomain localhost6 localhost6.localdomain6
192.168.122.149 mds
192.168.122.169 osd
192.168.122.41 mon
192.168.122.104 client
```

2）配置管理节点无密码访问其他节点，这是为了方便我们使用 ceph-deploy 部署安装 Ceph。

```
[root@client install]# ssh-keygen
[root@client install]# ssh-copy-id mds
[root@client install]# ssh-copy-id ods
[root@client install]# ssh-copy-id mon
```

3）在 Client 上添加 yum 源文件 ceph.repo 使用最新版本 firefly, 本地环境是 RedHat 6.5，所以 baseurl 中用 rhel6。本机为 64 位系统，后面的目录也使用的 x86_64。

```
[root@client ~ ]# cat /etc/yum.repos.d/ceph.repo
[Ceph]
name=Cephpackages for $basearch
gpgkey=https://ceph.com/git/? p=ceph.git;a=blob_plain;f=keys/release.asc
enabled=1
baseurl=http://ceph.com/rpm-firefly/rhel6/x86_64
priority=1
gpgcheck=1
type=rpm-md
[ceph-source]
name=Cephsource packages
gpgkey=https://ceph.com/git/? p=ceph.git;a=blob_plain;f=keys/release.asc
enabled=1
baseurl=http://ceph.com/rpm-firefly/rhel6/SRPMS
priority=1
gpgcheck=1
type=rpm-md
[Ceph-noarch]
name=Cephnoarch packages
gpgkey=https://ceph.com/git/? p=ceph.git;a=blob_plain;f=keys/release.asc
enabled=1
baseurl=http://ceph.com/rpm-firefly/rhel6/noarch
```

```
priority=1
gpgcheck=1
type=rpm-md
```

4）安装 Ceph。

- 安装 ceph-deploy 来做部署。

```
[root@client ~]# yum -y install ceph-deploy
```

- 先建个目录，存放一些生成文件，避免在其他目录中与已有文件混杂在一起。

```
[root@client ~]# mkdir ceph
[root@client ~]# cd ceph
```

- 建立一个集群，包含 mds osd mon。

```
[root@client ceph]# ceph-deploy new mds mon osd # 必须使用 hostname
```

- 安装 Ceph 在 3 个节点上。

```
[root@client ceph]# ceph-deploy install mds mon osd
```

- 安装 monitor。

```
[root@client ceph]# ceph-deploy mon create mds mon osd
```

- 收集 keyring 文件，注意在这个时候如果 mds mon osd 上防火墙开着，会收集不到，建议关掉，不然就要通过 iptables 设置相关 rule。

```
[root@client ceph]# ceph-deploy gatherkeys mds #用其中一个节点即可
[root@client ceph]# ls
ceph.bootstrap-mds.keyring  ceph.bootstrap-osd.keyring  ceph.client.admin.keyring
    ceph.conf  ceph.log  ceph.mon.keyring
```

- 建立 osd，默认基于 xfs 文件系统，并激活。

```
[root@client ceph]# ceph-deploy osd prepare mds:/opt/ceph mds:/opt/cephmon:/opt/ceph
[root@client ceph]# ceph-deploy osd activate mds:/opt/ceph mds:/opt/cephmon:/opt/ceph
```

- 创建 metadata 服务器。

```
[root@client ceph]# ceph-deploy mds create mds
```

- 如果想把这个文件系统安装到 Client 端，我们需要安装 ceph-fuse。

```
[root@client ceph]# yum -y install ceph-fuse
[root@client ceph]#
[root@client ceph]# ceph-fuse -m 192.168.122.169:6789 /mnt/ceph
ceph-fuse[24569]:starting ceph client
ceph-fuse[24569]:starting fuse
[root@client ceph]# df
Filesystem 1K-blocks Used Available Use%Mounted on
```

```
/dev/mapper/vg_client-lv_root 18069936 2791420 14360604 17% /
tmpfs 812188 4 812184 1%/dev/shm
/dev/vda1 495844 34541 435703 8% /boot
/etc/swift/data/drives/images/swift.img 1038336 32976 1005360 4% /etc/swift/data/
    drives/sdb1
ceph-fuse 54304768 25591808 28712960 48%/mnt/ceph
```

5）把 Ceph 集成到 OpenStack 上。

- 在 ceph.conf 中加上后面的几行。

```
[root@clientceph]# cat /etc/ceph/ceph.conf
[global]
auth_service_required= cephx
filestore_xattr_use_omap= true
auth_client_required= cephx
auth_cluster_required= cephx
mon_host= 192.168.122.149,192.168.122.169,192.168.122.41
mon_initial_members= mds, osd, mon
fsid= 3493ee7b-ce67-47ce-9ce1-f5d6b219a709

[client.volumes] #此行开始是加的
keyring= /etc/ceph/client.volumes.keyring
[client.images]
keyring= /etc/ceph/client.images.keyring
```

- 整合到 Nova、Glance 和 Cinder 的应用上。

```
[root@client ceph]# yum install ceph
[root@client ceph]# rados mkpool volumes
[root@client ceph]# rados mkpool images
[root@client ceph]# ceph osd pool set volumes size 3
[root@client ceph]# ceph osd pool set images size 3
[root@client ceph]# ceph osd lspools
0data,1 metadata,2 rbd,4 volumes,5 images,
```

- 添加客户端访问密钥 keyring。

```
[root@client ceph]# ceph auth get-or-create client.volumes mon 'allow r' osd
    'allow class-read object_prefix rbd_children, allow rwx pool=volumes,allow
        rx pool=images' -o /etc/ceph/client.volumes.keyring
[root@client ceph]# ceph auth get-or-create client.images mon 'allow r' osd
    'allow class-read object_prefix rbd_children, allow rwx pool=images' -o /
        etc/ceph/client.images.keyring
```

## 3.5 分布式文件系统

随着互联网相关企业的高速发展，这些企业对数据存储的要求越来越高，而且模式各异，如淘宝网主站有大量商品图片，其特点是文件较小，但数量众多；而类似于 Youtube、优酷这样的视频服务网站，其后台存储着大量的视频文件，尺寸大多在数十兆到数吉字节不等。这些应用场景都是传统文件系统不能解决的。而分布式文件系统将数据存储在物理上分散的多个存储节点上，这些存储节点通常采用通用的 x86 硬件，由分布式文件系统对这些节点上的资源进行统一的管理与分配，并向用户提供多节点并发的 I/O 读写操作的文件系统访问接口，主要解决了本地文件系统在文件大小、文件数量、打开文件数、存储容量、并发性能等方面的限制问题。

目前主流的分布式文件系统的架构如图 3-13 所示。

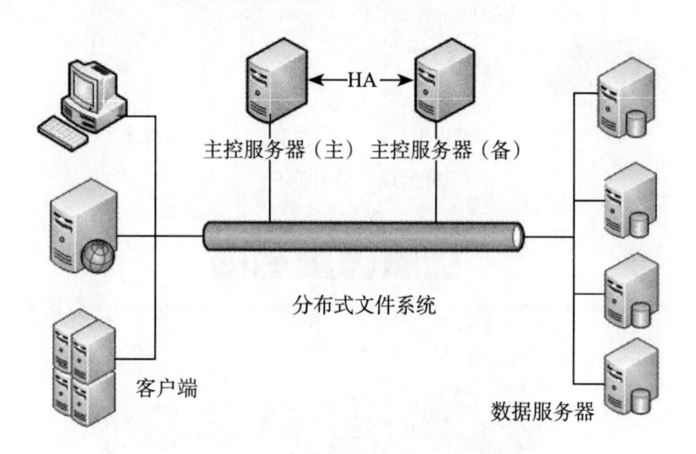


图 3-13　分布式文件系统架构

从图 3-13 可以看出，典型的分布式文件系统包括如下几个部分。

1）主控服务器：通常也被称为元数据服务器、名字服务器等。元数据服务器负责维护整个文件系统的命名空间，并暴露给用户使用。命名空间的结构主要有典型目录树结构，如 MooseFS，扁平化结构，如淘宝 TFS（目前已提供目录树结构支持），图结构等。早期的分布式文件系统的元数据服务器都是采用主备用的双机配置，但在亿级的分布式文件系统中，元数据服务器会成为性能瓶颈，因此元数据服务器也在向分布式部署的方向发展。

2）数据服务器：数据存储服务器，存储节点。数据服务器负责文件数据在本地的持久化存储，分布式文件系统通常会把较大的文件分片为多个较小的文件，并分别存到多个存储节点上去。当客户端读取一个文件时，通常是由多个存储节点并发地提供 I/O 操作服务，能提供比本地文件系统更好的存取性能。分片存储示意图如图 3-14 所示。

存储节点除了简单地存储数据外，还需要维护一些状态，首先它需要将自己的状态以心跳包的方式周期性地报告给元数据服务器，使得元数据服务器知道它是否正常工作。通常心跳包中还会包含存储节点当前的负载状况（CPU、内存、磁盘 I/O、磁盘存储空间、网络 I/O 等、进程资源，视具体需求而定），这些信息可以帮助元数据服务器更好地制定负载均衡策略。

为了保证数据的安全性，分布式文件系统中的文件会存储多个副本到 DS 上，采用写多个副本的分布方式，如图 3-15 所示。

常见的分布式文件系统有 GFS、HDFS、Lustre、Ceph、GridFS、mogileFS、TFS、FastDFS 等。具体的分布式文件系统这里不详细介绍。

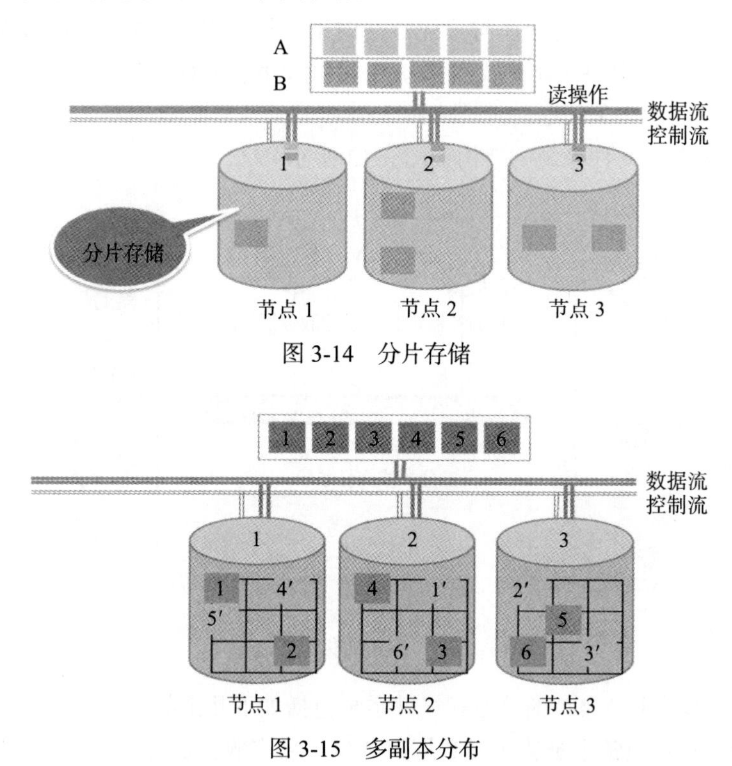


图 3-14　分片存储

图 3-15　多副本分布

## 3.6　Swift 对象存储

Swift 是 OpenStack 原生的对象存储，是由 OpenStack 开源云计算项目中 RackSpace 贡献的子项目。Swift 的目的是使用普通硬件来构建冗余的、可扩展的分布式对象存储集群，存储容量可达 PB 级。Swift 适用于多种场景，既可以为虚拟机提供镜像存储，也可以为网盘产品提供存储引擎。

Swift 对象存储目前已广泛应用到生产系统中，这主要基于 Swift 具有以下的众多优势：

1）极高的数据持久性。Swift 在 5 个 Zone、5 × 10 个存储节点的环境下，数据复制份数为 3，数据持久性的 SLA 能达到 10 个 9。

2）完全对称的无中心架构（采用最终一致性哈希环），各节点完全对等。

3）无限的可扩展性，包括存储容量和性能的可扩展。

4）确保无单点故障。

5）开源、简单可依赖的架构，易于搭建。

Swift 提供了 RESTful API 作为访问的入口，Swift 存储的每个对象都是一个 RESTful ，拥有一个唯一的URL，用户可以发送HTTP请求将一些数据传到Swift对象存储上，也可以从Swift请求一个存储对象，至于该对象的形式和存储位置并不需要用户关心。

## 3.7　存储网关技术

早先大量的企业都采用SAN存储设备来存储数据。但是SAN存储也存在很多的问题，主要如下：

1）企业信息系统通常是分阶段、分步进行建设的，不同阶段建设的业务系统采用的存储平台不尽相同。当信息系统发展到一定阶段时，不同业务系统之间是一个个独立的SAN，形成了一个个SAN孤岛。

2）随着企业业务的发展，SAN存储无法做到容量无缝扩展。但在对存储容量进行扩容时，随之而来的是由于数据迁移而带来的高成本支出的问题。

3）不同厂家的异构存储设备有多种的管理手段，无法做到统一管理，增加了管理的复杂性；也无法做到不同厂家存储设备的灾备。

为了解决上述的问题，就出现了存储虚拟化网关技术。通过存储虚拟化网关的引入，把不同的SAN存储设备虚拟化成了一个统一的虚拟化存储资源池。

存储网关的主要工作原理是，在主机层与存储层之间以带内方式增加一个存储网关层，用于接管原先由主机直接访问的存储卷（LUN）。存储设备先将卷映射给存储网关，存储网关将这些卷根据性能或其他因素整合为存储池，然后再根据主机的需要划分为卷并映射给相应的主机。主机对卷的访问全部通过存储网关执行。由于进行了池化处理，并发性也会得到一定的提升。

存储虚拟化网关带来的好处如下：

1）整合存储，将不同型号的存储通过存储网关整合到一起，便于统一管理和维护。

2）存储扩容时可以做到无缝扩容。

3）解决了SAN孤岛的问题。

4）增加高级功能，存储网关在存储池的基础上能够为主机提供一般存储无法实现的很多高级功能，如精简配置、精简快照、远程复制，甚至应用级容灾等。

在存储虚拟化网关业界技术比较领先的是IBM的SVC（SAN Volume Controller）存储虚拟化解决方案。

SVC采用In-Band方式进行存储虚拟化。SVC系统实际上是一个集群（Cluster）系统，它由node组成。一个SVC系统至少包含2个node，每2个node组成一个I/O Group，它用来为Host提供I/O服务。到现在为止，一个SVC系统最多包含8个node，即4个I/O Group。在一个SVC系统中，存储子系统中的一个或多个存储单元被映射为SVC内部的存储单元MDisk（Managed Disk），一个或多个MDisk可以被虚拟化为1个存储池（称为MDG），所有的MDG对所有的I/O Group均可见。MDG是一个存储池，它根据一定的分配策略（如 Striped、Image、Sequential）分配虚拟的存储单元，称为 VDisk。I/O Group 以 VDisk 为单位对 Host 提供 LUN-Masking（也称为 LUN-Mapping）服务，使得 Host 通过 HBA 可访问被提供 LUN-Masking 服务的 VDisk，如图 3-16 所示。

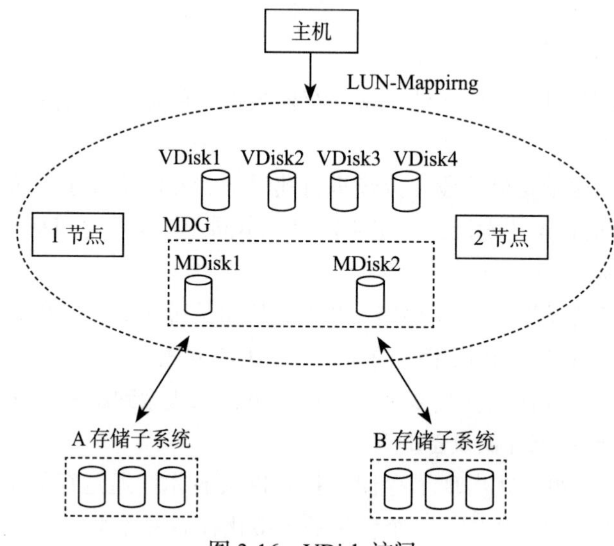


图 3-16 VDisk 访问

在存储子系统与主机之间引入 SVC 后，主机所有的 I/O 必然要经过 SVC 内部，相当于 SVC 要接管从主机过来的所有 I/O。要做到这一点，SVC 内部必须实现一个虚拟层，使得主机仿佛可以直接访问真正的物理存储系统。这个虚拟层的实现依赖于存储虚拟化技术。存储虚拟化的基本概念是将实际的物理存储实体与存储的逻辑表示分离开来，应用服务器只与分配给它们的逻辑卷（或称虚卷）打交道，而不用关心其数据存储在哪个物理存储实体上。

存储虚拟化网关的引入也会带来一些问题，主要如下：

1）性能瓶颈，在这种架构中，有两个地方会产生性能瓶颈，一是网关本身，因为所有的 I/O 都要通过网关才能实现；二是被整合存储中性能最低的存储设备，根据木桶效应，如果所有存储设备的卷都在一个存储池中的话，I/O 性能会与其中性能最低的设备持平，从而降低整体性能指标。

2）出现故障时，由于接入设备的情况比较复杂，会为排除故障造成更多的阻碍。

可采用的存储虚拟化技术包括存储子系统级别的虚拟化和网络级别的存储虚拟化。网络级别的虚拟化技术又分为带外虚拟化和带内虚拟化，SVC 采用的是带内网络级别的存储虚拟化技术。

## 3.8 对象存储方案简介

对象存储是云计算的重要组成部分，如亚马逊的 S3。对象存储可以为用户提供基于互联网的云存储服务，面向互联网的应用开发者提供简单、灵活的存储服务功能。本节以OpenStack中的Swift项目为例，介绍对象存储的方案和架构。

Swift的架构如图3-17所示。Swift分成访问层和存储层两个层次，其中访问层包括Proxy Node（代理节点）和Authentication（验证）两部分。在访问Swift服务之前，需要先通过验证服务获取访问令牌，Authentication就负责对用户身份进行验证，完成用户身份验证后在发送的请求中加入头部信息X-Auth-Token。而Proxy Node运行Proxy Server负责处理用户的RESTful API请求。Proxy Node采用负载均衡的方式按需部署，在一个最小系统中至少要有两个Proxy Server以保证冗余配置。Proxy Server是提供Swift API的服务器进程，负责Swift其余组件间的相互通信。对于每个客户端的请求，它将在Ring中查询Account、Container或Object的位置，并且相应地转发请求到存储层节点。

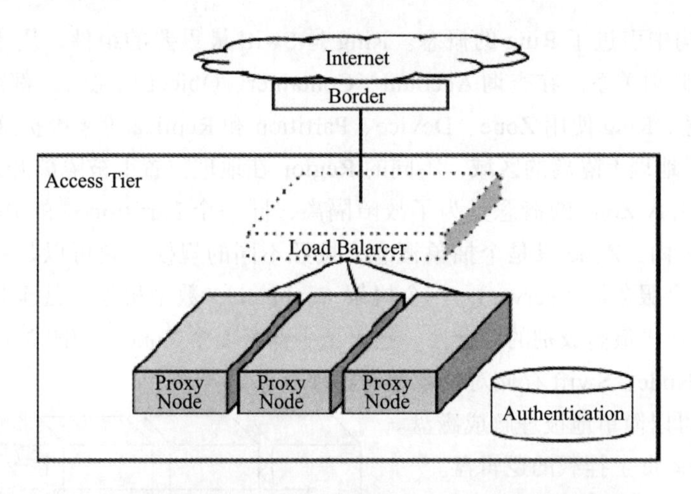


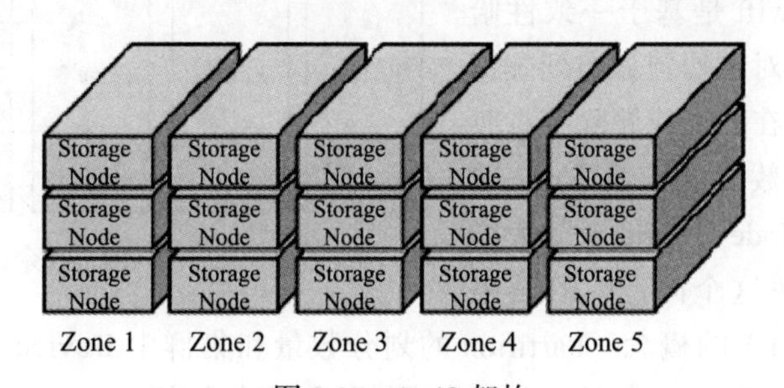


图3-17　Swift架构

存储层由一系列物理存储节点（Storage Node）组成，负责对象数据的存储服务。Storage Node上运行的Storage Server有Account Database、Container Database和Object，其对应关系如图3-18所示。其中Account对应的是租户而不是单个的个人账户，负责处理Container（容器）列表；Container Server负责处理Object列表，Container服务器并不知道对象的存放位置，只知道指定的Container里存有哪些Object。Container服务器也做一些跟踪统计，如 Object 的总数、Container 的使用情况，由 Object Server 直接提供对象的存储和元数据服务。

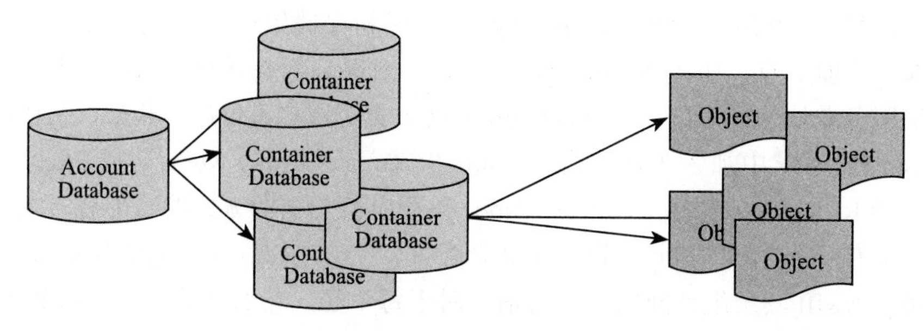


图 3-18　存储结构

在 Swift 架构中引进了 Ring 的概念。Ring 是 Swift 最重要的组件，用于记录存储对象与物理位置间的映射关系。在查询 Account、Container、Object 信息时，都需要查询集群的相应的 Ring 信息。Ring 使用 Zone、Device、Partition 和 Replica 等来维护这些映射信息。

1）Region：地理上隔离的区域，不同的 Region 在地理位置上被隔离开来。

2）Zone：引入 Zone 的概念是为了故障隔离，同一个 Partition 中的 Replica 不能同时放在同一个 Zone 内。Zone 只是个抽象概念，按照不同的规模，它可以是一个磁盘驱动器（disk drive），一个服务器（server），一个机架（cabinet），数个机架，甚至是一个数据中心（datacenter）。为提供最高级别的冗余性，建议至少部署 5 个 Zone，如图 3-19 所示。

3）Storage Node：Swift 存储对象数据的物理节点。

4）Device：可以简单地被理解成磁盘。实际上是 Swift Node 上挂载的逻辑盘。

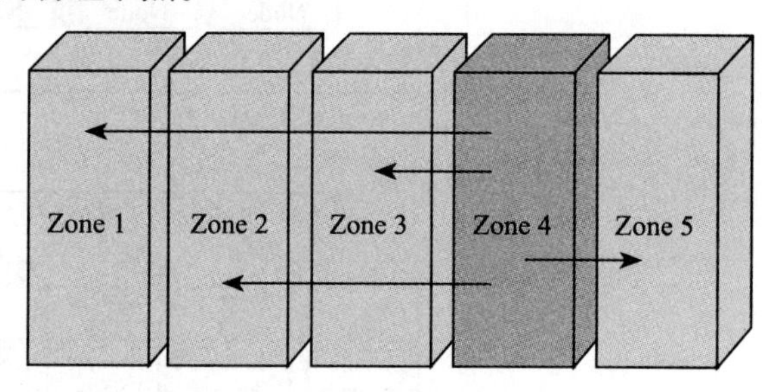


图 3-19　冗余部署

5）Partition：Swift 是基于一致性哈希技术，通过计算将对象均匀分布到虚拟空间的虚拟节点上，在增加或删除节点时可大大减少需移动的数据量。在 Node 较少的情况下，改变 Node 数会带来巨大的数据迁移。为了解决这个问题，Ring 引入了虚节点（Partition）的概念。Partition 的划分数量和集群中 Device 数目有关。实践中 Partition 的数目设置成 Device 数的 100 倍会有比较好的命中率。

6）Replica：Swift 中引入了 Replica 的概念，通过增加冗余的副本来保证数据安全。Replica 是以 Partition 为单位的，每个 Partition 的 Replica 数默认值为 3，理论依据主要来源于 NWR 策略（也叫 Quorum 协议）。

Ring 中还引入了 Weight 的概念，目的是解决未来添加存储能力更大的 Node 时，可以分配到更多的 Partition。

在 Swift 架构中，数据的一致性是由 Swift 的 Consistency Server 来保证的。Consistency Server 主要由 Auditor、Updater、Reaper 和 Replicator 这 4 个 Server 组成，如图 3-20 所示。

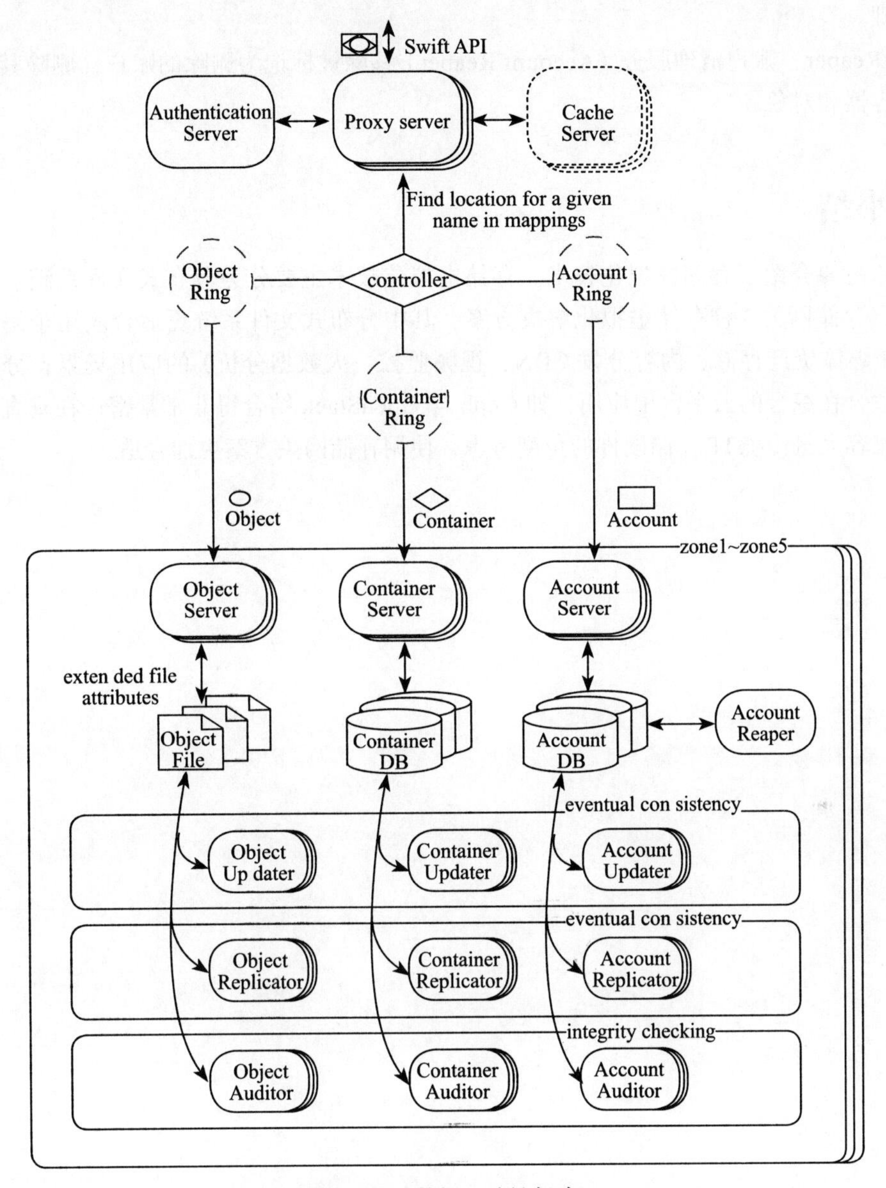


图 3-20　数据一致性保障

1）Auditor：Auditor 运行在每个 Swift 服务器的后台，持续地扫描磁盘来检测对象、Container 和账号的完整性。

2）Replicator：检测本地分区副本和其他分区副本是否一致，发现不一致时会采用推送（Push）更新远程分区副本。

3）Updater：当对象由于高负载或者系统故障等原因而无法立即更新时，任务将会被序列化到在本地文件系统中进行排队，更新服务会在系统恢复正常后扫描队列并进行相应的更新处理。

4）Reaper：账户清理服务（Account Reaper）移除被标记为删除的账户，删除其所包含的所有容器和对象。

## 3.9 小结

本章主要介绍了存储虚拟化技术。存储虚拟化技术主要分为分布式文件系统、分布式块存储、存储网关 3 种存储虚拟化解决方案。其中分布式文件系统更适合应用于海量文件存储（如媒体资产存储、内容分发 CDN、视频监控、大数据分析）的应用场景；分布式块存储更适合在综合的云平台中应用，如 Ceph 与 OpenStack 结合得非常紧密；在垂直行业市场，从兼容大量传统 IT 存储硬件的角度考虑，使用存储网关方案更加合适。

第 4 章 Chapter 4

# 网络虚拟化技术

随着云计算的高速发展，虚拟化应用成为了近几年在企业级环境下广泛实施的技术。而除了服务器 / 存储虚拟化之外，在 2012 年 SDN（软件定义网络）和 OpenFlow 大潮的进一步推动下，网络虚拟化又再度成为热点。不过谈到网络虚拟化，其实早在 2009 年，各大网络设备厂商就已相继推出了自家的虚拟化解决方案，并已服务于网络应用的各个层面和各个方面。

在云平台体系架构中，需要很多的网络设备，这些设备的形态可以是软件形态，也可以是硬件形态，有些甚至是一些开源软件提供的网络功能，如 OpenvSwitch、Linux bridge、Haproxy 等，本章重点介绍业界主流采用的一些虚拟网络设备或者新网络架构。

## 4.1 SDN 架构简介

软件定义网络（Software Defined Network，SDN）是由美国斯坦福大学 Clean Slate 研究组提出的一种新型网络创新架构，如图 4-1 所示。其核心技术 OpenFlow 通过将网络设备控制面与数据面分离开来，从而实现了网络流量的灵活控制，使网络作为管道变得更加智能。

SDN 是一种新兴的控制与转发分离并直接可编程的网络架构。传统网络设备紧耦合的网络架构被分拆成应用、控制、转发三层相分离的架构。控制功能被转移到了服务器，上层应用、底层转发设施被抽象成多个逻辑实体。

1）应用层：不同的应用逻辑通过控制层开放的 API 管理能力控制设备的报文转发功能。

2）控制层：由 SDN 控制软件组成，与下层可通过 OpenFlow 等开放协议通信，远程控

制通用硬件的交换 / 路由功能。控制层面的集中提高了路由管理的灵活性，加快业务开通速度，简化运维，还可通过软件编程方式满足客户个性化定制需求。

3）基础设施层：由转发设备组成。多种交换、路由功能共享通用硬件设备，使得通用硬件设备标准化。

4）南向控制协议：这个场景的控制协议是 OpenFlow，但绝非仅仅 OpenFlow。可以实现控制功能的协议其实很多，除了最知名的 OpenFlow 以外，还有 Netconf、PCEP、LISP、MP-BGP、SNMP 等。

5）北向 AND API：主要作用在于提供 SDN 控制器及其以下部分（南向控制协议、网络设备）能够作为网络驱动供上层应用调用。此上层应用可以是各种 App，同样也可以是 OpenStack、vCloud 等云管理平台。

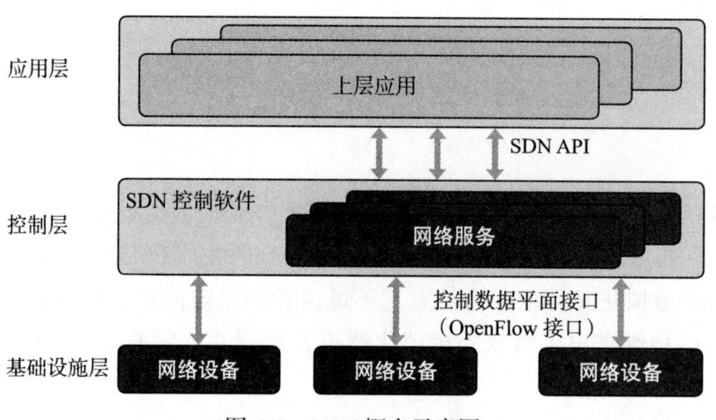


图 4-1　SDN 概念示意图

传统网络设备中，数据包的转发和控制平面集成于同一个硬件设备中，而 SDN 架构下，底层交换机和路由器只具备数据交换功能，网络的控制功能上移并集中到 SDN 控制器来实现，便于集中控制和全网路由优化，如图 4-2 所示。

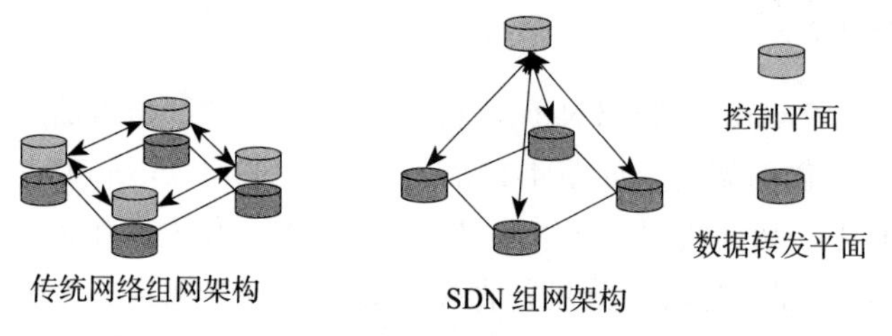


图 4-2　传统网络设备组网架构与 SDN 组网架构对比

SDN 的核心特点是抽象出网络操作系统平台，屏蔽底层网络设备物理细节差异，并向上层提供统一的管理和编程接口，以网络操作系统平台为基础开发应用程序，通过软件来定义网络拓扑、资源分配、处理机制等。

SDN 特征如下。

1）控制转发分离：支持第三方控制面设备通过 OpenFlow 等开放式的协议远程控制通用硬件的交换 / 路由功能。

2）控制平面集中化：提高路由管理灵活性，加快业务开通速度，简化运维。

3）转发平面通用化：多种交换、路由功能共享通用硬件设备。

4）控制器软件可编程：可通过软件编程方式满足客户个性化定制需求。

### 4.1.1 OpenFlow 标准

#### 1. OpenFlow 交换机架构

每个 OF（OpenFlow）交换机（Switch）都有一张流表，进行包查找和转发，如图 4-3 所示。交换机可以通过 OF 协议经一个安全通道连接到外部控制器（Controller)，对流表进行查询和管理。

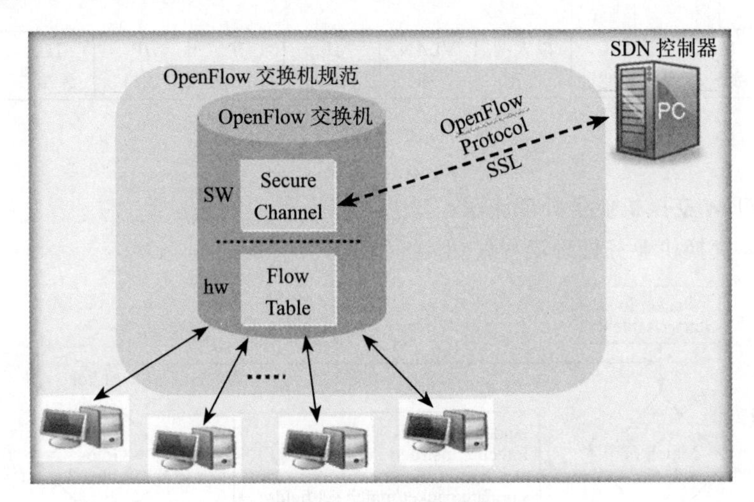


图 4-3 OF 交换机架构

#### 2. OpenFlow 交换机构成

OpenFlow 交换机由 FlowTable（流表)、SecureChannel（安全通道）和 OpenFlow Protocol（协议）3 部分组成。

1）FlowTable：流表由很多个流表项组成，每个流表项就是一个转发规则。进入交换机的数据包通过查询流表来获得转发的目的端口。流表项由头域、计数器和操作组成，其中头域是个十元组，是流表项的标识；计数器用来计算流表项的统计数据；操作标明了与该流表项匹配的数据包应该执行的操作。

2）SecureChannel：安全通道是连接 OpenFlow 交换机和控制器的接口。控制器通过这个接口控制和管理交换机，同时控制器接收来自交换机的事件并向交换机发送数据包。交换机和控制器通过安全通道进行通信，而且所有的信息必须按照 OpenFlow 协议规定的格式来执行。

3）OpenFlow Protocol：协议用来描述控制器和交换机之间交互所用信息的标准，以及控制器和交换机的接口标准，如图 4-4 所示。协议的核心部分是用于 OpenFlow Protocol信息结构的集合。

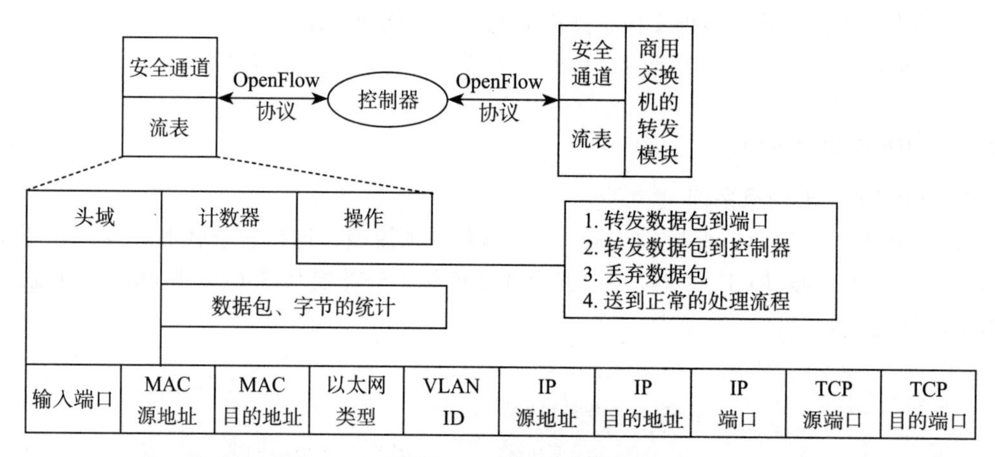


图 4-4　OpenFlow 协议

### 3. OpenFlow 交换机业务处理流程

OpenFlow 交换机业务处理流程如图 4-5 所示。

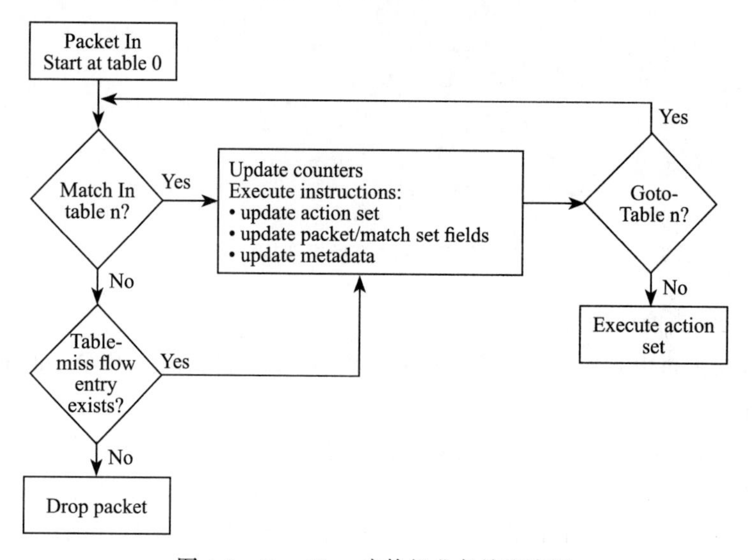


图 4-5　OpenFlow 交换机业务处理流程

## 4.1.2　OpenStack 与 SDN 集成

SDN 的引入不仅是为了克服 Neutron 的缺陷，还提供支持多网络虚拟化技术（一个集中控制平面创建分隔的租户虚拟网络）和方法。更为重要的是，有了 SDN 的集成，Neutron

极有可能支持大容量、高密度和多租户云环境的动态特性。

OpenStack Neutron 采用插件架构 SDN 控制器可通过 SDN 插件集成到 Neutron 模块，以便实现网络的集中式管理，促进 OpenStack 网络利用 API 实现可编程和定制化开发，如图 4-6 所示。目前 Neutron 提供两种方式来集成 SDN 控制器：第一种是通过 SDN 控制器插件与 Neutron 集成，该方式最简单，但由于插件架构的限制，网络核心插件只允许一个，因此使用 SDN 控制器插件就不能使用 OVS 插件，无法适应更为复杂的网络；第二种是提供 SDN 控制器插件驱动，利用 Neutron ML2 插件进行集成，该方式支持二层网络多样性，而且支持更为复杂的数据中心网络部署需求。

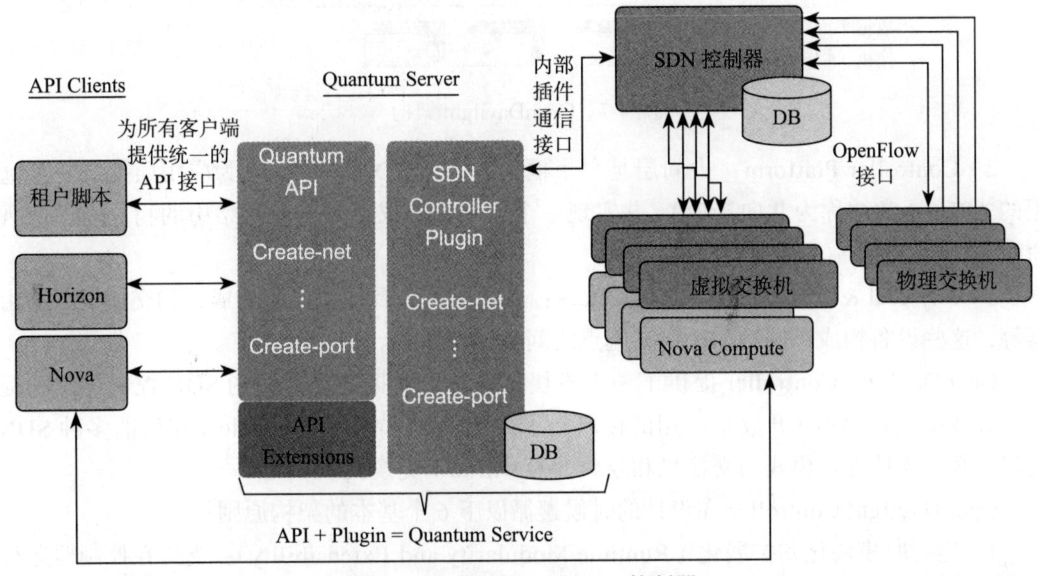


图 4-6 OpenStack 和 SDN 控制器

在 SDN 控制器和 OpenStack 之间仍然存在不同的集成选项。例如，SDN 控制器作为唯一的控制实体管理网络，能完全消除计算节点上 Neutron 服务器与代理之间的 RPC 通信；SDN 控制器仅仅管理物理交换机，虚拟交换机由 Neutron 服务器直接管理。

### 4.1.3 OpenDaylight

OpenDaylight 创立于 2013 年 4 月 8 日，是由行业领先设备供应商和 Linux 基金会成员共同建立的开源项目，旨在打造一个共同的、开放的 SDN 平台，以供开发者利用、贡献和构建商业产品及技术，如图 4-7 所示。

OpenDaylight 项目致力于创造一个供应商中立的开放环境，每个人都可以贡献自己的力量参与到项目中，从而进一步推动 SDN 的部署和加速创新。

OpenDaylight 组成如下。

1）Network Apps & Orchestration：最上层由监视、控制网络的业务级逻辑应用组成。另外，越来越多地用于云及 NFV 的复杂编排应用需要将各种服务编排在一起，或者利用这种编排服务功能设计网络流量。

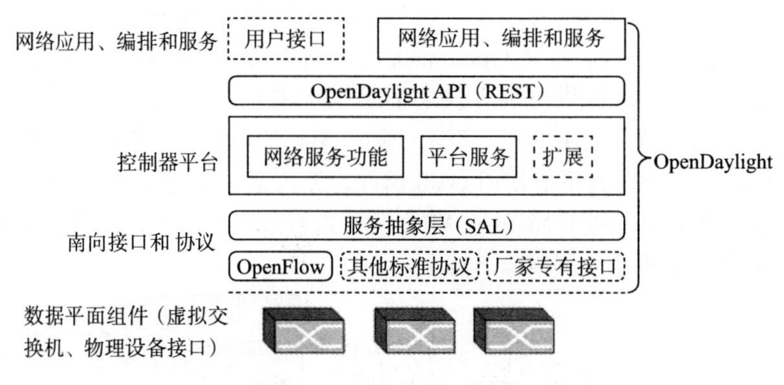


图 4-7 OpenDaylight 架构

2）Controller Platform：中间层是一个框架，通过 SDN 抽象，可为应用层提供一组通用的 API（通常被称为北向接口），并实现一个或多个协议，用于对网络中的物理硬件实现命令和控制（通常称为南向接口）。

3）Physical & Virtual Network Devices：底层由物理及虚拟设备构成，如交换机、路由器等，这些设备构成了网络内的所有端点之间的连接结构。

OpenDaylight Controller 提供了一个模块化的、可插拔的、灵活的 SDN 控制器，它提供了开放的北向 API（开放给应用的接口），同时南向支持包括 OpenFlow 在内的多种 SDN 协议。底层支持混合模式的交换机和经典的 OpenFlow 交换机。

OpenDaylight Controller 在设计的时候遵循以下 6 个基本的架构原则。

1）运行时模块化和扩展化（Runtime Modularity and Extensibility）：支持在控制器运行时进行服务的安装、删除和更新。

2）多协议的南向支持（Multiprotocol Southbound）：南向支持多种协议。

3）服务抽象层（Service Abstraction Layer）：南向多种协议对上提供统一的北向服务接口。MD-SAL（Model Driven Service Abstraction Layer）是 OpenDaylight 的一个主要特性。

4）开放的可扩展北向 API（Open Extensible Northbound API）：提供可扩展的应用 API，通过 REST 或者函数调用方式，两者提供的功能要一致。

5）支持多租户、切片（Support for Multitenancy/Slicing）：允许将网络在逻辑上（或物理上）划分成不同的切片或租户。控制器的部分功能和模块可以管理指定切片。控制器根据所管理的分片来呈现不同的控制观测面。

6）一致性聚合（Consistent Clustering）：提供细粒度复制的聚合和确保网络一致性的横向扩展（scale-out）。

2015 年 6 月，期待已久的 OpenDaylight Lithium 版本发布了，如图 4-8 所示是 OpenDaylight 发布的第三版（Lithium）的 SDN 控制器功能架构图。在新版本中增加了对 OpenStack 的本地支持，加强了对 NFV 的支持，并且在安全性上做了很多工作。

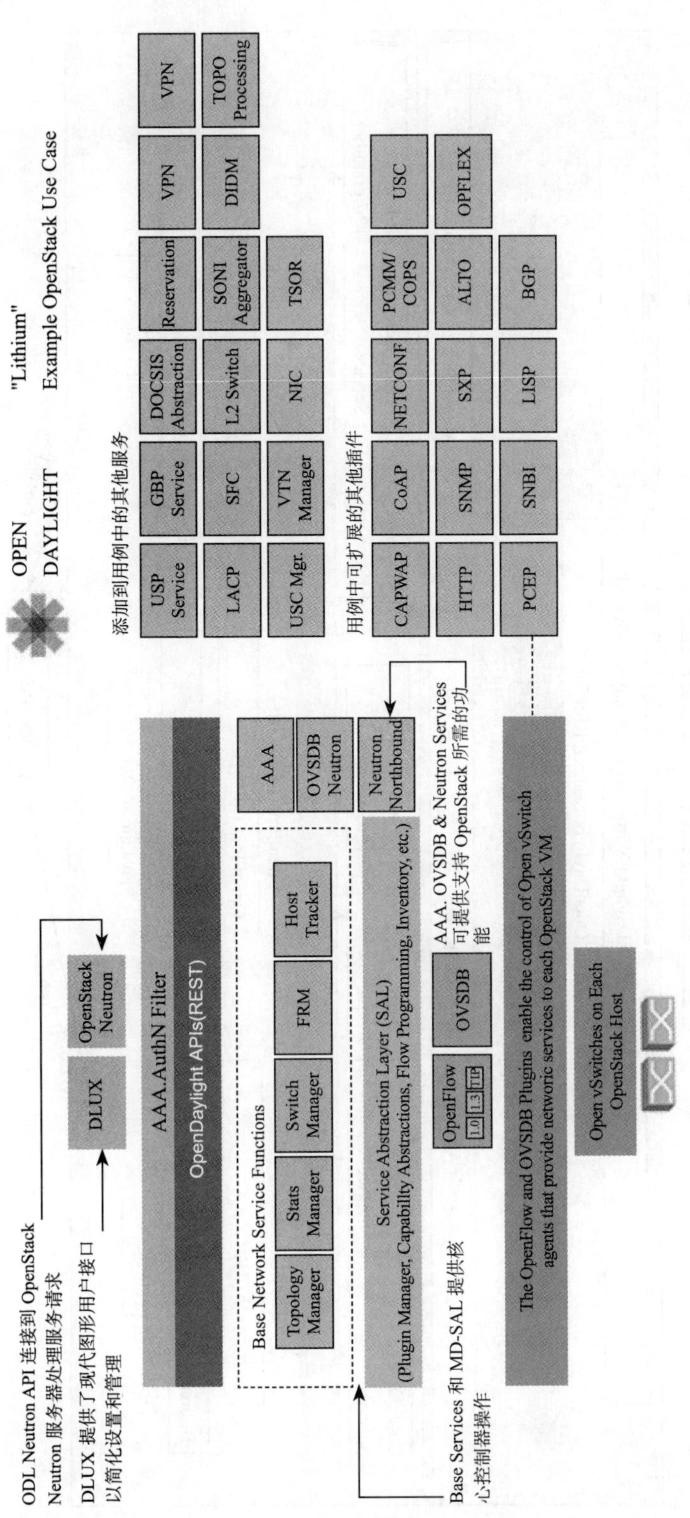


图 4-8　第三版 SDN 控制器功能架构

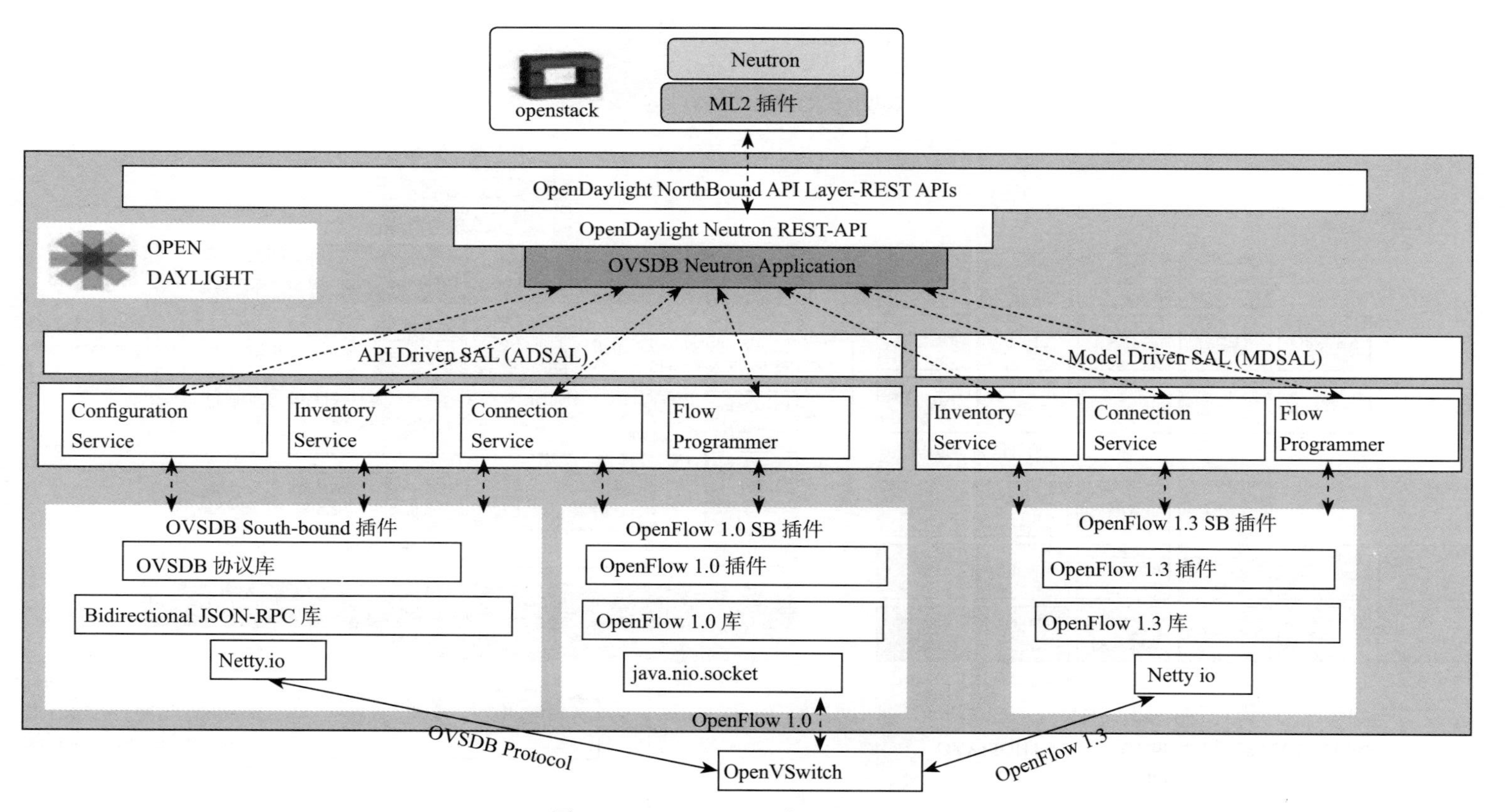


图 4-9 OpenDayLight 与 Neutron 对接

OpenDaylight 提供 ML2 插件驱动与 Neutron 实现对接，如图 4-9 所示。ODL 机制驱动由 mechanism_odl.py 文件和网络 ODL 驱动组成。基于 ODL 的 API 手册，机制驱动被分成两个部分（核心 API 和扩展 API），ODL 机制驱动和 ODL 驱动类实现了核心 API，而 ODL 的三层路由插件类只实现了扩展 API。目前，ODL 驱动不支持防火墙服务（FWaaS）和负载均衡服务（LBaaS）。

ODL 机制驱动接收到调用消息后，就对核心资源（网络、子网和端口）进行相应的添加、删除和修改的操作，机制驱动通过调用同步函数将消息转发给 ODL 驱动类，该同步函数采用了 sendjson API。同样，ODL 的三层路由插件类利用三层 API 添加、删除、修改路由和浮动 IP。因此，核心 API 和扩展 API 都调用 sendjsonAPI 向 ODL 控制器发送 REST 请求，并等待应答。

## 4.2 OVS 与 Linux Bridge

### 4.2.1 Open vSwitch 虚拟网络

#### 1. Open vSwitch

Open vSwitch 是在开源的 Apache 2.0 许可下的产品级多层虚拟交换标准，简称 OVS，如图 4-10 所示。通过编程扩展实现网络配置、管理、维护自动化，同时还支持标准的管理接口和协议，如 NetFlow、sFlow、SPAN、RSPAN、CLI、LACP、802.1ag。OVS 主要用于虚拟机环境，作为一个虚拟交换机，支持 Xen/Xen Server、KVM 和 VirtualBox 多种虚拟化技术。在这种的虚拟化的环境中，一个虚拟交换机（vSwitch）主要有两个作用：传递虚拟机 VM 之间的流量，实现 VM 和外界网络的通信。

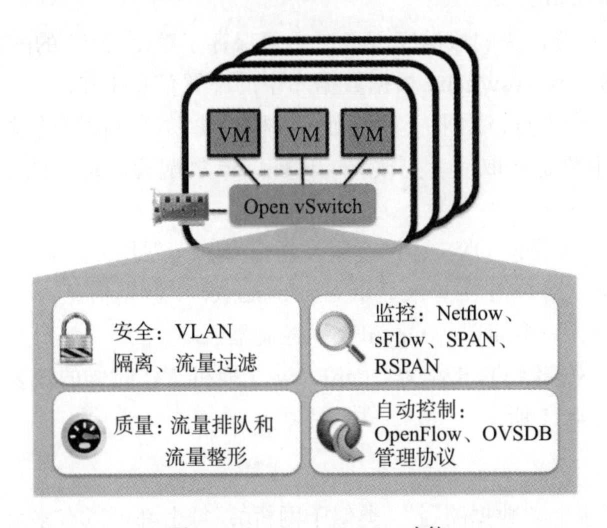


图 4-10　Open vSwitch 功能

目前 OVS 支持如下功能：

1）通过 NetFlow sFlow IPFIX、SPAN、RSPAN 和 GRE-tunneled 镜像使虚拟机内部通信可以被监控。

2）LACP（IEEE 802.1AX-2008）（多端口绑定）协议。

3）标准的 802.1Q VLAN 模型以及 trunk 模式。

4）BFD 和 802.1ag 链路状态监测。

5）STP（IEEE 802.1D-1998）。

6）细粒度的 QoS。

7）HFSC 系统级别的流量控制队列。

8）虚拟机网卡的流量控制策略。

9）基于源 MAC 负载均衡模式、主备模式、L4 哈希模式的多端口绑定。

10）OpenFlow 协议（包括许多虚拟化的增强特性）。

11）IPV6。

12）多种隧道协议（利用 IPsec 作为承载，支持 GRE、VXLAN、IPsec、GRE 和 VXLAN 等）。

13）通过 C 或者 Pthon 接口远程配置。

14）内核态和用户态的转发引擎设置。

15）多列表转发的发送缓存引擎。

16）支持转发层抽象，以便于定向到新的软件或者硬件平台。

### 2. Open vSwitch 的组成

1）ovs-vswitchd：守护程序，实现交换功能，和 Linux 内核兼容模块一起，实现基于流的交换 flow-based switching。

2）ovsdb-server：轻量级的数据库服务，主要保存了整个 OVS 的配置信息，包括接口、交换内容、VLAN 等。ovs-vswitchd 根据数据库中的配置信息工作。

3）ovs-dpctl：一个工具，用来配置交换机内核模块，可以控制转发规则。

4）ovs-vsctl：主要是获取或者更改 ovs-vswitchd 的配置信息，此工具操作的时候会更新 ovsdb-server 中的数据库。

5）ovs-appctl：主要是向 OVS 守护进程发送命令，一般用不上。

6）ovsdbmonitor：用 GUI 工具来显示 ovsdb-server 中数据信息。

7）ovs-controller：一个简单的 OpenFlow 控制器。

8）ovs-ofctl：用来控制 OVS 作为 OpenFlow 交换机工作时候的流表内容。

OVS 的组成如图 4-11 所示。

### 3. 运行原理

内核模块实现了多个“数据路径”（类似于网桥），每个都可以有多个 vport（类似于桥内的端口）。每个数据路径通过关联流表来设置操作，而这些流表中的流都是用户空间在报文头和元数据的基础上映射的关键信息，一般的操作都是转发数据包到另一个 vport。当一个数据包到达一个 vport 时，内核模块所做的处理是提取其流的关键信息并在流表中查找这些关键信息。当有一个匹配的流时它执行对应的操作；如果没有匹配，它会将数据包送到用户空间的处理队列中（作为处理的一部分，用户空间可能会设置一个流用于以后遇到相同类型的数据包可以在内核中执行操作）。

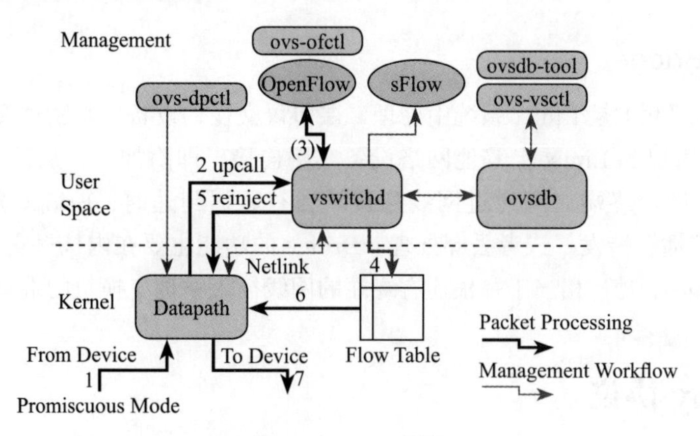


图 4-11　OVS 模块

### 4. Openv Switch 的工作流程

前面已经说过，OVS 主要是用于虚拟化环境中。主要用于虚拟机之间，以及虚拟机和外网之间的通信，一个典型的结构图如图 4-12 所示。

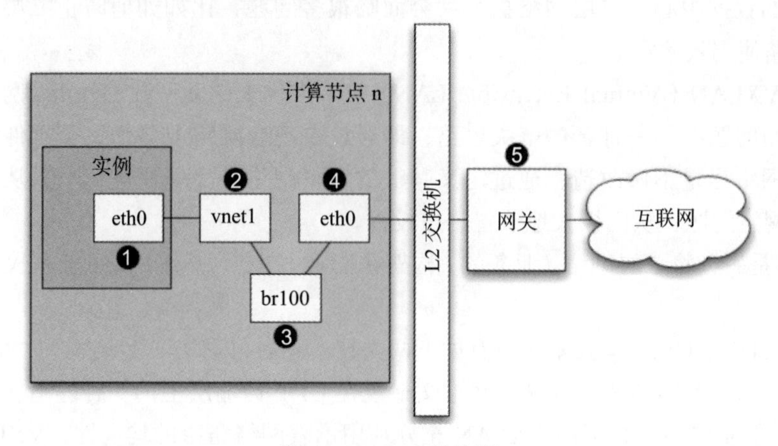


图 4-12　OVS 结构图

通常情况下的工作流程如下：

1）VM 实例（instance）产生一个数据包并发送至实例内的虚拟网络接口 VNIC，在图 4-12 中就是 instance 中的 eth0。

2）这个数据包会传送到物理节点上的 VNIC 接口，在图 4-12 中就是 vnet1 接口。

3）数据包从 vnet NIC 出来，到达桥（虚拟交换机）br100 上。

4）数据包经过交换机的处理，从物理节点上的物理接口发出，如图 4-12 中物理节点上的 eth0。

5）数据包从 eth0 发出的时候，是按照物理节点上的路由以及默认网关操作的，这个时候该数据包其实已经不受发送方的控制了。

### 4.2.2 Linux Bridge

Linux Bridge（桥）是 Linux 系统中处理二层协议交换的设备，与物理交换机功能类似。Bridge 设备实例可以和 Linux 上其他网络设备实例连接，即附加一个从设备，类似于在物理交换机和一个用户终端之间通过网线连接。当有数据到达时，Bridge 会根据报文中的 MAC 信息进行广播、转发，或者丢弃处理。Bridge 的功能主要在内核里实现。当一个从设备被附加到 Bridge 上时，相当于一根连有终端的网线插入物理交换机的端口中。

## 4.3 Overlay 协议

传统数据中心在设计时，为避免大规模二层网络造成的环路和广播问题，通常在接入层就进行三层终结，二层交换仅限在接入交换机的范畴。在引入虚拟化服务器后，虚拟机的迁移和集群要求在同一个二层里。集群想要做多大，虚拟机迁移需要迁多远，二层网络就要做多大，这样二层网络的范围就被大大地扩大了，有可能跨越整个数据中心，甚至跨越多地不同的数据中心。二层网络扩大后会面临很多问题，比如如何防止二层网络环路？如何提高链路使用效率？

随着以 VXLAN（Vintual Extensible LAN）技术为代表的新一代 Overlay 网络方案的提出，上述典型问题有了一种新的解决思路，即通过在现有网络上叠加一个软件定义的逻辑网络，原有网络尽量不做改造，通过定义其上的逻辑网络，实现业务逻辑，从而解决原有数据中心的网络问题，从而极大地节省用户投资。

Overlay 是一种将二层网络（业务的）构架在三层 / 四层（传统网络的）报文中进行传递的网络技术。

目前，IETF 在 Overlay 技术领域有如下两大技术正在讨论。

1）VXLAN：VXLAN 是将以太网报文封装在 UDP 传输层上的一种隧道转发模式，目的 UDP 端口号为 4798。为了使 VXLAN 充分利用承载网络路由的均衡性，VXLAN 通过将原始以太网数据头（MAC、IP、四层端口号等）的哈希值作为 UDP 号；采用 24 比特标识二层网络分段，称为 VNI（VXLAN Network Identifier），类似于 VLAN ID 的作用；未知目的、广播、组播等网络流量均被封装为组播转发，物理网络要求支持任意源组播（ASM）。

2）NVGRE：NVGRE 是将以太网报文封装在 GRE 内的一种隧道转发模式。采用 24 比特标识二层网络分段，称为 VSI（Virtual Subnet Identifier），类似于 VLAN ID 的作用。为了使 NVGRE 利用承载网络路由的均衡性，NVGRE 在 GRE 扩展字段 flow ID，这就要求物理网络能够识别 GRE 隧道的扩展信息，并以 flow ID 进行流量分担；未知目的、广播、组播等网络流量均被封装为组播转发。

### 4.3.1 VXLAN

作为网络虚拟化的重要技术，VXLAN 备受关注。该协议是如何运作的？如何通过数据与控制层面的分离实现 SDN 网络？如何部署？

#### 1. 为什么需要 VXLAN

1）VLAN 的数量限制：4094 个 VLAN 远不能满足大规模云计算中心的需求，XVLAN 最大支持 16 000 000 个逻辑网络。

2）物理网络基础设施的限制：基于 IP 子网的区域划分限制了需要二层网络连通性的应用负载的部署。

3）ToR 交换机 MAC 表耗尽：虚拟化以及东西向流量导致产生了更多的 MAC 表项。

4）多租户场景：在多租户场景下，各租户将独立规划 IP 地址，很难保证 IP 地址不重叠，如不采用隧道技术，现有很多交换设备不支持 IP 地址重叠。

#### 2. 什么是 VXLAN

VXLAN 主要是由 Cisco 推出的，VXLAN 的包头有一个 24 位的 ID 段，即意味着 1600 万个独一无二的虚拟网段，这个 ID 通常是对 UDP 端口采取伪随机算法而生成的（UDP 端口是由该帧中的原始 MAC Hash 生成的）。这样做的好处是可以保证基于五元组的负载均衡，保存 VM 之间数据包的顺序。具体做法是将数据包内部的 MAC 组映射到唯一的 UDP 端口组。将二层广播转换成 IP 组播，VXLAN 使用 IP 组播在虚拟网段中泛洪，而且依赖于动态 MAC 学习。VXLAN 封装将数据包大小扩展到 50 字节，如图 4-13 所示。

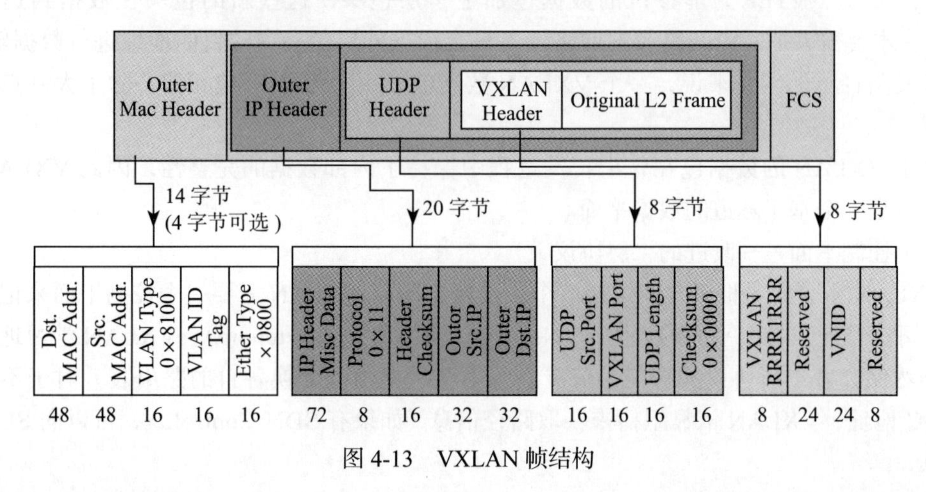


图 4-13 VXLAN 帧结构

由于数据包比较大，所以 VXLAN 需要借助支持大型帧的传输网络才能支持数据包规模的扩展。

VXLAN 即虚拟可扩展局域网是一种 Overlay 的网络技术，使用 MAC in UDP 的方法进行封装，有 50 字节的封装报文头。具体的报文格式如下。

1）VXLAN header：共计 8 个字节，目前使用的是 Flags 中的一个 8 位的标识位和 24 位的 VNI（VXLAN Network Identifier），其余部分没有定义，但是在使用的时候必须设置为 0x0000。

2）外层的 UDP 报头：目的端口使用 4798，但是可以根据需要进行修改。同时 UDP 的校验和必须设置成全 0。

3）IP 报文头：目的 IP 地址可以是单播地址，也可以是多播地址。单播情况下，目的 IP 地址是 VXLAN Tunnel End Point（VTEP）的 IP 地址。在多播情况下引入 VXLAN 管理层，利用 VNI 和 IP 多播组的映射来确定 VTEP。

- protocol：设置值为 0x11，说明这是 UDP 数据包。
- Source IP：源 VTEP IP。
- Destination IP：目的 VTEP IP。

4）Ethernet Header：包括以下 3 部分。

- Destination Address：目的 VTEP 的 MAC 地址，即为本地下一跳的地址（通常是网关 MAC 地址）。
- VLAN：VLAN Type 被设置为 0x8100，并可以设置 Vlan Id tag（这就是 VXLAN 的 vlan 标签）。
- Ether type：设置值为 0x0800，指明数据包为 IPv4 的。

### 3. VXLAN 的数据和控制平面

（1）数据平面——隧道机制

已经知道，VTEP 为虚拟机的数据包加上了层包头，这些新的包头在数据到达目的 VTEP 后才会被去掉。中间路径的网络设备只会根据外层包头内的目的地址进行数据转发。对于转发路径上的网络来说，一个 VXLAN 数据包跟一个普通 IP 包相比，除了大一点外没有区别。

由于 VXLAN 的数据包在整个转发过程中保持了内部数据的完整性，因此 VXLAN 的数据平面是一个基于隧道的数据平面。

（2）控制平面——改进的二层协议

VXLAN 不会在虚拟机之间维持一个长连接，所以 VXLAN 需要一个控制平面来记录对端地址可达情况。控制平面的表为（VNI、内层 MAC、外层 vtep_ip）。VXLAN 学习地址的时候仍然保存着二层协议的特征，节点之间不会周期性地交换各自的路由表。对于不认识的 MAC 地址，VXLAN 依靠组播来获取路径信息（如果有 SDN Controller，可以向 SDN 单播获取）。

VXLAN 还有自学习的功能，当 VTEP 收到一个 UDP 数据报后，会检查自己是否收到过这个虚拟机的数据，如果没有，VTEP 就会记录源 vni/ 源外层 ip/ 源内层 mac 的对应关系，避免发组播包进行地址学习。

#### 4. VXLAN 网络的初始化

VXLAN 网络的初始化如图 4-14 所示。

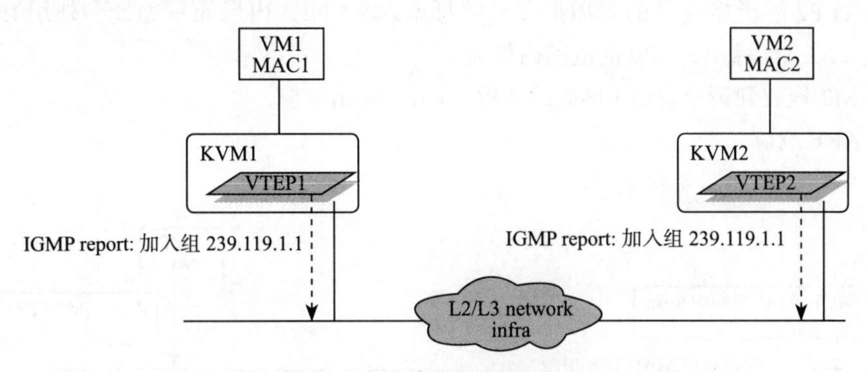


图 4-14　VXLAN 网络初始化

VTEP：VXLAN 隧道终端（VXLAN Tunneling End Point）用于多 VXLAN 报文进行封装 / 解封装，包括 MAC 请求报文和正常 VXLAN 数据报文。在一端封装报文后通过隧道向另一端 VTEP 发送封装报文，另一端 VTEP 接收到封装的报文解封装后，根据被封装的 MAC 地址进行转发。VTEP 可由支持 VXLAN 的硬件设备或软件来实现。

VM1 及 VM2 连接到 VXLAN 网络 100，两个 VXLAN 主机加入 IP 多播组 239.119.1.1。

#### 5. VXLAN 网络交互过程

以 ARP 交互为例，其他数据报的交互类似。

（1）ARP 请求

ARP 请求过程如图 4-15 所示。

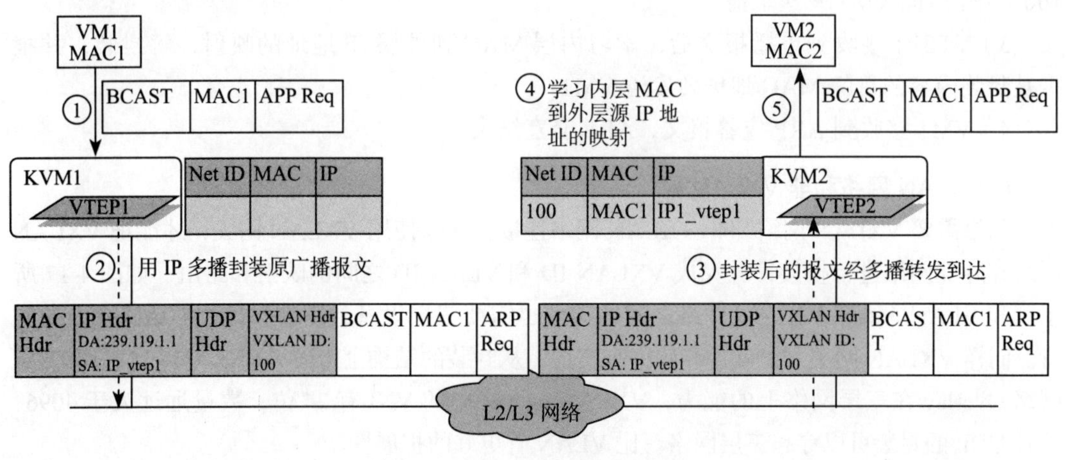


图 4-15　VXLAN 网络交互过程

1）VM1 以广播的形式发送 ARP 请求。

2）VTEP1 封装报文。打上 VXLAN 的标识 100，外层 IP 头 DA 为 IP 多播组（239.119.1.1），SA 为 IP_VTEP1。

3）VTEP1 在多播组内进行多播。

4）VTEP2 解析接收到的多播报文。填写流表（VNI，内层 mac 地址，外层 IP 地址），并在本地 VXLAN 标识为 100 的范围内传播。

5）VM2 接收到请求自己 MAC 的 ARP 请求后做出响应。

（2）ARP 响应

ARP 响应过程如图 4-16 所示。

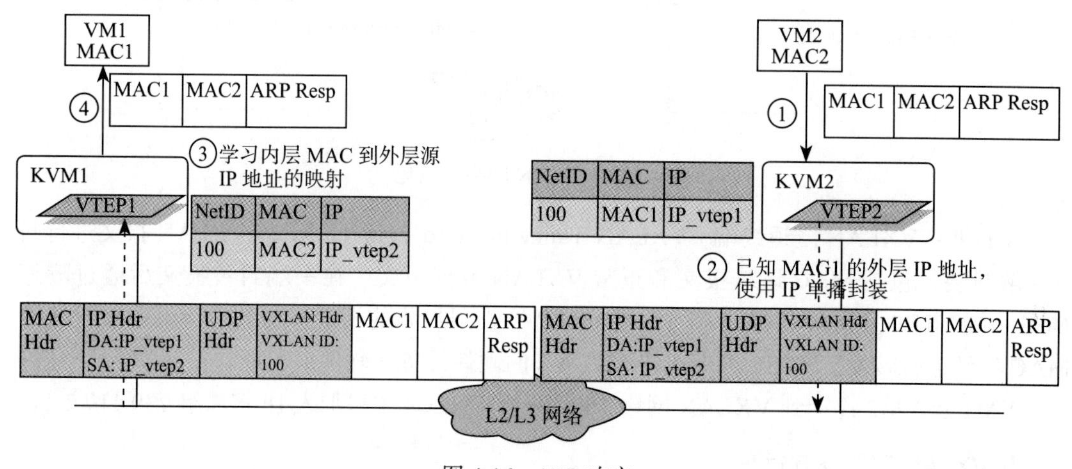


图 4-16　ARP 响应

1）VM2 准备 ARP 响应报文后向 VM1 发送响应报文。

2）VTEP2 接收到 VM2 的响应报文后把它封装在 IP 单播报文中（VXLAN 标识依然为 100），然后向 VM1 发送单播。

3）VTEP1 接收到单播报文后，学习内层 MAC 到外层 IP 地址的映射，解封装，并根据被封装内容的目的 MAC 地址转发给 VM1。

4）VM1 接收到 ARP 应答报文，ARP 交互结束。

### 6. VXLAN 网络和非 VXLAN 网络连接

如果需要 VXLAN 网络和非 VXLAN 网络连接，必须使用 VXLAN 网关，才能把 VXLAN 网络和外部网络进行桥接，并完成 VXLAN ID 和 VLAN ID 之间的映射和路由，如图 4-17 所示。和 VLAN 一样，VXLAN 网络之间的通信也需要三层设备的支持，即 VXLAN 路由的支持。同样 VXLAN 网关可由硬件和软件来实现。从封装的结构上来看，VXLAN 提供了将二层网络 Overlay 在三层网络上的能力，VXLAN header 中的 VNI 有 24 位，数量远远大于 4096，并且 UDP 的封装可以穿越三层网络，比 VLAN 有更好的扩展性。

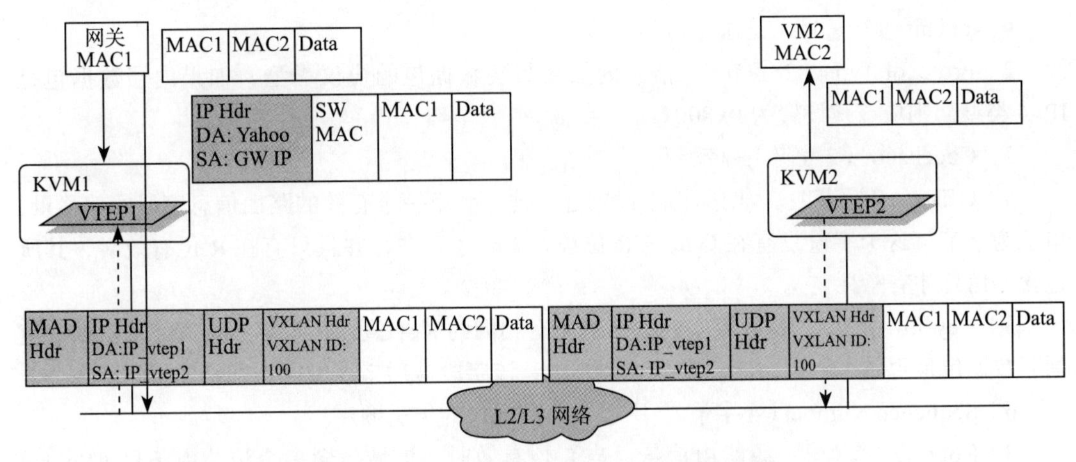


图 4-17　VXLAN 网络和非 VXLAN 网络连接

## 4.3.2　NVGRE

在介绍 NVGRE 之前，首先介绍一下由 Cisco 公司提出的 GRE（Generic Routing Encapsulation，通用路由封装）协议。GRE 的提出主要为了解决在任意层次网络协议之间的封装问题。本节的内容主要参考了 RFC1701 和 RFC1702。

首先，GRE 将需要传输的真实数据包称为载荷包（payload packet）。为了在隧道内进行传输，首先需要使用 GRE 头对载荷包进行封装，封装后的数据包称为 GRE 包。最后，GRE 头外部还需封装相应的包头，从而实现在物理网络上的传输。外层的协议被称为传送协议（deliver protocol）。如图 4-18 所示为 GRE 包头的格式，其中各域的定义如下。

1）Flag 域：GRE 头的前两个字节为 Flag 域。

- C（位 0）表示 Checksum Present（检验和字段存在），如果设置为 1，说明 Checksum 字段存在。
- R（位 1）表示 Routing Present（路由字段存在），如果设置为 1，则说明可选的 Routing 字段存在。
- K（位 2）表示 Key Present（Key 字段存在），如果设置为 1，说明 Key 字段存在。
- S（位 3）表示 Sequence Number Present（序列号字段存在），如果设置为 1，说明 Sequence Number 字段存在。
- s（位 4）表示严格源端路由（Strict Source route）。所谓严格源路由，是指路径上的所有路由器都应该由源端指定，并且经过路由器的顺序是不允许发生改变的。一般来说，只有当所有的路由信息中都包含严格路由信息时，才将该位置 1。
- Recur（位 5 ～ 7）为递归 / 嵌套控制（Recursion Control）域，通过 3 位来表明允许的额外封装层数，一般默认设置为 0。
- Flag（位 8 ～ 12）传输时需要设置为 0。

- Ver（bits 13 ～ 15）是版本号。

2）Protocol Type（2 字节）：指明内层被封装数据包的协议类型，如果内层数据包是 IPv4 类型，则应该被设置为 0x800。

3）Checksum（2 字节）：校验和。

4）Offset（2 字节）：表明路由字段的起始地址到第一个有效的路由信息字段的偏移量，单位为字节。这个字段只有在 C 或者 R 位被置 1 时才存在，并且只有在 R 位有效时，其所包含的信息才有意义。

5）Key（4 字节）：相同流中的数据包含有相同的 Key 值，解封装的隧道终端依据该值判断数据包是否属于相同的流。在 NVGRE 中，该字段被用来表示虚拟网络的标识。

6）Sequence Number（4 字节）：用于表明数据包的传送顺序。

7）Routing（变长）：源路由信息，当 R 位有效时，该域包含多个源路由条目（Source Routing Entry, SRE）。SRE 的具体定义此处省略，有兴趣的读者可以参看 RFC1701。

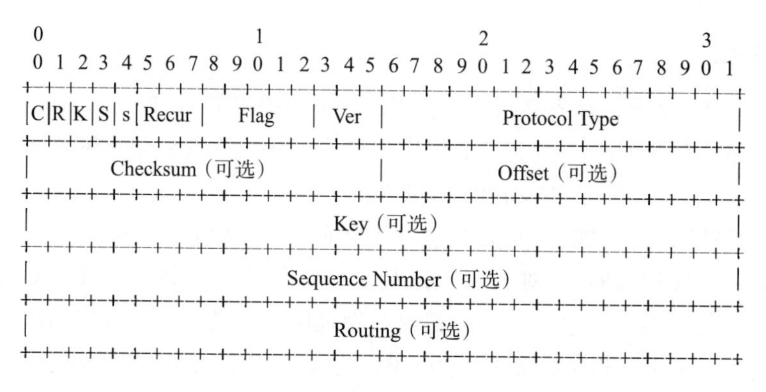


图 4-18　GRE 包头的格式

GRE 的封装和解封装过程与 VXLAN 的封装和解封装过程类似，此处不赘述。

下面介绍一下 NVGRE（Network Virtualization using Generic Routing Encapsulation）协议。NVGRE 最初由微软公司提出，其目的是实现数据中心的多租户虚拟二层网络，其实现方式是将以太网帧封装在 GRE 头内，并在三层网络上传输（MAC-in-IP）。NVGRE 的底层实现细节都可复制 GRE，因此我们将主要针对 NVGRE 与传统 GRE 的区别进行说明。

使用 NVGRE 封装的数据包包头格式与使用 GRE 封装是相同的，区别在于，在使用 NVGRE 时，GRE 包头中的 C 和 S 位必须置 0。换句话说，NVGRE 的头中将没有校验和以及序列号。K 位必须设置为 1，从而使得 Key 域有效。但是 NVGRE 对 Key 域做了重新定义，其中前 3 个字节被定义为 VSID（Virtual Subnet ID），第四个字节被定义为 FlowID。其中 24 位的 VSID 用于表示二层虚拟网络，因此 NVGRE 可以最多支持 16M 虚拟网。这个数量与 VXLAN 支持的虚拟网络数量是相同的。8 位的 FlowID 使得管理程序可以在一个虚拟网络内部针对不同的数据流进行更加细粒度的操控。FlowID 应该由 NVGRE 端点（NVE）生成并添加，在网络传输过程中不允许网络设备修改。如果 NVE 没有生成 FlowID，那么该域必须置0。另外，因为NVGRE内部封装的是以太网帧，所以GRE头中的Protocol Type域一定要设置为0x6558（transparent Ethernet bridging，透明以太网桥）。

### 4.3.3 VXLAN与NVGRE的异同

这两种二层Overlay技术，大体思路均是将以太网报文承载到某种隧道层面，而底层均是IP转发，不同在于选择和构造隧道的不同。如表4-1所示为这两种技术关键特性的比较：VXLAN对于现网设备对流量均衡要求较低，即负载链路负载分担适应性好，一般的网络设备都能对L2～L4的数据内容参数进行链路聚合或等价路由的流量均衡；而NVGRE则需要网络设备对GRE扩展头感知并对flow ID进行散列，需要硬件升级。总体比较说明，VLXAN技术相对具有优势。

表4-1　VXLAN与NVGRE的关键特性比较

| 技术名称 | 隧道方式 | 虚拟化方式 | 链路Hash能力 | 厂家支持 |
| --- | --- | --- | --- | --- |
| VXLAN | L2 over UDP | VXLAN报头24位VNI | 现有网络可进行L2～L4 HASH | 思科、博科、中兴、华为、VMware等 |
| NVGRE | L2 over GRE | NVGRE报头，24位VSI | GRE头的HASH需要网络升级 | 微软、惠普、博科、戴尔等 |

## 4.4 虚拟网络设备

### 4.4.1 Firewall

防火墙即服务插件可增加边界防火墙来管理网络。目前，FWaaS将iptables防火墙策略应用到一个项目中的所有路由器上。FWaaS对每个项目仅支持一个防火墙策略和逻辑防火墙实例。

安全组作用于实例级操作，而FWaaS作用于网络边界，来过滤Neutron路由器上的流量，如图4-19所示。

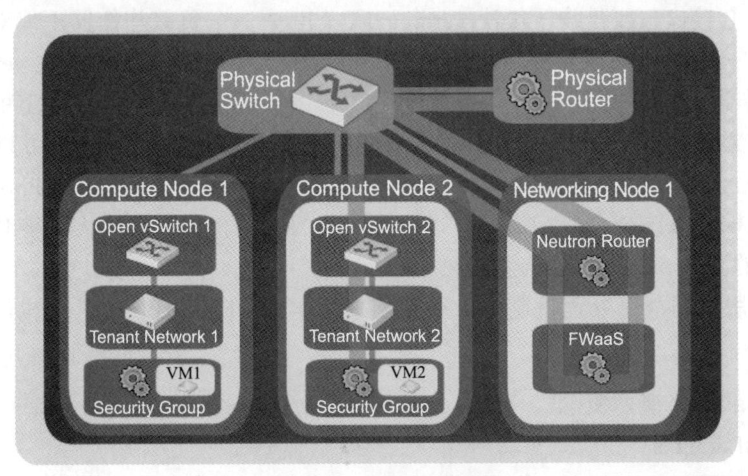


图4-19　FWaaS架构

Neutron 已有的网络安全模块是 Security Group，但是其支持的功能有限，且只能对单个 Port 有效，不能满足很多需求，比如租户不能有选择性地应用 Rule 到自己的网络。

FWaaS 定义的数据模型有 3 个（对应数据库中的 3 个表）：Firewall、Policy 与 Rule。租户可以创建 Firewall，每个 Firewall 可以关联 Policy，而 Policy 是 Rule 的有序列表。Policy 相当于一个模板，由 Admin 创建的 Policy 可以在租户之间共享。Rule 不能直接应用到 Firewall，只有加入 Policy 后才能和防火墙关联。

Firewall Service Plugin 的实现借鉴了 ML2 的结构化思路，也将整个框架划分为 Plugin、Agent 和 Driver 三个部分。但是与 ML2 不同的是，Firewall Plugin 的 Driver 并不是 Plugin 的组成部分，而是 Agent 的组成部分。

Firewall Plugin 的 Driver 是给 Agent 使用来操作具体的 Firewall 设备的，因此类似于 Firewall 设备对应的设备 Driver，比如 Linux IPtables Driver。Firewall Plugin 也没有独立运行的 Agent 进程，Firewall Agent 集成在 L3 Agent 之内，在网络节点运行，Firewall Agent 没有内部的中间状态需要保存或者记录到数据库，它只起到一个中间人的作用。Firewall Agent 内嵌于 L3 Agent，响应 Firewall Plugin 的操作，收集 Driver 所需要的信息，进而转发给 Firewall Driver 去操作具体的 Firewall 设备。

### 4.4.2 LoadBalance

Kilo 版本是 OpenStack 的第 11 个版本，俗称 K 版本，该版本对 Neutron 的代码结构做了比较大的改动，把 LBaaS、VPNaaS 和 FWaaS 的代码从 Neutron Server 中剥离出来，形成了 3 个独立的版本包，有各自独立的配置文件、安装路径和独立的进程。如图 4-20 所示是 K 版本 Neutron LBaaS 代码包的结构。

K 版本的 LBaaS 保留了该版本之前的所有 API 接口，官方称为 LBaaS version 1.0 API。同时原有的接口参数、流程、数据模型均保持不变。

K 版本的 LBaaS 增加了一套完整的 LBaaS version 2.0 API 以及与之相对应的一套数据模型。增加这套接口主要是为了解决 version 1.0 API 中一个负载均衡器不能对多个后端服务（即多个 IP+port）进行负载的缺陷。另外，Neutron 项目团队认为，在 version 1.0 API 中，把 Pool 作为 LBaaS 的 Root Object 是不合逻辑的，而且容易引起概念上的混淆，因此在 version 2.0 API 中进行了修正。Root Object 作为一个服务实例，应该可以被加载、卸载、启动、停止，而且是一个配置工作流的起点，而 version 1.0 API 中的 Pool 并不具备这样的功能。LBaaS version 2.0 API 在架构上与之前的版本相比没有太大的变化，还是遵循 Neutron 既有的多级 plugin 的架构。

另外，K 版本的消息处理机制也沿袭了前面版本中 REST API+RPC 的机制，如图 4-20 所示。

#### 1. LoadBalance 基本概念

（1）LoadBalancer

即负载均衡器。这是在 K 版本中新增加的概念。

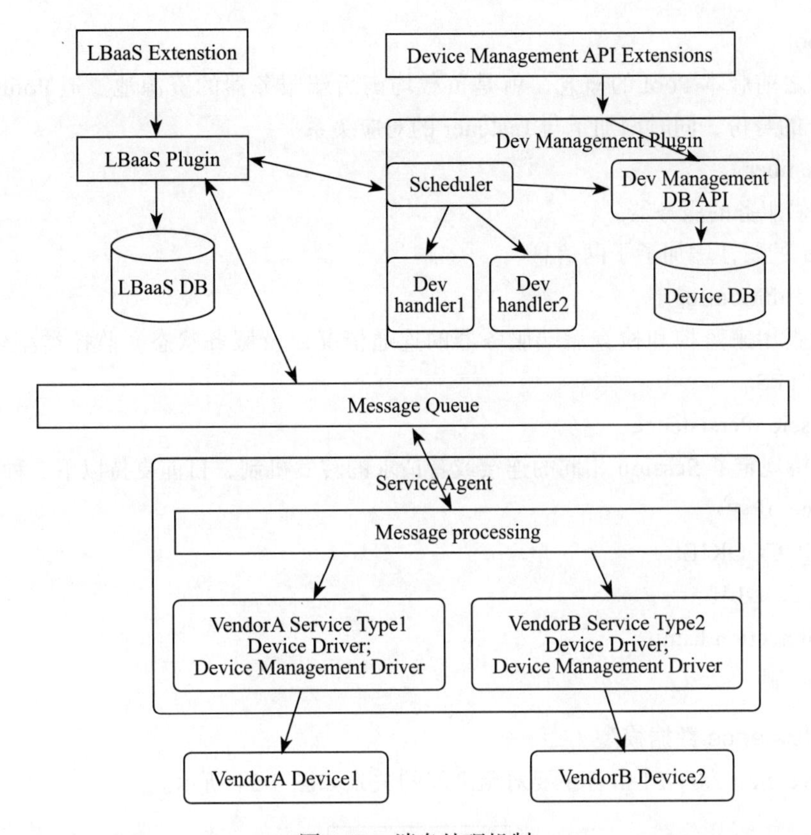


图 4-20 消息处理机制

在 K 版本中，LoadBalancer 成了 LBaaS 的 Root Object。LoadBalancer 的属性中包含了 verion 1.0 API 中 VIP 的所有属性，而 VIP 不再作为一个独立的对象存在。

LoadBalancer 有两种状态：provisioning_status 和 operating_status。

operating_status 包括：ONLINE、OFFLINE、DEGRADED、ERROR。

provisioning_status 包括：ACTIVE、PENGDING_CREATE、PENGDING_UPDATE、PENDING_DELETE、ERROR。

在 version 1.0 中创建 VIP 时做的操作也全部是在创建 LoadBalancer 的时候完成的，比如创建 port、创建命名空间等。

（2）Listener

即监听器。Listener 也是 LBaaS version 2.0 API 中新增加的概念。监听器的出现解决了一个 LoadBalancer 为多个后端服务提供负载的问题。一个 Listener 监听一个协议端口，并且在创建 Pool 的时候需要制定一个 Listener；一个 LoadBalancer 可以有多个 Listener。

有 Listener 存在，则不允许删除 LoadBalancer。

Listener 也有 provisioning_status 和 operating_status 两种状态。

（3）Pool

沿用了之前版本 Pool 的概念，就是负载均衡后端服务器的资源池。但 Pool 不再具有 Root Object 的身份，同时增加了与 Listener 的对应关系。

（4）Member

后端提供服务的服务器。

Member 的属性增加了子网信息。

（5）HealthMonitor

健康检查用来监控和检查后端服务器的连通情况以及服务状态。监控类型包括 TCP、HTTP 和 HTTPS。

（6）SessionPersistence

会话保持规定了 Session 相同的连接或者请求的转发机制，目前支持以下 3 种：

- Source_IP。
- HTTP_COOKIE。
- APP_COOLIE。

（7）Connection Limit

连接数限制。

### 2. LoadBalance 数据模型

LBaaS version 2.0 API 中各主要对象之间的关系如图 4-21 所示。

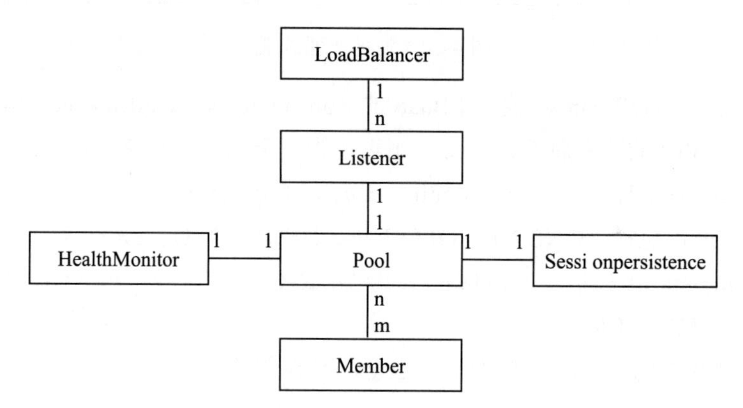


图 4-21　LBaaS 对象关系

Neutron LoadBalancer 的基本使用步骤如下：

1）租户创建一个 Pool，初始时 Member 个数为 0。

2）租户在该 Pool 内创建一个或多个 Member。

3）租户创建一个或多个 Health Monitor。

4）租户将 Health Monitor 与 Pool 关联。

5）租户使用 Pool 创建 VIP。

### 4.4.3 DVR

从 OpenStack Juno 版本开始，在 Neutron 模块中就引入了分布式路由器（DVR）的实现。DVR 结构如图 4-22 所示。

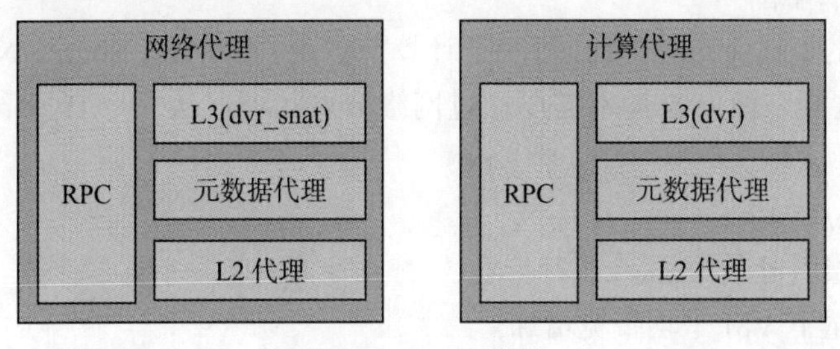


图 4-22　DVR 结构

DVR 传统架构通过将计算节点直接连接到外网得到增强，如图 4-23 所示。对关联浮动 IP 地址的实例，路由项目（租户）和完全驻留在计算节点上的外部网络，从而达到消除单点故障和传统网络节点的性能问题。Routing 也完全驻留在计算节点（关联使用同一分 DVR 上

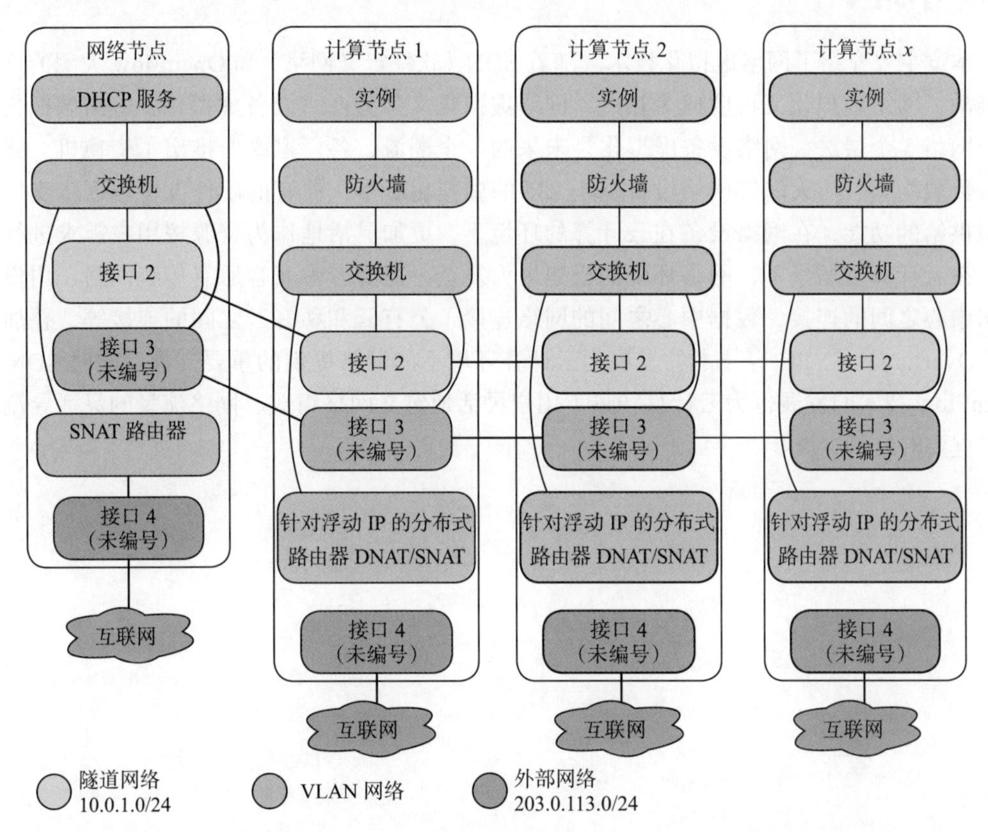


图 4-23　DVR 通用架构

的网络的固定 IP 或浮动 IP 的实例所在的计算节点)。然而，关联了固定 IP 的实例依然依赖网络节点来处理项目与外网之间的路由和 SNAT 服务。在 Juno（初始）版本，DVR 支持 VXLAN 和 GRE。在 Kilo 版本中，DVR 增添了支持 VLAN。所有的版本都支持常规的扁平网络和 VLAN 外部网络。

DVR 将增强的 L3 Agent 部署到每一个计算节点上，SNAT（Source NAT）则仍然部署到网络节点上。这样东西向流量不需要通过网络节点，可以从一个 Hypervisor 直接到达另一个 Hypervisor。

这种架构的优点如下：

1）东西向流量吞吐量增加。

2）东西向流量下 VM 平均带宽增加。

3）南北向流量和东西向流量不再互相干扰。

当东西向流量在同一个 Hypervisor 上时，就不会走过不必要的路径。

## 4.5 小结

本章主要介绍了网络虚拟化技术。随着 SDN（软件定义网络）和 OpenFlow 大潮的进一步推动，网络虚拟化又再度成为热点。网络虚拟化又分为网络设备虚拟化、链路虚拟化和虚拟网络 3 个层次。网络设备虚拟化是未来的一个潮流，各厂家纷纷推出了交换机、路由器、负载均衡、防火墙等网络设备基于 x86 的虚拟化版本，原有的硬件设备也逐步支持了虚拟供给的功能，在网络设备在云计算的环境下，更加灵活地作为资源按用户需求进行分配。在云计算的场景下，网络环境的搭建最为复杂，需要考虑兼容原有传统网络、用户与数据中心之间的连接、数据中心之间的网络连接、公有云和私有云之间的连接等，叠加网络（OverLay)、SVPN 等技术的发展为云计算环境下的网络提供的重要支撑。同时 SDN 和 OpenFlow 技术的发展也为云计算场景下用户灵活地定义网络组成、网络流量的灵活导流提供了重要的技术支撑。

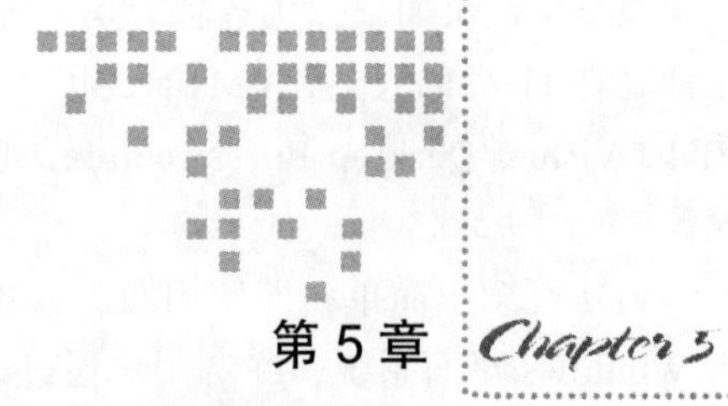

第 5 章 Chapter 5

# 桌面 & 应用虚拟化

## 5.1 概述

桌面虚拟化技术是伴随服务器虚拟化技术发展而衍生的新名词概念，桌面虚拟化是 IT 厂商对企业 IT 端到端解决方案的一个包装，是一个包含多种技术的综合解决方案，所以很难给桌面虚拟化下一个确切定义。而且，随着技术的发展，桌面虚拟化内涵和外延也在不断地变化。

维基百科上给出的桌面虚拟化技术定义是：Desktop Virtualization（或者称为 Virtual Desktop Infrastructure）是一种基于服务器的计算模型，并且借用了传统的瘦客户端的模型，但却是为了将这两方面的优点都带给管理员和用户而设计的，将所有桌面虚拟机在数据中心进行托管并统一管理；同时用户能够获得完整的 PC 使用体验。

简单地说，桌面虚拟化技术是指：支持企业级实现桌面系统的远程动态访问与数据中心统一托管的技术。桌面虚拟化技术包含的两个最主要的技术是服务器虚拟化技术，以及远程桌面传输协议。可简单地认为桌面虚拟化就是“服务器虚拟化 + 远程桌面”，原理就是把 Windows 桌面运行在后台的服务器上。例如一台物理服务器通过服务器虚拟化技术可以同时运行 40 个 Windows XP，再通过各自的协议把 XP 的桌面远程传输到 40 个用户的终端设备上，用户在面前的设备上看到的其实是个虚拟的影子，真正的桌面运行在数据中心。

从严格意义上来说，桌面虚拟化是一个少数厂商（主要是微软、VMWare、Citrix、RedHat）包装并力推的一个整体解决方案。从概念上来讲并不是和服务器虚拟化并列的一项新技术，而是服务器虚拟化技术的一项特殊应用，是服务器虚拟化技术在特殊情况下的一项应用场景。

最早提出桌面虚拟化概念的是 VMware，随着服务器虚拟化技术的不断发展，以及虚拟化话题在 IT 界的火热，VMware 也为了改变单一只有服务器虚拟化产品线的现状，提出了 VDI（Virtual Desktop Infrastructure，虚拟桌面基础架构）的概念，这是桌面虚拟化概念的起源。

VDI 概念很简单，即使用服务器虚拟化技术在数据中心虚拟出多台虚拟机，虚拟机运行 Windows 桌面系统，终端用户通过远程访问技术访问虚拟机桌面。服务器虚拟化技术是 VMware 的强项，VDI 正好是 VMware 长期耕耘于服务器虚拟化技术后的自然延伸。

在 VDI 概念中，3 个关键的核心技术是：服务器虚拟化技术，Windows 远程访问技术，桌面即 Windows 操作系统。

在 Windows 远程访问技术中，Citrix 得益于和微软的紧密合作，一直是该领域的领导者。Citrix 作为远程访问技术的领导者，自然跟进到热炒桌面虚拟化概念中来。Citrix 为了加强在服务器虚拟化方面的实力，收购了开源 Xen 的开发商 XenSource，发展出一套服务器虚拟化产品 XenServer 来弥补自身在服务器虚拟化技术上的不足，从而直接在桌面虚拟化领域占据优势。

VDI 的发展对 Windows 来说直接受益，微软作为 Windows 的开发商，所以微软也是桌面虚拟化鼓吹厂商之一。微软自身也开发了一套服务器虚拟化产品 Hyper-V。整体策略上鉴于 Citrix 和微软的紧密关系，微软通过和 Citrix 合作来与 VMware 竞争。

随着桌面虚拟化概念这几年的火热，在开源领域，RedHat 拥有服务器虚拟化技术 KVM，以及远程桌面访问技术 SPICE，拥有这两个技术也就具备了在 VDI 领域与 VMware、Citrix 竞争的实力。RedHat 近来逐渐在桌面虚拟化领域发力。

虚拟桌面作为一个重要的虚拟化功能，其重要性已无需多言。许多厂商都声称各自产品实现了虚拟桌面功能，但其产品功能参差不齐。为了便于描述，我们可以按照虚拟桌面的功能层次，先进行如下划分：

（1）实现桌面拉远的功能层次（桌面虚拟化）

这种方式是指产品实现了将整个 Guest OS 运行的桌面环境拉远到客户端。这样，计算在服务器端进行，客户端只负责界面呈现，一方面可以使用瘦终端，降低硬件费用成本，更重要的是，可以实现运行环境的统一部署和管理，降低软件维护开销。同时，也能方便地提供高安全性和业务连续性的服务。

（2）提供扩展应用发布功能的层次（桌面 + 应用虚拟化）

该层次主要强化了对用户运行环境的管理功能，包括运行映像的创建，应用运行载体的动态灵活选择，以及应用组装集成等功能，这样可以加快应用的部署管理。同时，也可以灵活适应客户端的不同运行需求，达到更好的用户体验。

第一个层次是传统的桌面虚拟化能力。第二个层次是在桌面虚拟化基础上，加上应用的部署、管理、发布能力，即应用虚拟化能力，形成一个能力更为完备的完整解决方案。

下面将按照以上两个层次，对虚拟桌面进行分析。

## 5.2　桌面虚拟化

### 5.2.1　应用场景

桌面虚拟化的特性是桌面集中在服务器上运行，客户端只是将服务端上的用户桌面进行展示。所以给用户带来了很多的益处。可以从以下几方面来了解桌面虚拟化带来的优势。

1）更灵活的访问和使用：用户对计算机桌面的访问不再被限定在特定设备、特定地点和特定时间，而是可以通过任何一种满足接入要求的终端设备访问自己的虚拟桌面。

2）更广泛和简化的终端选择：用户使用的桌面只在远程的服务器中运行，降低了对客户端的压力，因此对用户终端的要求更简化，其可选择性也更广泛，可以针对不同的应用需求做出合适的选择。

3）更低的终端设备采购和维护成本：简化的用户终端降低了采购的成本，维护起来也相对更容易，而且通常具有更长的报废周期。同时当前的个人计算机同样可以作为终端设备接入虚拟桌面。

4）更低的软件维护成本：计算机桌面及相关应用的部署、管理和维护（例如系统升级、应用安装等）都统一在服务器侧进行，避免了之前因为分布广泛的用户个人桌面计算机造成的管理困难和高昂成本，提高了工作效率。

5）更高的资源利用率：用户应用集中在服务器侧运行，相关数据统一保存在服务器侧的存储设备中，更合理的计算和存储资源调配，有利于资源的集约化使用，并可以实现节能减排。

6）更高的数据存储安全性：用户应用和数据统一保存在服务器侧，可以得到更高级别的安全防护；桌面视图以图片方式传输，降低了网络传输的安全风险；通过权限设置可以控制客户端的下载权限，避免终端泄密。

由于桌面虚拟化带来诸多好处，从易维护、降成本、高安全性几个特征考虑，桌面虚拟化广泛应用于政府企业、机构的办公环境、企业呼叫中心、电信营业厅场景等。

### 5.2.2　系统架构 & 原理

虚拟化典型系统架构如图 5-1 所示。

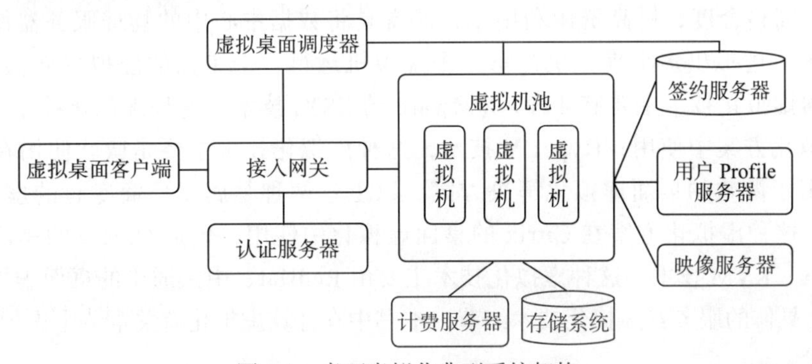


图 5-1　桌面虚拟化典型系统架构

系统主要组成部分如下：

1）虚拟桌面客户端。它是运行在终端上的软件，负责接收桌面信息，在终端屏幕上显示出来，并采集客户端事件发送给服务端。客户端与服务端之间的协议可采用 RDP、SPICE 等，有必要的话还可以进行扩展。

2）接入网关。负责用户接入认证，它接收用户接入请求，通过认证服务器确认用户的合法性。

3）认证服务器。保存用户标识、密码等信息，负责响应接入网关对用户的认证请求。认证服务器可以是企业的目录服务器或者运营商的 HSS，以便与原有的用户管理认证系统融合。

4）虚拟桌面调度器。负责调度虚拟桌面运行的虚拟机，它响应接入网关的虚拟机分配请求，通过读取用户的签约数据，确定虚拟机的相关配置，并向虚拟机池申请虚拟机。

5）虚拟机池。虚拟池由大量的虚拟机组成，每台虚拟机对应一个用户的虚拟桌面。虚拟机池的资源由大量的物理服务器提供。

6）计费服务器。负责记录用户虚拟桌面的计费信息，包括运行时长和虚拟资源使用情况（如 CPU、内存、存储、带宽等）。

7）签约服务器。存储用户签约信息，包括用户虚拟机的配置、订购的应用软件，以及相关的服务。虚拟桌面调度器读取签约服务器的信息来决定创建何种配置的虚拟机。

8）用户 Profile 服务器。存储用户虚拟桌面的各种配置信息，如屏幕分辨率、背景、主题、菜单、操作习惯等，以便用户虚拟桌面每次重新启动时进行加载。

9）映像服务器。用于存储操作系统映像。根据不同的用户群，可以将操作系统制作成几种标准配置，存放在映像服务器中。虚拟机启动时根据用户的配置信息加载对应的映像文件。

10）存储系统。为用户提供持久存储服务。由于虚拟桌面的数量很大，存储量也比较大，需要考虑成本和效率问题，例如采用分布式文件系统可以节约建设成本。

### 5.2.3 关键技术

为了提高整合度，提高资源利用率，通常是将数据中心中的物理服务器使用服务器虚拟化技术，虚拟出多个虚拟机，每一个虚拟机运行一个单独的虚拟桌面供用户使用。当前服务器虚拟化技术主要有 4 种，VMware 的 ESXi 技术，这种虚拟化技术在 VMware 的桌面虚拟化方案中使用；Hyper-V 技术，这种虚拟化技术主要是微软使用在 Windows 中，也被用于微软的桌面虚拟化解决方案。以上这两种是属于厂商专有的虚拟化技术。Xen 技术，这种虚拟化方案在 Citrix 的桌面虚拟化中使用，包括 Oracle 的桌面虚拟化中也使用 Xen；KVM 技术，这种虚拟化技术主要由 RedHat、中兴通讯的桌面虚拟化解决方案中使用。具体的服务器虚拟化技术细节，本书中在计算虚拟化有关章节中进行详细介绍，本节不赘述。

桌面虚拟化最关键、最核心的部分在于桌面的远程交付，这依赖于传输协议。目前，有以下几个典型的传输协议被广泛使用：ICA、RDP、SPICE、PCoIP。其中ICA、RDP、PCoIP是厂家专有的协议，SPICE是一个开源的桌面传输协议。本节以SPICE为例，详述桌面传输协议的基本原理。

SPICE（Simple Protocol for Independent Computing Environment）是由Qumranet公司开发，被RedHat收购并且开源的一款优秀远程桌面传输协议。SPICE本身由QEMU、SPICE Server、SPICE Client三个基础部分组成。这和ICA、RDP、PCoIP等传统远程桌面传输协议的二组件架构不同，二组件架构下，Client端直接连接Guest OS层。而SPICE Client连接的SPICE Server运行于Hypervisor层，SPICE Server通过Hypervisor来间接连接虚拟机，这个特征表明SPICE连接的虚拟桌面必须是一个虚拟机，不能是一个物理主机。SPICE的三组件架构有其本身的优越性。从原理上说，QEMU负责虚拟桌面的硬件设备模拟，SPICE Client是客户端程序，负责在客户端远程复现虚拟桌面，包括实现console、keyboard、mouse、USB重定向功能等。SPICE Server作为Hypervisor上的一个服务组件，一端和QEMU虚拟的设备交互，一端和SPICE Client端交互。以显示为例，虚拟桌面的显卡是QEMU虚拟出来的虚拟显卡QXL，虚拟桌面所有的console输出都要通过图形命令操作QXL设备渲染显存来实现。由于QXL是QEMU虚拟出来的虚拟硬件设备，QEMU可将虚拟桌面对QXL的图形操作命令通过SPICE Server传输到SPICE Client端，SPICE Client端复原虚拟桌面原先针对QXL的操作命令，从而实现console重定向到远端的功能。

如图5-2所示，典型的SPICE架构由3部分组成，SPICE Client、SPICE Server、QEMU。当前开源社区发布的SPICE版本所使用的QEMU只支持KVM，中兴通讯公司所修改的QEMU已支持Xen。从技术原理上讲，SPICE Client连接的是SPICE Server，SPICE Server与QEMU交互，这样的架构保证Guest OS即使没有启动，也可以在Client端控制后端的虚拟机，通过Client端可以见到虚拟机启动状态的输出。这是因为SPICE Server运行

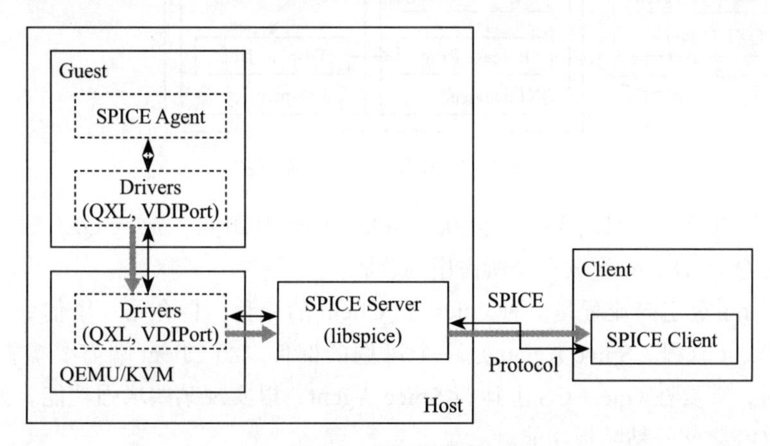


图5-2 SPICE架构

于 host 层，SPICE Server 控制的是 QEMU，QEMU 将虚拟机的虚拟显卡 QXL 的输出重定向到 Client 端。

SPICE 三组件架构的另一个特点是 Client 端连接的是 host 层，不是直接连接 Guest OS 层。这和 ICA、PCoIP 等协议不一样，ICA Server 是运行于 Guest OS 之上，Client 直接连接 Guest OS 上的 ICA Server，通过 ICA Server 来控制 Guest OS，这就要求 ICA Server 必须要在 Guest OS 上运行，其 Guest OS 必须要和网络连通，这是保证 ICA Client 能连上 ICA Server 的前提。显然在这种情况下 Client 端无法看到和控制 Guest OS 刚启动时的状态。而 SPICE Client 连接的是 Guest OS 的承载体 QEMU，Client 能够对虚拟机从 BIOS 引导时刻就完全控制。

Guest OS 的图形输出需要调用图形引擎接口（如 GDI、X）来操作显卡 Driver 接口，通过显卡 Driver 提供的接口来渲染显存，显存里面的点位信息控制显示器达到图形显示目的。在 SPICE 架构中，Guest OS 所有的显卡设备是由 QEMU 虚拟的虚拟显卡 QXL，在 QXL 设备内部维护一个命令队列，存放上层应用所调用的 QXL Driver 定义的图形接口原语。Libspice 从这个队列里面取命令原语，放入 Display Tree。Display Tree 是 Libspice 优化性能所维护的一个数据结构，Libspice 会判断刚取得的图形操作命令原语是否有必要发送到 Client 端进行图形渲染（如计算出该命令操作所生成的图形被 Display Tree 中所存放的其他命令生成的图形所遮挡，就无需发送到 Client 端）。对于需要发送到 Client 端的命令，送入发送队列，发送至 Client 端去渲染图形。完整过程如图 5-3 所示。

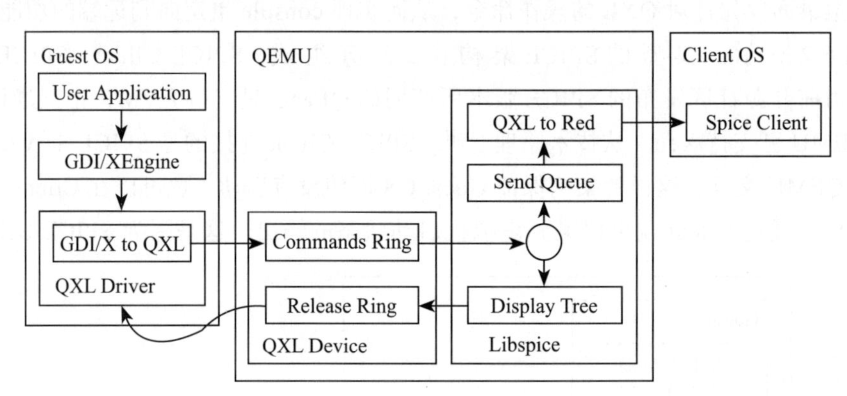


图 5-3 图形命令重定向流程图

LibSpice 不再需要的图形命令会从 Display Tree 中删除，放入 QXL 设备的 Release Ring，以触发 QXL Driver 释放命令所占用的资源。

Graphic 命令重定向流程是一种 Guest 到 Client 的流程，再介绍一个信令反向的流程，Client 操控 Guest 流程。Spice Agent 是一个可选的部件。当 Client 端需要操控 Guest 的某些增强功能时，需要在 Guest OS 上运行 Spice Agent，以实现某些增强功能。如支持 Guest OS 到 Client OS 之间的粘贴板功能。

前文已述，Client 连接的是 SPICE Server，并不是直接连接 Spice Agent，SPICE Server 是运行于 Hypervisor 层，而 Spice Agent 运行于 Guest OS 层，位于 Hypervisor 层的 SPICE Server 如何与 Guest OS 层的 Spice Agent 通信是一个问题。SPICE 的方案是：由 QEMU 单独虚拟一个虚拟 PCI 设备 VDI Port，这个设备是一个通信管道，通过 VDI Port，打通了 Spice Agent 和 SPICE Server 的通信交互渠道。

流程简述如下：Client 端发起请求消息，发往 SPICE Server，SPICE Server 将消息发往 VDI Port 的消息队列。Spice Agent 通过 Guest OS 层的 VDI Port 设备 Driver，从设备的消息队列里取得消息进行处理，处理的响应消息再通过 VDI Port 设备的消息队列发送给 SPICE Server，由 SPICE Server 再发送给 SPICE Client，完成一次操作流程，如图 5-4 所示。

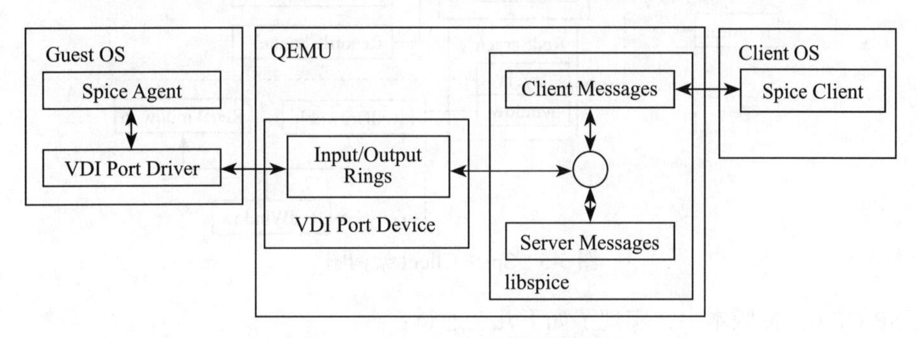


图 5-4 SpiceAgent 命令传输流程

SPICE Client 是一个运行在客户端的程序，展现远端虚拟机上的用户桌面，是最终用户操作虚拟机的接口。

SPICE Client 需要支持多种终端，在设计的时候已经考虑到这一点。Spice 定义了一组通用的上层接口，接口的实现依赖具体的平台，和平台相关的实现代码存放在各自的目录中。SPICE Client 是由一堆 C++ 类组成，如图 5-5 所示。以下对类的功能进行介绍。

#### 1. 主类

Application 是包含 main 的主类，是其他类运行的容器。作为一个 C++ 的主类，Application 解析命令行启动，处理事件、运行消息分发框架，驱动和调用其他功能类实现客户端功能（调用和控制实现信道传输功能的客户端 channel 类，调用屏幕绘制功能的 screen 类，以及维护监视器列表等）。

#### 2. 通道和类

SPICE Client 和 SPICE Server 通过通道机制进行通信，每个通道传输一种类型数据，比如图像通道传输图像，声音通道传输声音。每个通道是一个 TCP socket 连接，可以不加密或者通过 SSL 进行加密。在 SPICE Client 端，每个通道由一个单独的线程进行处理，这样可以通过调整线程的优先级实现相应设备的 QoS 管理。

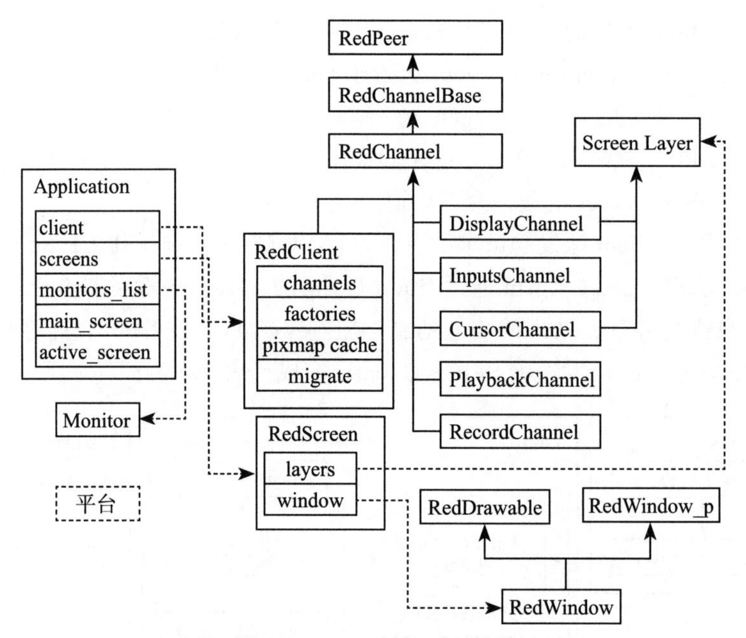


图 5-5　Spice Client 架构图

在 SPICE 0.4.X 版本中，实现了如下几个通道：

- MainChannel　主控信令通道
- DisplayChannel　传输图像通道
- InputsChannel　传输键盘、鼠标输入信号通道
- CursorChannel　传输鼠标指针通道
- PlaybackChannel　在双向语音中传输下行声音通道
- RecordChannel　在双向语音中传输上行声音通道

在实现方式上，每个通道由一个 C++ 类实现。所有 Channel 类都是从父类 RedChannel 派生的，RedClient 类实现 MainChannel，MainChannel 除了传输控制信令通道外，还实现 factory 功能，通过各 Channel 类的 factory 实例化其他 Channel 类，并对其他实例化的 Channel 进行参数配置，以及相关控制等。RedClient 还维护 cache 功能，是对图像的一种缓存机制。

各个 Channel 类，都从如下 3 个类派生而来的：

- RedPeer 类，封装底层 socket 操作，也包括底层通信 SSL 加密函数实现等。
- RedChannelBase 类，从 RedPeer 类继承，封装 Channel 的操作功能，例如 Client Channel 和 Server Channel 间的连接建立、连接断开，Channel 之间通信等基本功能。维护 Channel 链路。
- RedChannel 类，从 RedChannelBase 类继承，建立事件驱动机制，处理 Channel 中传输的消息外发和接收。RedChannel 类是所有 Channel 类的基类。

### 3. 屏幕与窗口类

- RedDrawable　平台相关的 pixmap 功能实现，支持基本的命令渲染操作（如 copy、

blend、combine 等)。

- RedWindow_p　平台相关的 window 窗口和方法实现，例如 GDI、x window 等。
- RedWindow　从 RedDrawable 和 RedWindow_p 继承，封装了一组和平台无关的 window 窗口功能实现(如 show、hide、move、minimize、set title、set cursor 等)。
- ScreenLayer　连接到一块画面显示区域，该区域作为画面显示的逻辑层，封装了对该矩形区域的操作(如 set、clear、update、invalidate 等)。
- RedScreen　从 RedWindow 继承，实现平台无关的窗口控制和逻辑，使用 ScreenLayer 显示窗口内容。

SPICE Server 运行于 Host OS 之上，一端和 SPICE Client 进行通信，与 SPICE Client 端建立 Channel 通道，为 SPICE Client 提供服务；另一端和 QEMU 相通信，获取 Guest 虚拟机的硬软件信息，转发给 SPICE Client。SPICE Sever 架构图如图 5-6 所示。

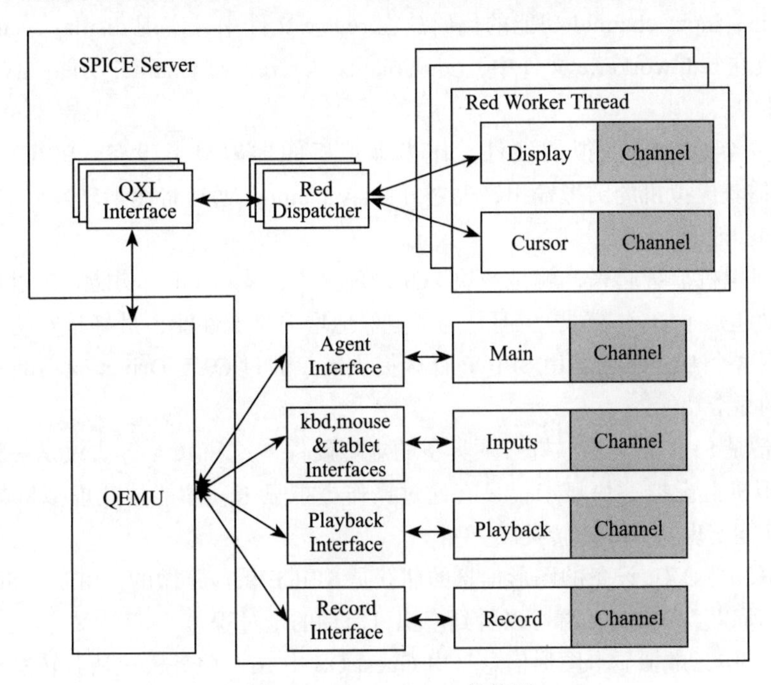


图 5-6　SPICE Server 架构图

SPICE Server 本身不是一个单独的进程，在实现上是编译成一个 lib 库 Libspice，编译进 QEMU 程序中。事实上 SPICE 所使用的 QEMU 是一个修改过的 QEMU，具有传统 QEMU 能够虚拟硬件的功能，也提供 SPICE Server 功能。这个修改的适合 SPICE 的 QEMU 由 SIPICE 开发者维护。

为了能够提供对图形的远程重定向功能，SPICE Server 从虚拟显卡 QXL 获取图形生成指令，通过 DisplayChannel 将这些指令传输到 SPICE Client，由 SPICE Client 端通过图形指令重新生成图形。

SPICE Server 通过 channel 来为 SPICE Client 提供服务，每一种通道传输一种类型的数据。每一个 Channel 都是使用一个 TCP socket 链路进行通信，支持 SSL 加密。Server 端的 Channel 和 Client 端的 Channel 一一对应，在 0.4.x 版本中包括 Main、Display、Cursor、Inputs、Playback、Record 等几种传输通道。

SPICE Server 通过直接操作虚拟硬件的内部数据来实现和虚拟机的交互，QEMU 定义了一组操作界面（VDI，Virtual Device Interface）供第三方程序操作和控制虚拟硬件设备。SPICE Server 通过 VDI 接口实现对虚拟机中虚拟硬件设备的控制。0.4.x spice 版本中，虚拟机中典型的虚拟硬件设备是虚拟显卡 QXL、虚拟键盘、虚拟鼠标、虚拟声卡等。SPICE 中还有个独特的虚拟 PCI 设备 VDIPort，这个设备是 SPICE Server 和 Guest OS 中的 Spice Agent 通信用的。VDIPort 是 Host OS 与 Guest OS 之间通信的通道，虚拟这个 PCI 设备很有创意。

实现 main、input channel 功能的代码放在 reds.c 文件中，实现 display、cursor channel 功能的代码放在 red_worker.c 文件中，实现 playback、record channel 功能的代码放在 snd_wroker.c 文件中。

QXL 是一个 QEMU 虚拟的硬件，作为虚拟机的虚拟显卡设备。SPICE Server 通过 QXL 设备来捕获虚拟机的图形输出，通过 display channel 通道将图形转发到 Client 端，实现图形重定向功能。

QXL 在虚拟机上看起来，就是一块 PCI 物理显卡，支持 GPU 功能。通过标准的 VGA 驱动能够驱动起来（VGA 模式）。但是为了更好地增强显卡性能，最好是安装 QXL 自己本身的 Driver，这个 Driver 也是由 SPICE 社区提供的，通过 QXL Driver 驱动的 QXL 设备可以提供增强的显卡功能。

QXL 设备是 SPICE 中虚拟机必须具备的虚拟硬件，这和 ICA 等协议是一样的。Citrix 也需要在虚拟机上虚拟一块显卡，只有通过操作虚拟显卡，才能捕获虚拟机的图形信息。有了这一步才能实现向 Client 转发。

SPICE 中，对 QXL 设备的图形信息的捕获是 SPICE Server 做的，SPICE Server 执行于 Host OS 中，所以，在 Client 端可以看到虚拟机启动的全过程。

Citrix ICA 中，虚拟显卡图形信息是由 Guest OS 中 ICA 服务模块捕获转发到客户端的。ICA 服务模块必须等 guest os 启动起来才能执行。这样在虚拟机启动阶段，ICA 服务模块没有运行起来，没有办法将虚拟机的启动过程重定向到远程的客户端。这是 SPICE 比 ICA 等二组件架构协议多的一点特色功能。

SPICE Agent 在 SPICE 架构中是一个可选的部件，这和 ICA 等二组件架构的协议有区别，在 ICA 下，Agent 必须要安装。SPICE Agent 是为了增强用户体验，实现一些增强功能的必要部件。比如粘贴板功能，即支持在 Guest OS 和 Client OS 之间实现拷贝粘贴功能。这就需要 Client 必须和 Guest OS 里的系统服务进行交互，为达到这个目的，现在典型的方案是在 Guest OS 中安装 Agent，通过 Agent 来中转 Client 和 Guest OS 的交互。SPICE 也是如此，SPICE是通过在Guest OS中安装一个Spice Ggent，由Client连接Spice Ggent，Spice Ggent再和Guest OS里的系统服务交互来达到目的。

ICA是Client直接通过socket连接Server，需要Guest OS具有IP地址连上网络。SPICE走的是另一条道路，前面已经介绍，SPICE Client不直接连接Guest OS，而是连接SPICE Server。SPICE Server运行于Host OS中，和运行于Guest OS中的Agent交互也非常困难。因为我们知道Guest OS和Host OS是严格隔离的。SPICE采用为虚拟机虚拟一个PCI设备VDIPort的机制来实现SPICE Server和Agent通信。VDIPort在Guest OS中是一个支持串行读写的PCI设备，类似于COM串行口，Agent可以打开VDIPort设备，进行读写。VDIPort在QEMU中是由软件虚拟产生，QEMU提供一套操作接口供第三方软件访问其虚拟的设备，SPICE Server通过这套接口来读写VDIPort。这样，通过VDIPort，SPICE Server可以和Spice Agent交互数据。一个完整的SPICE Client操作Spice Agent的流程如下：

SPICE Client <——> SPICE Server <——> VDIPort <——>Spice Agent

SPICE Client和SPICE Server之间通过MainChannel来传输Agent数据。另外，在SPICE 0.6.x版本中，已经把VDIPort去掉了，换成virtio-serial，功能和VDIPort一样，也是个串行硬件设备，支持virtio接口。

SPICE Client与SPICE Server之间在逻辑上是通过Channel通信，比如图像传输通道传输图像，输入传输通道传输键盘和鼠标数据等。Channel在底层实现上是通过socket进行通信。SPICE定义了一组数据包传输格式，实现对通道内数据的正确传输。SPICE定义的这组数据包传输格式比较简单，完全由SPICE开发者自定义，没有采用相关传输标准。

相关传输格式定义在SPICE发布的白皮书中有详细定义，参看spice_ptotocol.pdf。该文档对传输通道传输的数据包格式，有详细说明。

下面对图形命令、硬件加速等SPICE关键技术进行简单的说明。

### 1. 图形命令

传统远程桌面协议采用的方案是将图形先在Guest OS渲染好，然后将图形压缩传输到Client端进行显示。

SPICE不仅仅支持在Guest端渲染图形，直接传输图形到Client端。也支持在Client端渲染图形方案。SPICE通过虚拟显卡设备QXL捕获Guest OS图形操作命令，重定向图形操作命令至客户端进行渲染生成图形，然后进行显示。支持2D、3D图形渲染。QXL图形操作命令是一套自定义操作接口，具有平台无关性，支持跨平台操作。

SPICE在启动时会检测客户端能力，判断图形是在Client端渲染还是在Server端直接渲染。

### 2. 硬件加速

正常情况下，SPICE在客户端渲染图形使用的是Cario库。Cario是一个跨平台、设备无关的图形库，支持2D图形生成、渲染操作。Cario是一个软件库，使用Cario来生成、渲染图形耗费的还是客户端的 CPU。

SPICE 支持硬件渲染图形（该方案的具体实现还在开发中），在客户端具有 GPU 情况下，SPICE Client 端渲染图形选择使用 GPU，利用硬件来渲染图形，这种采用硬件来渲染的方案称为硬件加速。采用硬件 GPU 来渲染图形，Linux 下会使用 OpenGL 接口来操控 GPU 渲染图形，Windows 下使用 GDI 接口。

使用硬件加速的好处不言而喻，SPICE client 使用硬件 GPU 来渲染图形，速度比用软件渲染更快更高效。用软件渲染图形的操作太耗 CPU，会导致用户使用体验下降。采用硬件方式来渲染图形，明显在性能和效率上都比使用软件渲染图形要好得多。

但是通过 OpenGL 来使用 GPU 渲染图形也有缺点。Cario 是个纯软件库，具有跨平台性，在各种平台上都能正常工作。而 OpenGL 和硬件相关，依赖硬件实现和硬件的 Driver。虽然 OpenGL 是个国际标准图形库，但不同厂家的设备在实现上差异巨大。所以，在不同的 GPU 上，SPICE Client 渲染的图形可能不一样。

#### 3. 图像压缩

对于矢量图，可以传输图形命令去客户端渲染。对于光栅图，由于光栅图是像素点阵图，需要将光栅图图像素数据传输到客户端。为了减少数据传输量，需要将光栅图进行压缩，然后才能传到客户端。SPICE 在压缩光栅图上有 3 种算法：QUIC、LZ、GLZ。QUIC 算法是 SPICE 对 SFALIC 算法的改进，GLZ 算法是 SPICE 对 LZ 算法的改进。

图像压缩默认算法是由 SPICE Server 初始化时指定的，支持图像动态选择压缩算法。每一张图采用何种压缩算法，可以在运行时动态调整。SPICE 支持对图采用自动压缩算法模式，在压缩图像时由 SPICE 根据对图像的属性分析自动选择一种适合算法。一般情况下，人工绘制的图适合用 LZ 或 GLZ 算法压缩，而类似照相获得的真实图，适合用 QUIC 算法压缩。

这几种压缩算法都是无损压缩，解压后和解压前的数据保持一致。SPICE 在传输图像时，为了保证图像原始效果，不会采用降低图像质量的压缩算法。

JPEG 也有一种无损格式的压缩算法（entropy coding，熵编码技术），熵编码技术可对图像进行无损压缩，但是这种算法可能会被专利所覆盖。另外，JPEG 并不适合于线条绘图（drawing）和其他文字或图示（iconic）的图像，因为它的压缩方法用在这些图像的形态上会得到不适当的结果。

#### 4. 视频压缩

SPICE 为了保证图像在 Client 端的显示效果，避免图形损失，采用无损压缩算法把图像完整地传输到客户端。对于视频，SPICE 使用有损压缩方式进行压缩，这是因为，一方面视频是由一帧一帧图像组成的，可以被压缩；另一方面是视频特别消耗带宽，适当降低视频质量，减少带宽消耗，也是可以接受的。

SPICE 通过判断某一显示区域更新速度高来作为视频区的依据，采用有损算法 M-JPEG

对这一块区域作为视频进行压缩，然后传输到客户端去播放。这个机制节省了带宽。但是在某些情况下，这个判断某一区域是否是视频区的算法也会带来负面问题，比如，万一错判某个文本区为视频区，而采用M-JPEG有损算法压缩，在Client端看到的文本显示质量就有可能被降低。

SPICE对视频实验的M-JPEG压缩算法，压缩效率比较低。SPICE开发组织也在尝试采用其他的压缩算法。

M-JPEG（Motion-Join Photographic Experts Group）技术即运动静止图像（或逐帧）压缩技术，广泛应用于非线性编辑领域，可精确到帧编辑和多层图像处理，把运动的视频序列作为连续的静止图像来处理。这种压缩方式单独完整地压缩每一帧，在编辑过程中可随机存储每一帧，可进行精确到帧的编辑。此外M-JPEG的压缩和解压缩是对称的，可由相同的硬件和软件实现。但M-JPEG只对帧内的空间冗余进行压缩，不对帧间的时间冗余进行压缩，故压缩效率不高。

JPEG标准所根据的算法是基于DCT（离散余弦变换）和可变长编码。JPEG的关键技术有变换编码、量化、差分编码、运动补偿、霍夫曼编码和游程编码等。

M-JPEG的优点是可以很容易做到精确到帧的编辑、设备比较成熟。缺点是压缩效率不高。

运动图像专家组（MPEG）于1999年2月正式公布了MPEG-4（ISO/IEC14496）标准第一版本。同年年底MPEG-4第二版定稿，且于2000年年初正式成为国际标准。

MPEG-4利用很窄的带宽，通过帧重建技术压缩和传输数据，以求以最少的数据获得最佳的图像质量，并可以设定MPEG-4的码流速率。

MPEG-4标准与以前标准的最显著的差别在于它是采用基于对象的编码理念，即在编码时将一幅景物图像分成若干在时间和空间上相互联系的视频、音频对象，分别编码后，再经过复用传输到接收端，然后再对不同的对象分别解码，从而组合成所需要的视频和音频。

从压缩率来看，MPEG-4的压缩率要高一些，但是这是以牺牲图像质量为代价的。所以选择哪一种视频编码方式需要看应用场合。当带宽不是问题又需要高质量的图像质量时，建议选择M-JPEG。在低带宽环境下，为了保证视频画面的连续性，选择MPEG-4编码比较好。

#### 5. 缓存机制

SPICE采用缓存机制来缓存图形，避免不必要的图形传输，以节省带宽。客户端缓存区用于缓存任何从Server端传来的图形数据。从Server传过来的每张图都带有一个唯一的ID和缓存标记。相同的图具有相同的ID，不同的图具有不同的ID。缓存标记标明Server端也会对该图进行缓存。Client端和Server端都有缓存区，且两个缓冲区之间会有同步。无论什么时刻，Server端都确切地知道Client端的缓存区缓存了哪些数据。而且数据是否缓存以及是否从缓存区删除，都是由Server端决定的。缓存区的大小由客户端在初始化时确定，通过Display通道传递给Server端。Server端监控缓冲区空闲空间大小，当发现将要缓存的数据大于缓存区中空闲空间时，SPICE 将会采用 LRU 算法将图形数据从缓存区中移除，直到能够存下待存的图形数据为止。SPICE Server 发送一个 invalidate 命令给客户端，同时传递被移出图形的 item，客户端也会将这些图形数据从缓冲区中删除。

6. USB 重定向机制

USB 重定向使用开源的 USB 重定向方案 USBIP 技术。USBIP 实现 USB 重定向的架构如图 5-7 所示。

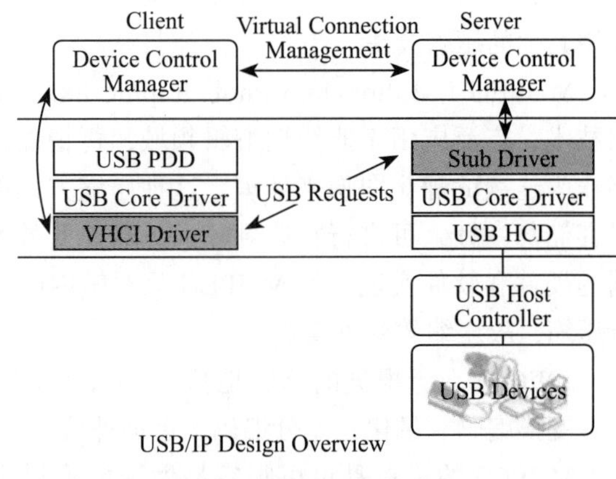

图 5-7　USB 重定向

图 5-7 中在服务端上实现一个虚拟的 USB 驱动程序，即 VHCI Driver，该设备驱动是一个虚拟的 USB Host Controller Interface，模拟 USB 总线控制器功能，支持虚拟的 USB 设备插拔，列举和初始化远程的 USB 设备。通过该虚拟接口捕获服务端上的 URB 请求并将其封装为 URB 的 IP 包传递到客户端的 Stub Driver 上。该驱动收到 IP 包转换为 URB 请求后再传递给相应的 USB 设备进行处理。

同理，客户端 USB 设备的 URB 请求也是通过 Stub Driver 进行封装后上传到 VHCI Driver 的，再由 VHCI Driver 转换或 URB 之后传给服务器中的虚拟 USB 设备进行处理。

注：图中的 Server 对应的是虚拟桌面中客户端，Client 对应的是 SPICE 的服务端。而 USBIP 架构图中对 Client、Server 的定义和 SPICE 中定义的 Client、Server 是相反的。

## 5.3　应用虚拟化

百度百科关于应用虚拟化词条的解释是：应用虚拟化是将应用程序与操作系统解耦合，为应用程序提供了一个虚拟的运行环境。在这个环境中，不仅包括应用程序的可执行文件，还包括它所需要的运行时环境。从本质上说，应用虚拟化是把应用对低层的系统和硬件的依赖抽象出来，可以解决版本不兼容的问题。

应用虚拟化本质是将应用与用户终端的操作系统解耦，百度百科的解释是应用虚拟化的一种实现方式。应用虚拟化还有一种更常见的使用窗口拉远的实现方式，对应于桌面虚拟化是将桌面作为一个整体拉远，应用虚拟化是将应用的单个窗口拉远。和桌面虚拟化相比，这种通过将单个应用窗口拉远实现的应用虚拟化，是一个粒度更细的虚拟化方法。

### 5.3.1　应用场景

应用虚拟化的特性是应用与用户的操作系统解耦，将应用集中管理，用户按需运行应用。这和 VDI 相似，可以从以下几个方面给用户带来好处。

1）降低运维成本。应用集中托管在服务器上维护或运行，解决了应用和用户操作系统版本兼容问题，以及应用本身的更新升级问题。这极大地降低了 IT 运维成本。

2）降低应用 license 费用。采用应用虚拟化方案管理的应用，不需要在每一个用户操作系统上安装应用，而是集中托管在应用服务器上，用户按需运行应用。这就可以不以应用的安装数量购买 license，而是以应用的最大并发运行数量来购买应用 license，可以极大地降低 license 费用。

3）提高安全性。采用应用虚拟化，将应用数据集中托管和保存在数据中心，终端用户所能接触到的仅是应用的界面，无法接触到应用数据。这在企业应用场景下可以极大地保护 IT 资源，在核心涉密场景下，应用虚拟化是一个非常好的解决方案。

事实上，应用虚拟化往往和桌面虚拟化同时使用，通过桌面虚拟化技术发布的虚拟桌面上的应用，很多场景下这些应用并不是真正安装在虚拟桌面里的，而是通过应用虚拟化技术发布到虚拟桌面上的应用。这可以降低应用的 license 成本，以及更为便捷地对应用进行管理。

## 5.3.2 实现原理

应用虚拟化实现的是应用和用户操作系统的解耦。有两个方案可以实现此目标。

（1）应用窗口拉远方案

在介绍 VDI 方案时，我们了解到 VDI 就是将桌面拉远。如果更进一步地将桌面上运行的单个应用窗口拉远，那么就是一种很好的应用虚拟化实现方案。原理如图 5-8 所示。

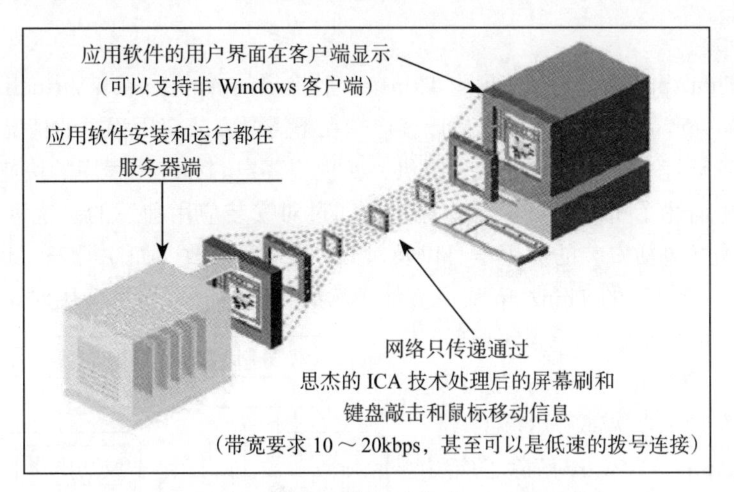


图 5-8 应用虚拟化

（2）应用通过沙箱技术流化到客户端运行方案

前一种通过应用窗口拉远的方案实现应用虚拟化，应用运行在服务端，通过网络将应用界面传输到客户端。这种实现方案的弊端是必须依赖网络，如果中间断开网络则用户无法使用应用。一种替代的方案是将应用与其本身的运行环境打包，按需流化到用户终端上运行。简单理解就是将应用做成无需安装的绿色软件，随意在用户终端上运行，而不用考虑用户操作系统的版本问题，以实现应用与用户操作系统解耦。

### 5.3.3 关键技术

根据应用虚拟化技术实现原理，对应于应用窗口拉远方案，这一种方案最核心的关键技术在于传输协议。

对于应用流化方案，此方案的难点在于如何将应用绿色化，以及应用的版本管理、应用的 license 管理等。应用和其运行环境打包后，在应用运行过程中也不是一下子将这个应用包完全下载到本地，而是按需下载。microsoft App-V Sequence 是这一方案的典型代表，App-V Sequence 会将打包后的应用分割成一小块一小块，应用在终端运行时，首先下载必须要运行的代码，对于可选的代码，在需要执行时再按需下载，从而减少网络的传输量，更重要的是加快了应用的启动速度。

在该层次的产品，除了提供基于桌面拉远的功能外，还针对应用的管理和发布提供了多种手段，更加降低了虚拟桌面的管理复杂度和成本，提升了管理效率。该层次产品以 Citrix 为代表，XenDesktop 提供了传统的桌面虚拟化功能，XenApp 提供了应用虚拟化功能，两者结合提供的功能最为完备。

### 5.3.4 典型厂商产品

#### 1. ThinApp

VMware ThinApp 是 VMware 收购 Thinstall 后推出的 Application Virtualization（应用程序虚拟化）产品，产品的主要功能就是让客户端在不需要安装应用程序的情况下，相关的应用程序及其配置环境可以由服务器统一提供，实现瘦客户端和应用程序的快速部署及管理。

图 5-9 简要描述了 ThinApp 的工作原理，通过对安装应用前后的系统进行比较，获取应用的修改部分（包括安装的应用本身以及对 OS 的一些修改，如注册表、dll 库等），将这些修改打包成一个单一的 ThinApp 映像文件，然后再运行时，接管应用对系统的访问（如注册表、文件系统等），都重定向到本 ThinApp 执行映像的相应部分，这样就可以不依赖于安装，直接部署运行了。

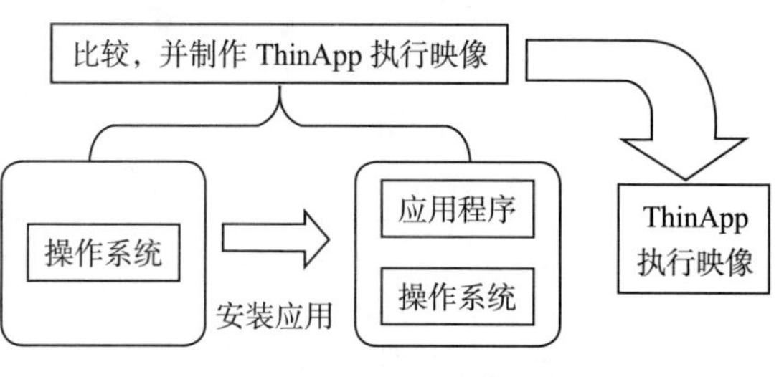

图 5-9 ThinApp 工作原理

通过 ThinApp，VMware 解除了应用与 OS 的耦合，方便了应用的部署，从这点来说，VMware 通过 ThinApp 开始向应用发布功能扩展。不过毕竟 ThinaApp

的功能还比较弱，因此我们将 VMware 的虚拟桌面还是放到第一层次功能上。

2. XenApp

XenApp 是 Centrix 应用发布方案，它将物理 / 虚拟服务器上的应用按需发布给用户。XenApp 目前提供 Windows 2003/2008 版本以及 UNIX 版本。

XenApp 提供 3 种应用发布方式，可将应用发布给用户设备、服务器以及虚拟桌面。

1）Server-side Application Virtualization：应用运行在数据中心，XenApp 将应用界面发布到用户设备，并将用户操作（键盘、鼠标等）回传给应用。

2）Client-side Application Virtualization：XenApp 按需将应用从数据中心 stream 到用户设备，并且在用户设备上运行。

3）VM hosted Application Virtualization：对于可能造成麻烦的应用（比如相互冲突）或者需要特定操作系统的应用，运行在数据中心的 VM 上。XenApp 将其界面发布到用户设备，并回传用户的操作。

（1）XenApp 架构

为了适应多种应用发布的场景，用户可根据自己的需求设计、XenApp 的部署，裁剪 XenApp 的特性。为便于理解，我们首先对 XenApp 的部署做一个基本的介绍。

XenApp 部署如图 5-10 所示。包含 3 个部分：user device（图 5-10 中的 Citrix Receiver 和 Citrix Dazzle），Access Infrastructure 及 Virtualization Infrastructure。

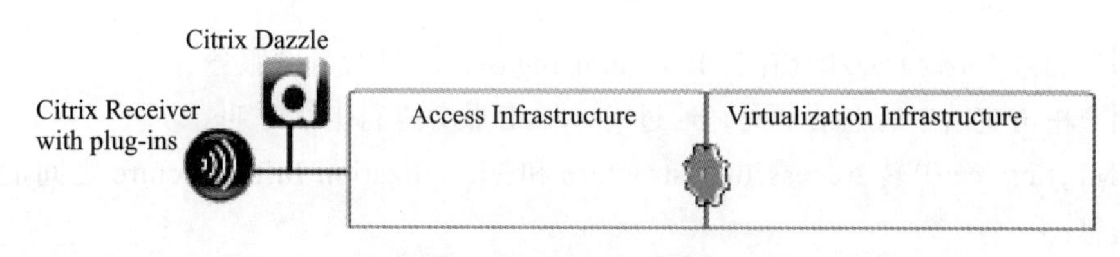


图 5-10 XenApp 部署

1）Citrix Dazzle 和 Citrix Receiver：是安装在 user device 中的 client software。Citrix Dazzle 是自助式应用商店，用户可用它自己选择所需的应用。Citrix Receiver 提供与虚拟化的应用交互能力。

2）Access Infrastructure：位于 DMZ（防火墙隔离区）的安全入口，提供对 XenApp Server 发布的资源的访问。不同类型的用户可有不同的安全入口。

3）Virtualization Infrastructure：控制、监测应用环境的一组服务器。

如图 5-11 所示是 Access Infrastructure 的详细结构。

上面场景中，所有用户使用 Citrix Dazzle 选择应用，Citrix Receiver plug-ins 安装在用户设备中。

- on-site user（内网用户，LAN user）直接访问 XenApp Web 和 Service site。
- Remote-site 用户（广域网用户 WAN User）通过 Citrix Branch Repeater 访问应用。
- Off-site 用户通过 Access Gateway 之类的安全访问点访问应用。

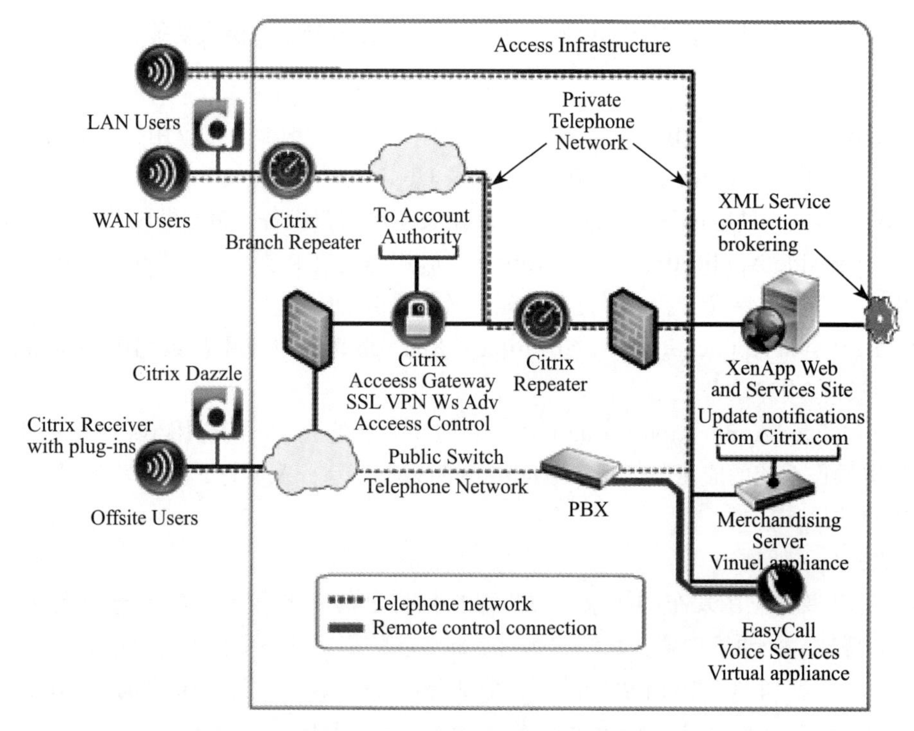


图 5-11 Access Infrastructure 详细结构

- 用户通过 Citrix Dazzle 访问 Merchandising Server 进行自助服务。
- 用户单击应用中的电话号码，通过 EasyCall 服务进行电话呼叫。
- XML Service 中转 Access Infrastructure 和 Virtualization Infrastructure 之间的请求和信息。

Virtualization Infrastructure 的详细结构如图 5-12 所示。

图 5-12 中各部分功能说明如下。

- XML Service：中转信息和请求。
- 基于 Active Directory 策略定义，XenApp 将应用以适当的方式发布给用户。XenApp Servers 提供服务器端的应用的虚拟化以及会话管理。
- App Hub 提供流化应用的 Profiles，它是客户端 Virtualization Applications 在数据中心的对应体。
- VM Hosted Apps Server 根据用户 Profile，负责隔离在 Desktop 中运行有问题的应用。VM 能够运行在用户设备或者数据中心服务器上。桌面映像通过 Provisioning Server 部署，会话和服务器配置信息保存在 Enterprise Storage 中。
- Provisioning Services 发布桌面映像到服务器，桌面映像保存在 Enterprise Storage 中。
- SmartAuditor 进行会话监测。监测的会话信息保存在 enterprise storage 中，会话配置信息保存在 Deployment Data Store 中。

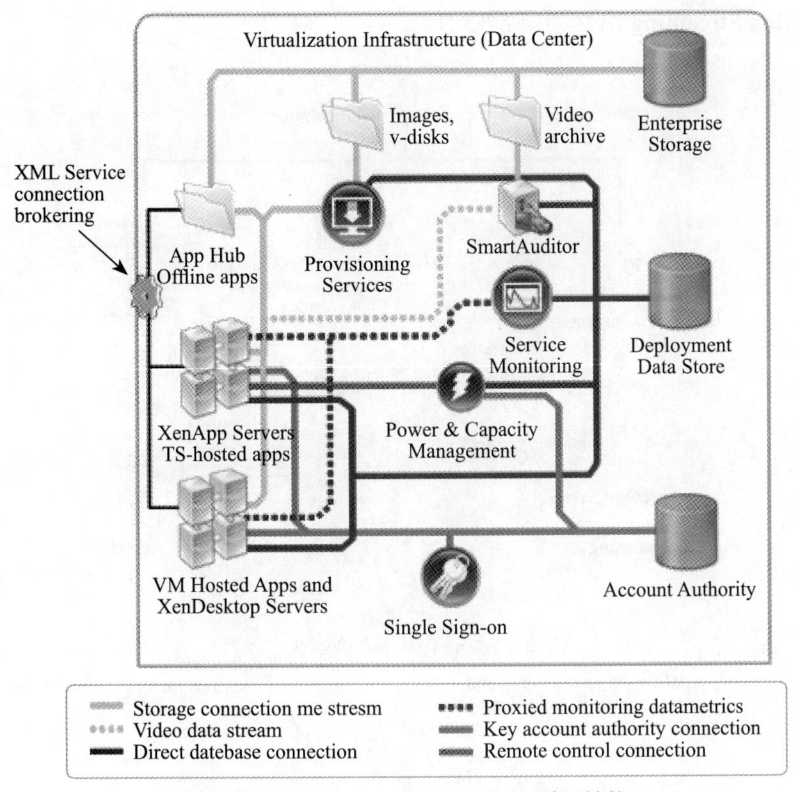


图 5-12 Virtualization Infrastructure 详细结构

- Service Monitoring 使用户能够通过测试服务器负载来估计部署这些应用所需要的服务器的数量。
- Power and Capacity Management 动态地调整在线的服务器的数量，尽可能地减少电源消耗。
- Single Sign-on 提供虚拟化应用的 Password 管理。Password 保存在 Account Authority 中。

（2）应用发布

XenApp 通过“应用流化”的方式简化了应用发布的方式，管理员可以集中地安装、配置应用，并将其发布到任何桌面。

XenApp 提供了多种应用发布的技术，表 5-1 说明了它们内在的区别。

**表 5-1 多种应用发布技术**

| 技术 | 说明 |
|---|---|
| Installed Applications | 应用安装在 XenApp Server 或者安装在 XenDesktop 虚拟桌面映像 vDisk 中 |
| Streamed Applications | 应用被流化后（Citrix Profiler、Microsoft App-V sequences），被传送到 XenApp Server、XenDesktop 虚拟桌面，或者 Windows 物理桌面的隔离环境中运行 |
| VM Hosted Apps | 应用安装在虚拟或物理的 Windows 桌面的一个用户环境中，用户通过 XenApp 应用发布技术访问应用 |

Streamed Application 可以基于 Microsoft App-V Sequence 或者 Centrix Profiler 技术。

Application Streaming 组件如图 5-13 所示。

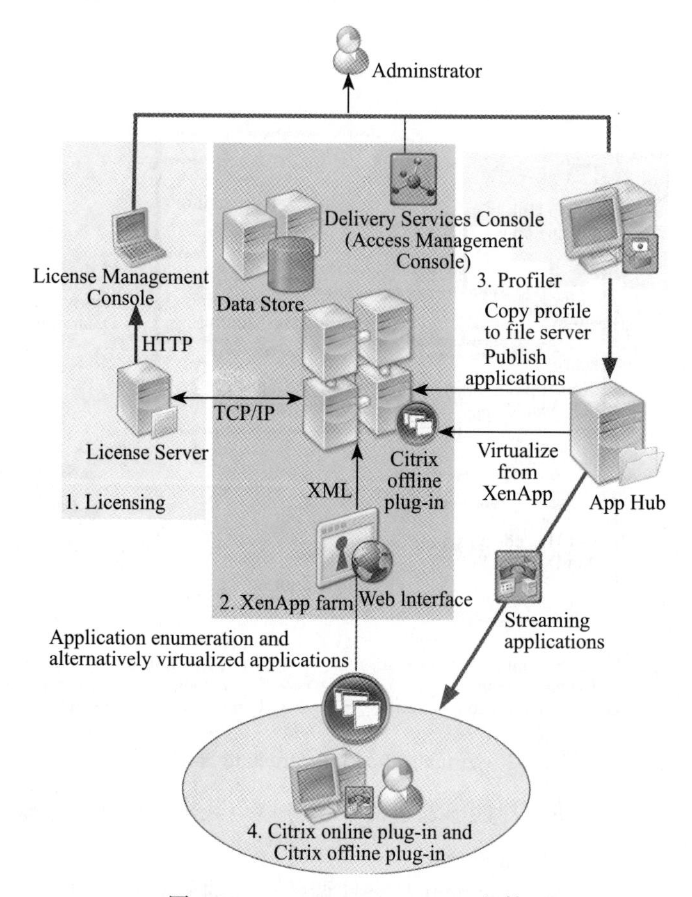


图 5-13 Application Streaming 组件

图 5-13 中各部分功能说明如下：

- Licensing。由 License Server 和 License Management Console 构成。License Management Console 用于 Licensing 管理。
- Citrix Streaming Profiler。创建和维护流化的应用的 profiles。Streaming Profiler 是一个独立的应用程序，用于 profile 需要"流化"到用户设备或者服务器的 Windows 应用、Web 应用、Browser plug-ins、files、folders，以及 registry settings 等。在一个应用的 profile 中可以包含适用于多个平台的目标，并且 profiler 实用程序可以更新 profile 中的应用，并提供其他所需的资源。
- Citrix plug-ins。就是 Streaming Client。为了支持将应用流到用户桌面，并且支持离线访问应用，需要在用户设备中同时安装 offline plug-in 和 online plug-in。当用户运行 Citrix Receiver、Citrix online plug-in，或者通过 Web Interface site 列举的已发布的应用时，offline plug-in 从 App Hub 中的 profile 中寻找正确的目标，并在用户设备

中设置隔离的运行环境，然后将应用从 profile 中流到用户设备的隔离环境中运行。

当需要把应用流到服务器时，要在用户设备上安装 online plug-in 或者 Web plug-in。此时应用必须以 stream to server 的模式发布。当用户运行应用时，应用被流到服务器，并且通过一个 ICA 链路连接到用户设备。

XenApp Streaming profiler 用于将在“干净”系统上安装、配置的应用打包，该包称为 profile，并用于应用发布。

profiler 在应用安装前后分别对系统进行 snapshot，然后比较前后 snapshot，根据其差异生成应用 profile。

用户界面呈现 XenApp 采用 Client-Server 模式。如图 5-14 所示，客户端与服务器之间通过 ICA（Independent Computer Architecture）协议通信。

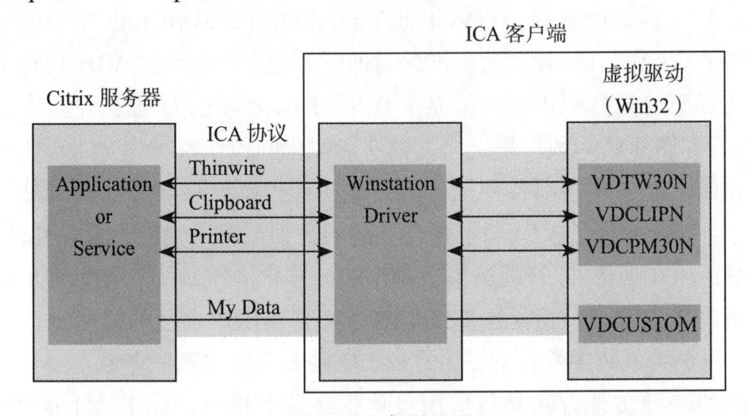


图 5-14　应用呈现

ICA 协议支持 32 个虚通道，分别用于 screen、video、printing、drive、clipboard、audio 等。XenApp 服务器端利用 Microsoft Terminal Service，实现应用程序的远程呈现。XenApp Windows 2003 软件模块框架如图 5-15 所示。

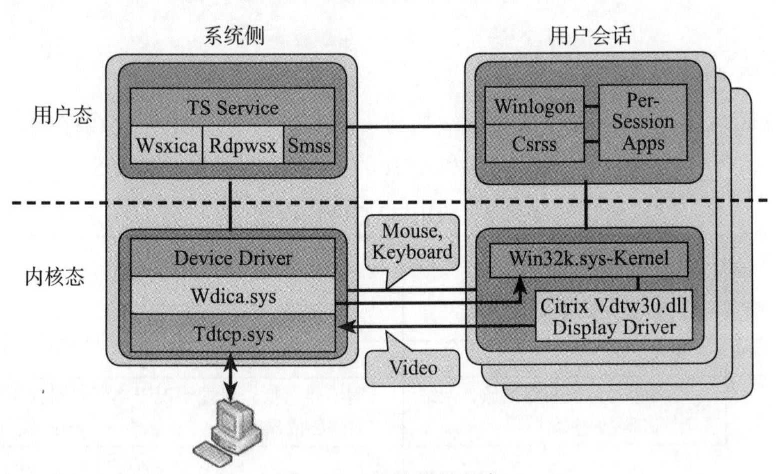


图 5-15　软件模块框架

## 5.4 VOI

传统的桌面虚拟化指的是 VDI 架构。该架构的特征是将运行在数据中心虚拟机上的操作系统图形桌面通过拉远的方式，在用户的终端上展现。这种实现虚拟桌面的方式在实际使用时有其本身的局限性。例如，无法离线使用，必须要有网络支持，且所有的图形、图像都需要依赖网络传输到终端，对网络的时延、带宽都有较高的要求。针对 VDI 实现架构上带来的局限性，IBM 工程师提出了一种新的虚拟桌面实现架构，即 VOI（Virtual OS Infrastructure）。

### 5.4.1 基本概念

百度百科对 VOI 词条的解释是：VOI 即 Virtual OS Infrastructure 构架的实现，从桌面应用交付提升到了 OS（操作系统）的标准化与即时分发。与传统的 VDI 设计不同之处在于终端对本机系统资源的充分利用不再依靠于 GPU 虚拟化与 CPU 虚拟化技术，而是直接在 I/O 层实现对物理存储介质的数据重定向，以使虚拟化的操作系统完全工作于本机物理硬件之上，从驱动程序、应用程序到各种设备均不存在远程端口映射关系，而是直接在本节物理硬件之上运行。因此杜绝了 VDI 目前所存在的服务器与网络消耗大及软硬件兼容性问题。

浅显地理解，VOI 是将 IT 管理员集中制作的标准化操作系统流化到客户端上运行，实现用户的操作系统集中管理。但是操作系统的运行是在用户自己的终端上，即计算部分是在终端上执行。但是为了集中管控数据，存储 I/O 需要重定向到服务端。

应用虚拟化的一种实现方法是将应用流化到终端上执行，如果这个应用是操作系统，即将操作系统作为一个应用看待，流化到终端上执行，理论上可以实现 VOI。

还有一种古老的无盘工作站模式，这种模式下也是操作系统集中管理，终端开机时将服务器上的操作系统映像流化到终端内存中自启动。因为无盘工作站没有硬盘，数据只能存储到服务器端。所以，VOI 在运行模式上更类似于无盘工作站。

### 5.4.2 VDI & VOI 比较

VDI 的特征是计算和存储都在服务端执行。VOI 的特征是计算放在终端，存储放在服务端。这两种运行模式的不同，将 VDI 和 VOI 的特性区分开来，如表 5-2 所示。

**表 5-2 VDI 与 VOI 特性对比**

| 维度 \ 产品 | VDI | VOI |
|---|---|---|
| 计算 | CPU 指令在服务端执行 | CPU 指令在客户端执行 |
| 存储 | 在服务端 | 通过 I/O 重定向到服务端 |
| 网络 | 需要实时传输图形图像，网络延时和带宽要求高 | 网络要求低，极端情况下离线也可使用。存储 I/O 重定向需要依赖网络 |

（续）

| 维度＼产品 | VDI | VOI |
|---|---|---|
| 终端要求 | 终端要求低，甚至提出了零终端概念 | 终端要求较高，因为 CPU 指令需要在终端上运行 |
| 外设支持 | 困难 | 容易，操作系统直接运行在终端上 |
| 安全性 | 最安全 | 一般，因为操作系统在本地终端运行，甚至可以离线运行，IT 资产受控程度比 VDI 模式差 |
| 对手机、平板等异构终端的支持 | 广泛支持 | 支持有难度，因为操作系统需要真正在终端执行，CPU 类型的不同、硬件体系架构的差异都给操作系统的异构架构适配带来困难。暂不支持 |

## 5.5　小结

桌面虚拟化本质上是将桌面与用户终端硬件解耦，应用虚拟化本质上是将应用与终端操作系统解耦。桌面虚拟化的实现模式首先是从 VDI 开始，但是近年来有厂商提出了 VOI 概念。不过 VOI 也有先天不足，从当前业界实际部署情况来看，还是 VDI 占据绝对主导地位。从桌面虚拟化发展来看，有以下两个趋势：

1）增强终端用户体验。桌面虚拟化涉及对媒体应用的支持、各类终端设备的支持、三维应用展现的支持、VoIP 的支持等。人们早已习惯在前台终端上运行多媒体程序、打 IP 电话、插拔各类 USB 设备，因此，桌面虚拟化也应能支持这些功能，这样才能使用户从本地桌面转移到虚拟桌面上顺利进行。

2）强化应用的部署管理能力。虚拟机技术去除了 OS 和硬件设备的耦合，更进一步，需要去掉应用和 OS 之间的耦合，一方面能做到一次部署，随时使用，极大降低管理开销；另一方面可以支持计算在云端、客户端的平滑迁移，充分利用和适应不同平台的计算性能特性，达到资源的最优使用。

第一个趋势是传统桌面虚拟化技术需要完善和解决的问题；第二个趋势是应用虚拟化的范畴。两个趋势代表了虚拟桌面的两个发展方向，但是最终目标是一致的，就是要打造一个易使用、易管理、易运维的虚拟桌面产品，包装成一致的虚拟桌面解决方案提供给用户。

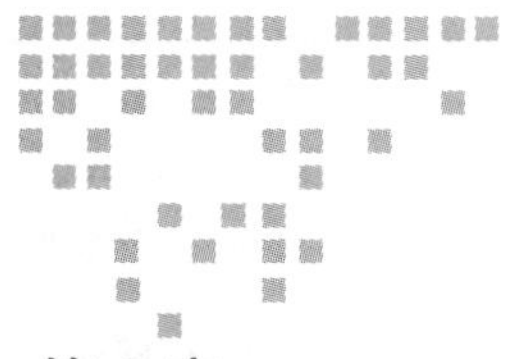

Chapter 6　第 6 章

# 云管理平台概述

云服务的核心在于服务所运行的技术平台，云平台在计算、存储和网络等方面为云服务提供支撑，为用户提供所需要的 IT 资源。云管理平台允许开发者们或将写好的程序放在“云”里运行，或使用“云”里提供的服务，或二者皆是。至于这种平台的名称，现在可以听到不止一种，比如按需平台（on-demand platform）、平台即服务（Platform as a Service，PaaS）等。但无论称呼它什么，这种新的支持应用的方式有着巨大的潜力。云平台是云计算的重要组成部分，如图 6-1 所示。云平台将虚拟化的计算资源、存储资源、网络资源统一管理，并面向用户提供服务，形成了云服务。可以说没有云平台，就没有云计算和云服务。

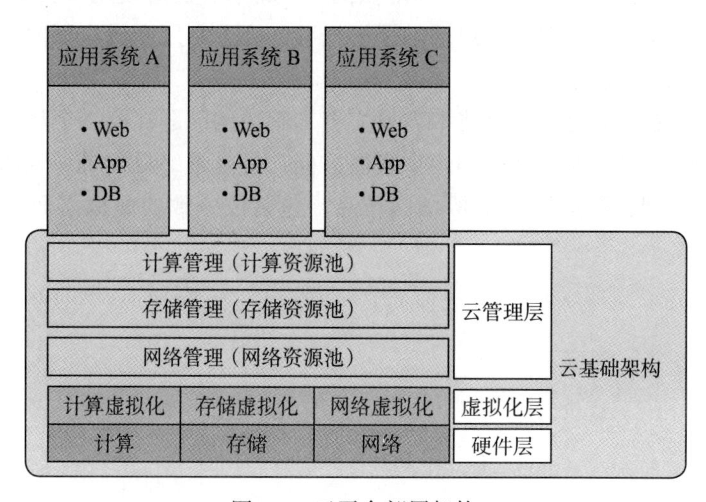


图 6-1　云平台部署架构

## 6.1　主流云管理平台对比

目前业界有4种有影响力的主流开源软件平台，分别是OpenStack、CloudStack、Eucalyptus、OpenNebula。同时VMware作为云的商业软件提供商，也有很大的影响。本章对这几个云平台做简单的对比。

如表6-1所示，我们对4种开源云平台从背景、架构、商业模式等方面进行了全面的对比，希望给读者更全面的认识。

VMware与OpenStack在设计原则、商业模式等方面都有所不同，导致其在架构、功能、实施和维护性方面有一定的差异。VMware软件套件以虚拟化技术为核心，自底向上的架构，下端边界为虚拟机管理器。像VMware的vSphere和vCloud director产品都是依赖于免费的ESXi虚拟机管理器，ESXi虚拟机管理器为它们提供了非常优秀的部署架构。VMware的软件套件也是经过全面测试过的，并且都有单一部署框架。总的来说，VMware的产品由于其架构的健壮性，很多高规格用户在多数据中心规模的环境中都使用它。而OpenStack作为一个开源系统，没有任何一家单独的公司在控制OpenStack的发展路线。OpenStack是年轻的，但是它却具有巨大的市场动力，与此同时，很多大公司都在支持OpenStack发展。有了如此多公司的资源投入，OpenStack的发展是多元化的。

从具体功能来看，VMware的核心功能是VMware vMotion，vMotion是vSphere DRS、DPM和主机维护三大功能的合集。同时VMware具有FT高容错、跨数据中心的容灾迁移等特色功能，OpenStack也支持虚拟机的动态迁移，KVM动态迁移允许一个虚拟机由一个虚拟机管理器迁移到另一个，说得详细一点，你可以基于共享存储来来回回将一台虚拟机在AMD架构主机与Intel架构主机之间进行迁移。OpenStack目前并不支持FT高容错等特色功能，但OpenStack的优势在于开放的架构以及对广大的IT设备厂家硬件的支持，各个厂家可以基于OpenStack的架构开发出跟多的特色功能。FT功能的实用性存在问题，也并不能保证备机状态的完整性。因此从应用角度可以看到，在功能的支持方面和功能细节，OpenStack与VMware还是有差距的，但是这对OpenStack还是有优势的，因为相较于VMware的昂贵价格，OpenStack免费、开放的优势显现出来。VMware高投入带来的功能，OpenStack大部分可以免费提供给客户。从VMware在功能方面的领先可以看出，VMware还在继续研发除了vMotion、高可用、容错以外其他的新功能，去保护它们的虚拟机；OpenStack一方面跟随VMware的脚步，另一方面投入精力在支持更多硬件厂商解决方案上。

对于OpenStack、OpenNebula、Eucalyptus、CloudStack社区活跃度，这里借用蒋清野先生提供的一组对比数据，对这些社区的活跃度进行了分析和比较。

图6-2和图6-3分别是如上所述4个项目每个月所产生的讨论主题数和帖子数。可以看出：

1）从2012年开始，与OpenStack和CloudStack相关的讨论主题数在同一水平上，与Eucalyptus和OpenNebula相关的讨论主题数在同一水平上。

**表 6-1 4 种开源云平台对比**

| | OpenStack | CloudStack | Eucalyptus | OpenNebula |
|---|---|---|---|---|
| 项目背景 | Rackspace 与 NASA 共同发起的开源项目，此外 DELL、Citrix、思科和国内众多厂家也做出了重要的贡献 | 源于 2008 年成立的 VMOps 公司，2012 年 4 月加入 Apache 基金会，此前采用 GPLv3 授权协议 | 加利福尼亚大学圣芭芭拉分校研究项目，2009 年成立公司实现商业化运营，仍对开源项目进行维护和开发 | 由欧洲研究学会发起的虚拟基础设施的计划，2008 年发布首个开放源代码版本，2010 年起大力推进开源社区的建设 |
| 架构概述 | 以 Python 语言编写，包含 Nova、Neutron、Cinder 等多个主要模块，提供虚拟计算、网络、存储资源管理，提供类似 Amazon 的云 IaaS 服务 | 使用 Java 语言编写，采用框架 + 插件的系统架构，通过不同插件来对不同虚拟化技术提供支持。提供三种管理云资源的途径，Web 界面、命令行和全功能 RESTful API | 开发语言为 Java、C/C++，包括云控制器（CLC）、Walrus、集群控制器（CC）、存储控制器（SC）和节点控制器（NC）5 个主要组件，是 Amazon EC2 的一个开源实现 | 采用驱动层、核心层、工具层三层架构，驱动层负责虚拟机的创建、启动和关闭，监控虚拟机运行状态；核心层负责对虚拟机、存储、网络等资源进行管理；工具层通过命令行、浏览器和 API 的方式提供用户交互接口 |
| 授权协议 | Apache 2.0 授权协议 | GPLv3 授权协议，2012 年宣布加入 Apache 基金会，使用 Apache 2.0 授权协议 | 社区版采用 GPLv3 授权协议，企业版使用自定义的商业授权协议 | Apache 2.0 授权协议 |
| 虚拟化支持 | VMware\Xen\KVM\Power-VM\Hyper-V | VMware\Xen\KVM\Oracle-VM\Hyper-V | VMware\Xen\KVM | VMware\Xen\KVM |
| 商业模式 | 免费使用 | 社区版免费使用，企业版提供增强功能和技术支持 | 社区版免费使用，企业版按处理器核数收费 | 社区版免费使用，企业版将社区版打包，提供补丁等程序的访问权限，以订阅的方式提供服务 |
| 总结 | 拥有超高的社区开发人气和庞大的生态系统，已经发布到 kilo 版本。企业很容易将数据和应用迁移到公有云中。主流的 Linux 操作系统都支持 OpenStack。OpenStack 在可扩展性上有优势 | 在进入 Apache 阵营之前，在商业领域进行了长期的积累，帮助了近百个大规模生产平台，并实现了数十亿美元的运营收入。提供友好的用户界面和丰富的功能，用户体验好，安装简单 | 从大学起源，有浓厚的研究风格，全面兼容亚马逊 API，已经拥有虚拟化环境的用户能够使用 Eucalyptus 增强自己的虚拟化环境。采用 GPLv3 授权协议 | 项目启动早，一直处于稳步发展状态，社区规模较小，主要参与者为支持和参与该项目的企业人员，以及少量用户。用户能够获取的技术支持和交流空间有限 |

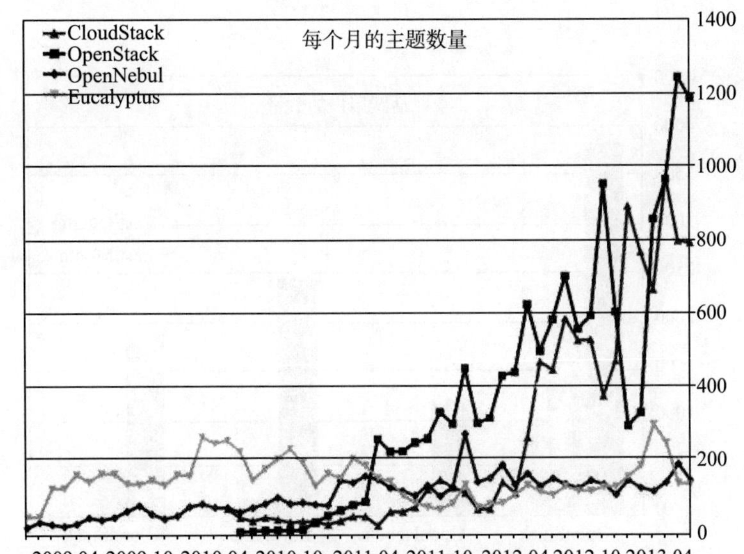


图 6-2　开源论坛主题数对比

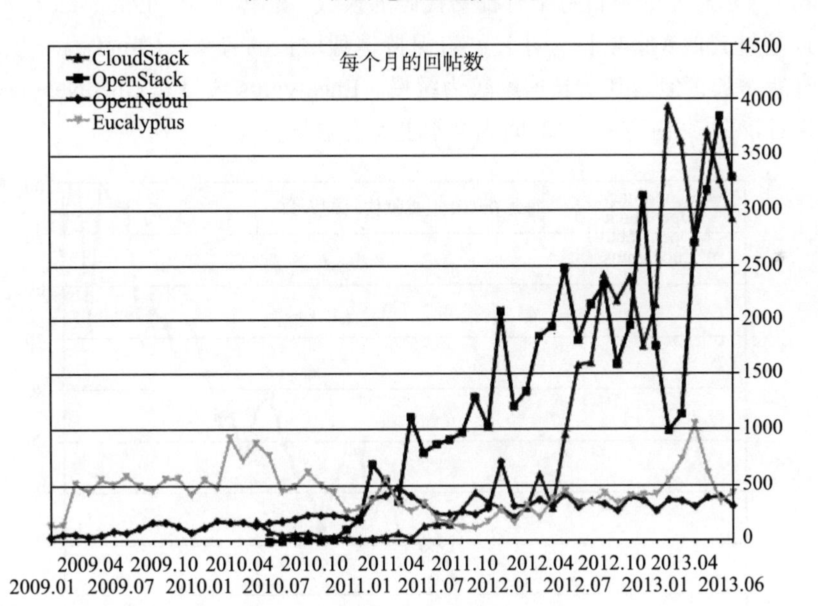


图 6-3　开源论坛帖子数对比

2）从 2012 年开始，与 OpenStack 和 CloudStack 相关的讨论主题数远大于与 Eucalyptus 和 OpenNebula 相关的讨论主题数。

如图 6-4 所示是 4 个项目的社区人口、过去一个季度的活跃用户数量，以及过去一个月的活跃用户数量。可以看出 OpenStack 的社区人口最多，然后是 Eucalyptus、CloudStack、

OpenNebula。

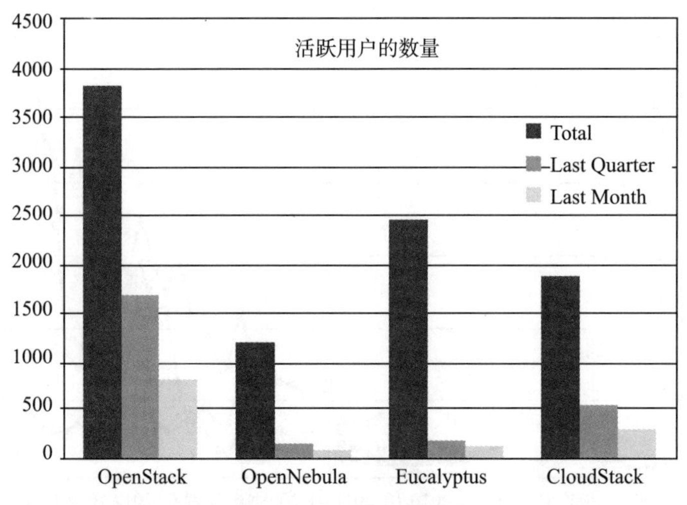


图 6-4 用户活跃度对比

如图 6-5 所示是 4 个项目每个月提交代码的人数。总体来看，OpenStack 项目提交代码的人数远远超过其他 3 个项目，并且一直保持迅猛增长的势头。CloudStack 项目提交代码的人数也有所增长，但是其增长速度较为缓慢。Eucalyptus 项目和 OpenNebula 项目提交代码的人数相对较少，并且在一段时间内基本上没有增长。

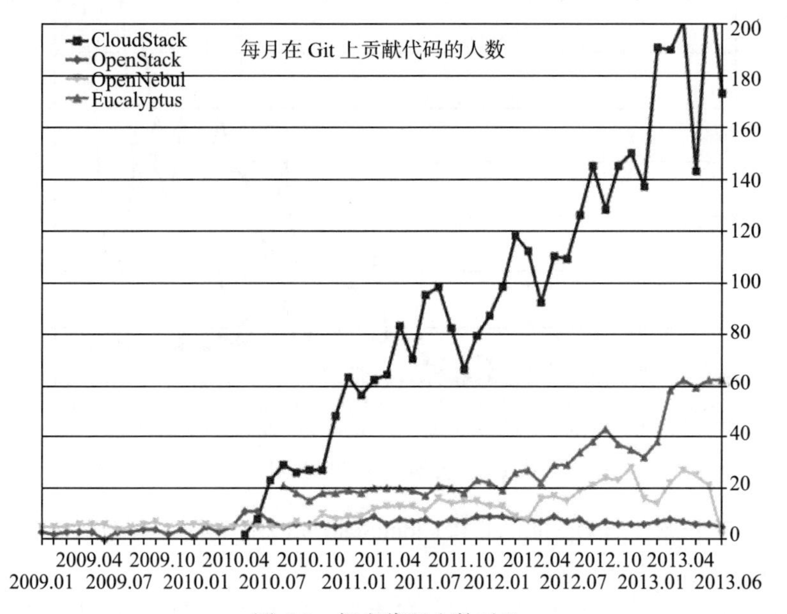


图 6-5 提交代码人数对比

客户希望将 OpenStack 作为下一代基础架构平台，并要求其能胜任传统任务负载的特性（如灾难恢复、高可用性等）。OpenStack 目前已经成熟，提供丰富的功能，它已经走出实验室和概念验证成为生产级任务负载的主流技术。全球著名的综合性 IT 巨头，如 IBM、EMC、HP、Cisco 纷纷投入到 OpenStack 的研发中来，RedHat、SUSE、Ubuntu 等操作系统厂家推出了 OpenStack 发行版，Rackspace 、Mirantis、中兴通讯、华为、UnitedStack 分别是全球及国内著名的 OpenStack 系统集成商。

OpenStack 目前已经在许多垂直市场应用，例如政府、金融服务、医药、大型企业和电信行业，2014 年 8 月，沃尔玛将其全部电子商务业务迁移到了 OpenStack，其中包括 10 万条核心数据和几个 PB 的存储数据，到去年年底，Walmart.com 整个美国的流量都由该平台支撑。沃尔玛的下一步计划是在这个平台构建 SDN 和存储系统。还有汽车巨头宝马、视频领域的巨头时代华纳都将自己的应用部署到私有的 OpenStack 平台上。OpenStack 在中国也不乏这样的成功案例，一批互联网公司采用 OpenStack，其中包括百度、携程、爱奇艺、360、京东、阿里巴巴、高德。而在传统企业方面，著名的天河二号超级计算机就采用了 OpenStack 来部署其 HPC 云环境，涉及 1.6 万个节点。

OpenStack 的成熟度、影响力、部署规模、提供的功能丰富性都是业界主流云管理平台中最强的。在 IaaS 云管理平台部分，我们将主要以 OpenStack 为例，对云管理平台进行介绍。

## 6.2　OpenStack 简介

OpenStack 是一个开源的云计算管理平台项目，由几个主要的组件组合起来完成具体工作。OpenStack 支持几乎所有类型的云环境，项目目标是提供实施简单、可大规模扩展、丰富、标准统一的云计算管理平台。OpenStack 通过各种互补的服务提供了基础设施即服务的解决方案，每个服务提供 API 以进行集成。

OpenStack 是一个旨在为公有云及私有云的建设与管理提供软件的开源项目。它的社区拥有超过 130 家企业及 1350 位开发者，这些机构与个人都将 OpenStack 作为基础设施即服务资源的通用前端。OpenStack 项目的首要任务是简化云的部署过程并为其带来良好的可扩展性。本节通过提供必要的指导信息，帮助大家利用 OpenStack 前端来设置及管理自己的公有云或私有云。

### 6.2.1　OpenStack 设计原理和体系结构

在介绍 OpenStack 体系结构之前，需要先了解一下 OpenStack 的设计原则。

- 可扩展性和伸缩性是设计 OpenStack 的主要目标。
- 任何影响可扩展性和伸缩性的特性必须是可选的。
- 一切应该是异步的（如果做不到异步，可参考第二条）。
- 所有必需的组件必须可水平扩展。
- 始终使用无共享架构或者分片架构（如果不能实现，可参考第二条）。

- 一切都是分布式的（尤其应该将业务逻辑与业务状态放在一起）。
- 接收最终一致性，并在适当条件下使用。
- 测试一切（我们需要测试已经提交的代码，如果用户需要，我们将会帮助用户测试）。

OpenStack 是由一系列具有 RESTful 接口的 Web 服务所实现的，是一系列组件服务集合。如图 6-6 所示是一个标准的 OpenStack 项目组合的架构。这是比较典型的架构，但不代表这是 OpenStack 的唯一架构，我们可以选取自己需要的组件项目，来搭建适合自己的云计算平台。

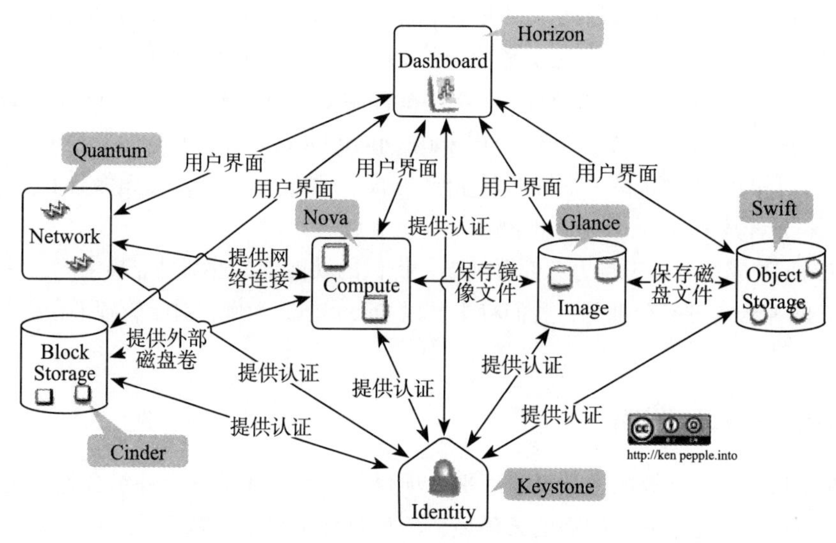


图 6-6　OpenStack 架构

OpenStack 项目并不是单一的服务，其含有子组件，子组件内由模块来实现各自的功能。通过消息队列和数据库，各个组件可以相互调用，互相通信。这样的消息传递方式解耦了组件、项目间的依赖关系，所以才能灵活地满足我们实际环境的需要，组合出适合我们的架构。每个项目都有各自的特性，大而全的架构并非适合每一个用户，如 Glance 在最早的 A、B 版本中并没有实际出现应用，Nova 可以脱离镜像服务独立运行。当用户的云计算规模大到需要管理多种镜像时，才需要像 Glance 这样的组件。OpenStack 的成长是在生产环境中不断被检验，然后再将需求反馈给社区，由社区来实现的一个过程。可以说 OpenStack 并非脱离实际的理想化开源社区项目，而是与生产实际紧密结合的，可以复制应用的云计算方案。

OpenStack 覆盖了网络、虚拟化、操作系统、服务器等各个方面。它是一个正在开发中的云计算平台项目，根据成熟及重要程度的不同，被分解成核心项目、孵化项目，以及支持项目和相关项目。每个项目都有自己的委员会和项目技术主管，而且每个项目都不是一成不变的，孵化项目可以根据发展的成熟度和重要性，转变为核心项目。截止到 Kilo 版本，下面列出了十几个核心项目（即 OpenStack 服务）。

1）计算（Compute）：Nova。一套控制器，用于为单个用户或使用群组管理虚拟机实例的整个生命周期，根据用户需求来提供虚拟服务。负责虚拟机创建、开机、关机、挂起、暂停、调整、迁移、重启、销毁等操作，配置CPU、内存等信息规格。在K版本中，Nova做了比较多的优化。

- 标准化了Conductor、Compute与Scheduler的接口，为之后的接口分离做好准备。对于部分直接访问Nova数据库的Filters进行了优化，不再允许直接访问。
- 对Scheduler做了一些优化，例如：Scheduler对于每一个请求都会重新进行Filters/Weighers，为了优化这个问题，将Filter/Weighter的初始化从Handler移到Scheduler，这样每次请求的时候都可以重新使用了。
- 更好地支持NFV功能，在NUMA（Non Uniform Memory Architecture）架构下，每个处理器都会访问“本地”的内存池，从而在CPU和存储之间有更小的延迟和更大的带宽。支持基于NUMA调度的实现，可以将vCPU绑定在物理CPU上。支持超大页。
- 在stackforge的EC2 API转换服务替代了EC2 API的功能。

2）对象存储（Object Storage）：Swift。一套用于在大规模可扩展系统中通过内置冗余及高容错机制实现对象存储的系统，允许进行存储或者检索文件。可为Glance提供镜像存储，为Cinder提供卷备份服务。纠删码的加入应该是K版本中Swift最大的亮点，但是纠删码作为beta版本发布，并不推荐应用于生产环境。

3）镜像服务（Image Service）：Glance。一套虚拟机镜像查找及检索系统，支持多种虚拟机镜像格式（AKI、AMI、ARI、ISO、QCOW2、Raw、VDI、VHD、VMDK），有创建上传镜像、删除镜像、编辑镜像基本信息的功能。在K版本中，Glance开始提供自动进行镜像格式转化功能，例如，Ceph是使用RAW格式的，假如我们上传的是QCOW2，创建虚拟机时，就会经历一番上传下载的过程，速度异常缓慢。而且RAW格式通常都是原始大小，上传时非常慢，完全可以通过上传小镜像自动转换为指定格式。

4）身份服务（Identity Service）：Keystone。为OpenStack其他服务提供身份验证、服务规则和服务令牌的功能，管理Domains、Projects、Users、Groups、Roles。从J版本开始，OpenStack已经支持Keystone联盟的功能，有了这个功能，两个或者更多的云服务提供者就可以共享资源。在K版本中对Keystone联盟功能做了进一步增强。

5）网络管理（Network）：Neutron。提供云计算的网络虚拟化技术，为OpenStack其他服务提供网络连接服务。为用户提供接口，可以定义Network、Subnet、Router，配置DHCP、DNS、负载均衡、L3服务，网络支持GRE、VLAN。插件架构支持许多主流的网络厂家和技术，如OpenvSwitch。在K版本中，DVR支持OVS中的VLANs功能、新的V2版本的LBaas的API，同时支持一些高级服务（L3、ML2、VPNaaS、LBaaS）的分离。

6）块存储（Block Storage）：Cinder。为运行实例提供稳定的数据块存储服务，它的插件驱动架构有利于块设备的创建和管理，如创建卷、删除卷，在实例上挂载和卸载卷。K版本中Cinder实现了服务逻辑代码与数据库结构之间的解耦，支持Rolling更新。在K版本中进一步增强了一致性组（指将具备公共操作的卷从逻辑上化为一组）的功能：可以添加、删除卷，从已经存在的快照创建新的组。

7）UI界面（Dashboard）：Horizon。OpenStack中各种服务的Web管理门户，用于简化用户对服务的操作，例如：启动实例、分配IP地址、配置访问控制等。Horizon在K版本除了增强了对新增模块的支持，从UE的角度也为我们带来了很多新功能：其中支持向导式的创建虚拟机，现在还处于beta版本，如果想在Horizon里激活，可以通过设置local_setting.py的配置实现；支持简单的主题，通过修改_variables.scss和_style.scss完成对主题颜色和简单样式的修改，但是格局不能改变。

8）测量（Metering）：Ceilometer。像一个漏斗一样，能把OpenStack内部发生的几乎所有事件都收集起来，然后为计费和监控以及其他服务提供数据支撑。在K版本中，Ceilometer支持Ceph对象存储监控，当对象存储为Ceph而不是Swfit的时候，使用Polling机制，使用Ceph的Rados Gateway的API接口获取数据。同时在K版本中支持更多的测量功能，包括Hyper-V、IPMI相关的。

9）部署编排（Orchestration）：Heat。提供了一种通过模板定义的协同部署方式，实现云基础设施软件运行环境（计算、存储和网络资源）的自动化部署。自Havana版本开始集成到项目中，K版本中变化较少。

10）数据库服务（Database Service）：Trove。为用户在OpenStack的环境提供可扩展和可靠的关系和非关系数据库引擎服务。自Icehouse版本开始集成到项目中，K版本中变化较少。

11）大数据服务BDaaS（BigData-as-a-Service）：Sahara。Sahara最初的基本定位是基于OpenStack提供简单的Hadoop集群创建方式，不过随着项目不断演进，Sahara所涵盖的范畴也有所扩大。从服务层次的维度看，Sahara已经开始从利用OpenStack的IaaS能力，提供简单的大数据工具集群创建和管理服务，扩展到提供分析即服务（Analytic-as-a-Service）层面的大数据业务应用能力。从承载的业务类型维度看，Sahara也很有可能会迅速突破单一的Hadoop工具范畴，拓展到支持其他新兴的大数据工具。

12）物理机管理（baremetal）：Ironic。OpenStack在虚拟化管理部分已经很成熟了，通过Nova我们可以创建虚拟机、虚拟磁盘，管理电源状态，快速通过镜像启动虚拟机。但是在物理机管理上一直没有成熟的解决方案。在这样的背景下Ironic诞生了，它可以解决物理机的添加、删除、电源管理和安装部署等问题。Ironic最大的好处是提供了插件的机制让厂商可以开发自己的Driver，这让它支持几乎所有的硬件。在K版本中，Ironic完成了大量的优化工作：iLO的优化；使用Config Drive替代Metadata服务；全盘镜像支持，可以跳过raddisk和kernel，这样就可以部署Windows的镜像了；使用本地盘启动，替代PXE方式，可以通过设置flavor的capabilities:boot_option来实现。

### 6.2.2 OpenStack 社区和项目开发流程

OpenStack 是由开发商、企业、服务供应商、研究人员及用户共同组成的全球性的社区。关注 OpenStack 最好的方式就是访问 OpenStack 社区：www.openstack.org，通过社区可以第一时间了解 OpenStack 的动态。给出下面这些链接，希望可以帮助读者进一步了解 OpenStack。

- OpenStack 峰会：https://wiki.openstack.org/wiki/Summit
- OpenStack 用户成员：https://wiki.openstack.org/wiki/OpenStackUsersGroup
- OpenStack 在线会议：https://wiki.openstack.org/wiki/Meetings
- OpenStack 邮件列表：https://wiki.openstack.org/wiki/MailingLists
- OpenStack IRC 频道：https://wiki.openstack.org/wiki/IRC
- OpenStack 维基：https://wiki.openstack.org/
- OpenStack 博客：http://www.openstack.org/blog/category/newsletter/
- OpenStack 资讯：http://planet.openstack.org/
- OpenStack Github：https://github.com/openstack
- OpenStack 问题列表：https://ask.openstack.org/zh/questions/

代码库如下。

- 核心项目 Git 库：http://git.openstack.org/cgit
- 项目建设工具：https://github.com/openstack-infra
- 开发人员工具：https://github.com/openstack-dev

代码提交和审查链接如下。

- 代码 review 系统：https://review.openstack.org/
- 代码合并建议：http://status.openstack.org/reviews/
- 持续集成：http://status.openstack.org/zuul/
- 用户和管理员文档：http://docs.openstack.org/

大家关心的是当对 OpenStack 有新的需求，并且有开发意向时，如何把需求变为 OpenStack 实实在在的代码和项目。首先，要有一个想法，当一个新的想法逐渐成熟而且工作量足够大，以致无法在现有的某个 OpenStack 项目中承载时，就有必要成立一个独立的新项目去开发。项目的发起者可以是一个人，但更有可能的是一群人。他们会发动开源社区，推广这个新项目并吸引一批开发者共同开发，由这些开发者形成的团队会在 OpenStack 邮件列表上讨论问题，并定期举办日常例会。

新项目成立早期，如果还没有 PTL（ProgramTechnicalLead，技术领头人），团队内部会选举指派一个领头人带领整个团队的开发，并主持每期例会。由于该项目是开源的，就会源源不断地有新的开发者加入开发团队中。同时，也会有人去审视并吸收类似的开源项目，以避免重复工作。逐步地，项目渐渐成熟，形成自己的目标、计划和代码库。为了方便起见，项目发起者们一般会先将项目放在 stackforge 目录上。对于最初项目的版权，最好是

APache 2.0，这样就与 OpenStack 保持一致了。当有一天新项目被集成到 OPenStack 发行版中时，也就不用重新定义和处理版权问题了。

当项目还属于新项目阶级时，它是在 OpenStack 项目之外开发的，这是该项目必须经历的一个阶段。在此阶段，项目发起者可以利用 OpenStack 项目使用的工具去管理该项目。当项目发起者认为该项目成熟了，就可以向技术委员会提出孵化请求，等待成为孵化项目的批转。

在一个项目被集成到 OpenStack 发布版之前，成为孵化项目是必经阶段。在这个阶段里，项目开发人员需要了解 OpenStack 的发布节奏、发布流程，以及要成为集成项目还有哪些工作需要完成等内容。同时，也可以尽量寻求与其他项目合作或合并的机会。一般来说，这个阶段至少需要持续两个开发周期。在孵化期间，孵化项目都会被移植到 OpenStack 命名空间和目录中。在一个开发周期结束时，OpenStack 技术委员会会对孵化项目做一个考核，理论上只有经历了两个开发周期的孵化项目才能被选为考核目标。考核的结果如果被证明是足够成熟并且已经准备好被集成到 OpenStack 发布版当中了，就会被选择从孵化期“毕业”成为 OpenStack 集成项目。在下一个开发周期里，该项目就正式成为集成项目，成为 OpenStack 家族正式成员之一。

下面介绍一下核心项目的含义。核心项目的含义在 2013 年有所改变，那时 OpenStack 项目的管理刚刚被转交给 OpenStack 基金会。在此之前，所有被集成在 OpenStack 发布版中的项目都被称为核心项目，包括 Nova、Swift、Glance、Cinder、Neutron、Horizon 和 Keystone。

此后，“核心”这个词变成了 OpenStack 基金会在 OpenStack 发布版里对某个项目进行标签的特有名词，“核心”的使用也就被限制了。可以这么说，核心项目是集成项目的一部分，是它的子集，当 OpenStack 基金会董事会认为某一个集成项目能达到某些要求时，就为该集成项目贴上“核心”这个标签。

在 2013 年之后，所有从孵化期毕业并被集成在 OpenStack 发布版里的项目都统一称作集成项目，比如 cei1ometer、Heat 和 Trove 都是集成项目。但针对之前的那 7 个核心项目，我们仍称它们为核心项目。

### 6.2.3 OpenStack 应用现状与发展趋势

OpenStack 的潮流不可逆转。从 2010 年开始，OpenStack 经过 5 年发展变得非常火热，逐渐由起步到成熟。2015 年，IBM 收购了 OpenStack 创业公司 Bluebox，思科也收购了 OpenStack 创业公司 Piston。在更早些时候，美国领军的 OpenStack 公司 Mirantis 获得 1 亿美元的融资，Rackspace 以 OpenStack 为基础的私有云业务每年盈利 7 亿美元，增长率超过了 20%。这些事件都说明作为开源开放的云平台，OpenStack 在云计算时代成为了一股强大的力量，并将在未来云计算时代占据更加重要的位置。随着 OpenStack 的成熟和发展，越来越多的 IT 厂家开始关注 OpenStack，并成为 OpenStack 的主流供应商，OpenStack 目前的支持者都是世界顶级的供应商，可以看出 OpenStack 备受青睐，可以说它是开源界的明星产品。如表 6-2 所示，目前该领域知名的供应商对 OpenStack 都已有相应的支持。同时一些大的跨国电信运营商也开始在自己的生产环境中大规模部署 OpenStack。

表 6-2 支持 OpenStack 的国际知名供应商

| | | | |
|---|---|---|---|
| x86 服务器 | HP | DELL | Cisco |
| Linux 供应商 | RedHat | SUSE | Ubuntu |
| 路由器供应商 | Cisco | Juniper | ZTE |
| 交换机供应商 | Cisco | Juniper | Arista |
| 存储供应商 | EMC | NetApp | IBM |
| 虚拟化供应商 | KVM | Xen | Docker |
| 电信运营商 | FT（法国电信） | Telefonica（西班牙电信） | 中国移动 |

OpenStack 目前处于高速发展阶段，从技术角度来讲，网络功能将是 OpenStack 未来几年的发展重点，Neutron 的稳定性是 OpenStack 目前重点要解决的问题。Neutron 以 Quantum 技术为基础，后者则源自 Nicira 的开发项目。随着 Nicira 被 VMware 所收购，该公司的员工们也在新环境下继续对这项技术开展研发。Quantum 项目的很多早期用户将其与 Nicira 的 NSX 插件配合使用，二者共同构建起了 Nicira 公司的软件定义网络技术方案。一旦抛开 NSX 插件而独立运作，Neutron 就会带来多种问题。而且 Neutron 的问题只在大型规模环境中才会出现，很多仅把 OpenStack 用于小规模生产部署环境的使用者却对这一切毫无察觉，这也导致了很多厂家对 OpenStack 的网络组件进行重新编写，以保证其云方案能够正常运作。目前 OpenStack 社区正在全力完善 Neutron 功能，如图 6-7 所示。我们能够很明显的发现，OpenStack 最早的几大核心模块（Nova、Cinder、Glance、Keystone、Horizon、Swift）的代码贡献所占比例呈明显下降趋势，以 Nova 为例，从 Havana 版本的 24% 下降到如今的 10%。这从一个侧面反映了 OpenStack 的核心模块日趋稳定，更多的关注集中到更高层次或者功能优化上。Neutron 模块则一直处于稳中有升的状态，从 Havana 版本的 7% 上升到 10%，说明社区目前正处在全力完善 Neutron 的状态。

OpenStack 与 OpenDaylight 的融合是目前 OpenStack 的另一个发展重点，OpenDaylight 是一个 SDN 控制器的开源项目，与 OpenStack 配合紧密。OpenDaylight 项目的第一批代码于 2013 年第三季度发布，贡献的项目包括开放控制器、虚拟覆盖网络、协议插件和交换设备改进等。很多公司和组织已经提出贡献出自己的技术或者考虑开源化关键技术，OpenDaylight 技术指导委员会（TSC）将对这些技术进行审核，再决定是否纳入该项目中。如图 6-8 所示是 OpenDaylight 的架构纵览，这是一个可插拔的控制器平台，它提供北向 Neutron 的 API（OpenDaylight 的 RESTful API）。OpenDaylight 已经推出 Helium 版本，新版 Helium 也与 OpenStack 更深度整合，包括改善 Open vSwitch 程序库整合项目（Open vSwitch Database Integration project）在网络上的管理，也提供了多项 OpenStack 功能的技术预览方案，例如安全群组（Security Groups）、分散式虚拟路由器（Distributed Virtual Router），以及负载平衡即服务（Load Balancing-as-a-Service）等，可弹性运用于网络管理和安全服务上。

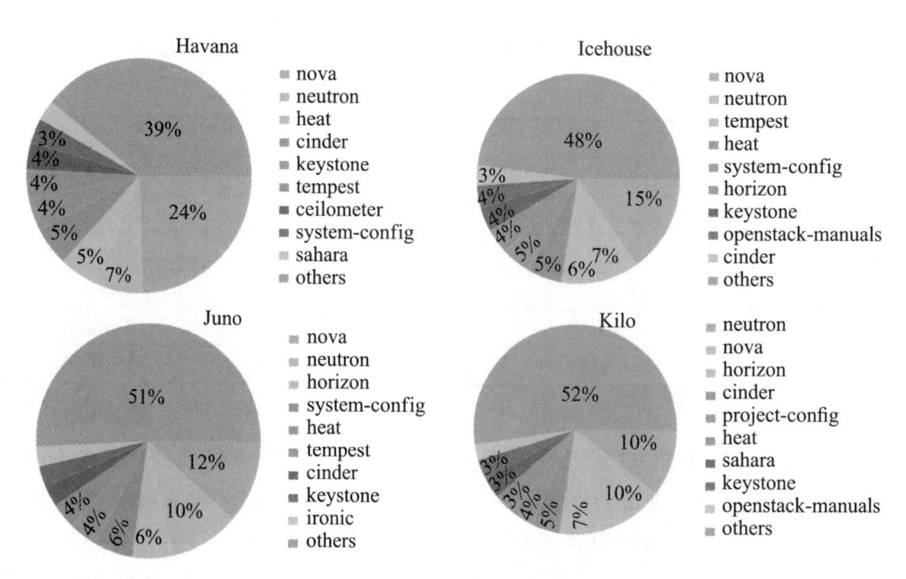


图 6-7　OpenStack 各项目代码贡献量对比

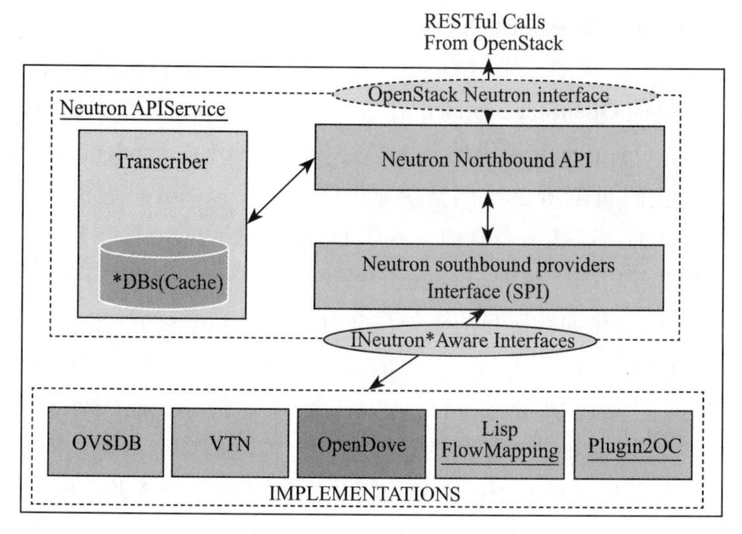


图 6-8　OpenDaylight 架构

高性能、高可靠的云计算架构环境是 OpenStack 追求的另一个方向。2014 年 OpenStack 推出 Juno 版本，开始支持 NFV 功能。电信行业的运营商和服务商一直在持续关注 OpenStack 的发展，2014 年，众多电信运营商、电信设备商和 IT 厂商共同发起并成立了 OpenNFV 开源组织，旨在为 NFV 提供基于开源软件的、电信级的 NFV 参考平台。在电信高性能、5 个 9 的高可靠性需求推动下，OpenStack 与底层 KVM 在 NUMA 亲和性调度、Huge Page 配置、SR-IOV 等技术方面以及与 Docker 技术的结合应用正在被加速。

# 6.3 OpenStack入门体验

## 6.3.1 初探OpenStack

由于OpenStack安装过程时间较长且复杂，并且构建不同的云环境可以选择各种各样的排列组合方式，为了避免初学者在较长时间的安装过程中失去对OpenStack的探索热情，因此，我们先来认识一下OpenStack的用户界面，从感官角度来见识一下它。

OpenStack的用户界面由两部分组成：一是Web界面，二是Shell界面。Horizon负责展现Web仪表盘，用户可以通过浏览器直接操作、管理、运维OpenStack的一些功能。由于OpenStack项目队伍不断壮大，Dashboard并不能展现所有的OpenStack功能，因此，最新的功能一般会先开发Shell命令行，也就是将CLI（Command Line Interface）提供给Linux用户操作。

通过浏览器输入仪表盘的地址，可以看到如图6-9所示的登录界面。OpenStack仪表盘可以安装在任意节点上，通常将其安装在Nova API的管理节点上，以方便访问。Horizon和Nova-Client一样，需要Keystone的用户名及密码认证，以及Keystone的Token进行授权访问。这些都是Horizon内部实现的，普通用户只要有用户名及密码就能登录到仪表盘中进行日常操作。先登录到OpenStack的仪表盘中，为了方便演示，使用admin用户。

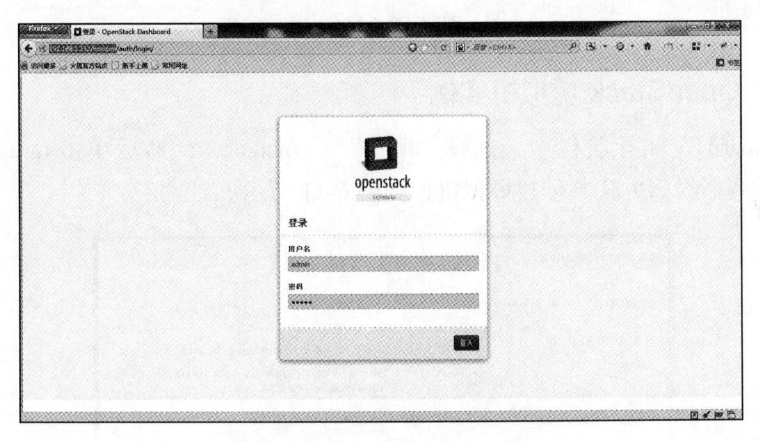


图6-9 OpenStack登录界面

登录到控制面板，可以发现有管理员视图（仅管理员可见）和项目视图（仅可以操作当前用户所授权的项目）。目前的仪表盘已经进行了国际化，可以使用熟悉的中文来管理“云”。管理员用户可以从整体视角来观察“云”的一举一动，可以看到整个资源池的大小状况，以及健康状况。如果资源不够使用，那么可以以人工方式进行干预。目前，因为OpenStack的Auto Scaling并不尽如人意，所以一些工作只能通过人工干预的方式进行。

OpenStack的仪表盘左侧是导航栏，如图6-10所示。在OpenStack的图标下可以看到两个维度：项目和管理员。这两个维度下面分别有各自的服务菜单。项目维度可以从概览（Overview）、实例（Instances）、卷（Volumes）、镜像和快照（Image & Snapshots）、访问和安全（Access & Security）几个方面来管理“云”。管理员维度有概览（Overview）、实例(Instances)、卷(Volumes)、套餐(Flavors)、镜像(Images)、项目(Project)、用户(Users)、系统信息（System info）。项目维度和管理员维度内容有交叉，但是这些是从不同角度去观察“云”所得到的结果。在“云”环境中，很多时候需要从不同的维度去观察。从多维角度观测，才能得到想要的全部信息。

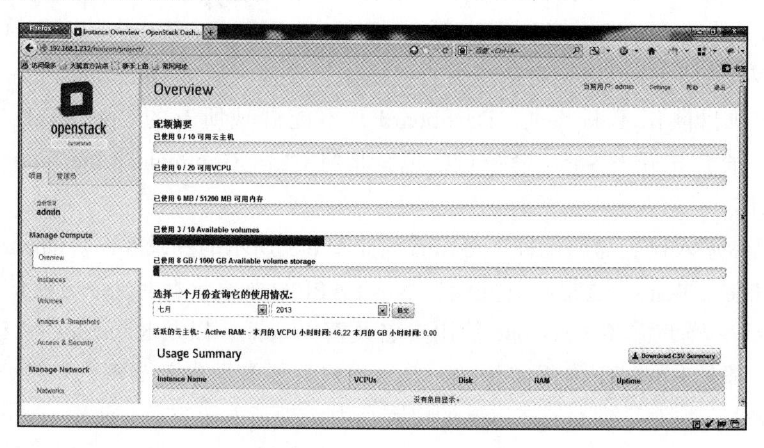


图 6-10　OpenStack 界面

## 6.3.2　创建 OpenStack 虚拟机实例

在 Dashboard 左侧导航栏中，选择“项目”→ Instances，然后单击 Launch Instance，即可完全通过图形界面方式来创建虚拟机，如图 6-11 所示。

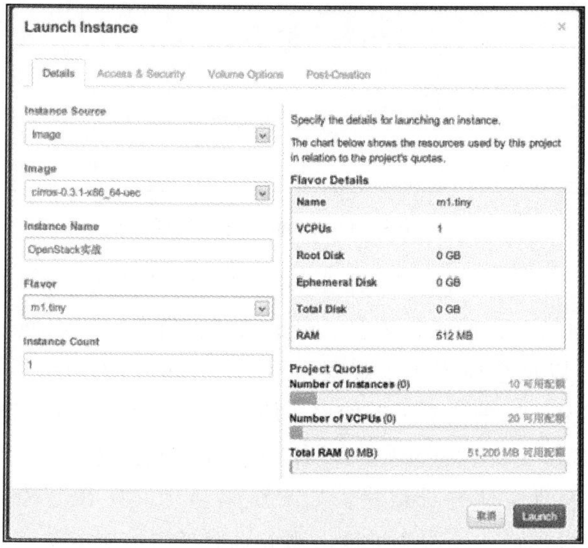

图 6-11　创建虚拟机界面

当单击 Launch Instance 时，会弹出模态窗口，在此可进行创建实例的具体配置，具体包括实例细节（Details）、访问和安全（Access & Security）、磁盘配置（Volume Options），以及实例启动后的自定义初始化脚本（Post-Creation）。

“实例细节”的配置包括实例的来源类型（镜像文件或快照文件）、镜像模板、实例名、类型模板、创建实例个数。界面的右侧还列出了更详细的信息，供管理员参考当前实例的创建对整个项目有何影响。

“访问和安全”包括虚拟机 SSH 密钥的设置及安全组的设置。磁盘配置可以让用户选择是否在卷存储上进行虚拟机的启动引导（boot）。自定义初始化脚本主要是实例在启动后，可以运行一些用户自定义的脚本。除了实例的细节设置，其他设置如果没有特殊需求，选择默认即可。当确认一切设置无误后，可以单击 Launch 按钮进行实例创建。

创建 OpenStack 虚拟机实例有很多先决条件，如 Horizon 本身能正常运行并对外提供创建服务；建立在 OpenStack 三个核心组件之上等。这 3 个核心组件分别是 Keystone、Glance、Nova。Keystone 负责授权认证、租户管理、项目权限和配额以及服务目录管理；Glance 负责为 Nova 提供创建实例所需要的镜像文件，这种镜像文件可以包含很多格式，大多数都是我们常见的镜像格式，如 RAW、qcow2；Nova 负责虚拟机生命周期的管理，以及宿主机资源调度，Nova 还决定了虚拟机实例建立在哪一台 Hypervisor 物理机之上。由这 3 个核心组件协作，Horizon 将用户的 HTTP 请求转换为 RESTful 请求，然后将 RESTful 请求分发给 Nova API，进行实例创建。当创建后，虚拟机实例会进入 Build 状态，任务状态将是 Spawning。这期间会将镜像文件从 Glance 中下载到 Nova 节点，并进行一些虚拟机的配置。当一切正常后，虚拟机将会进入 Active 状态，此时用户可以享受“云”带来的便捷，如图 6-12 所示。创建所需的时间一般由创建实例的镜像文件大小、传输镜像图带宽，以及创建的 Hypervisor 磁盘性能来决定，有时创建过程会持续 5 ～ 10 分钟。

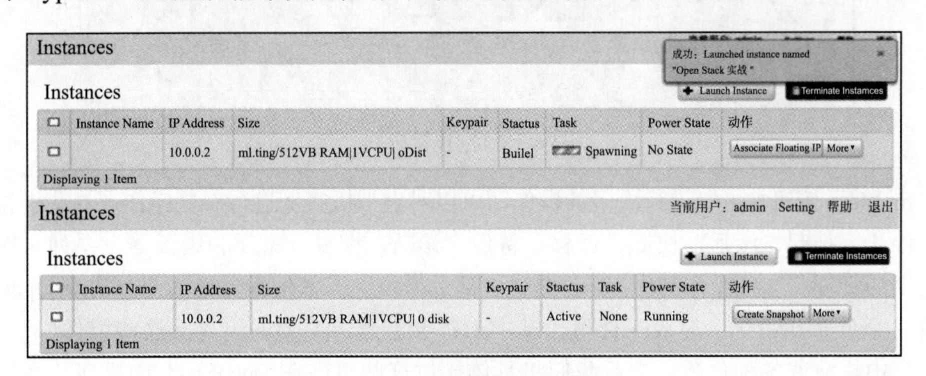


图 6-12　实例配置创建界面

Horizon 并不是唯一可以管理虚拟机的用户界面。之前提到，OpenStack 还有基于 Python 的 CLI，虚拟机创建之后可以通过 Nova-Client 进行管理。通过命令行输入 nova list，可以看到所有 OpenStack 实例的运行情况，以及实例相应的信息，如图 6-13 所示。后续在讲解 Nova

组件时，将详细讲解各种命令的操作及命令之间的关联关系，以及如何实现自定义命令、命令行扩展，还有如何运用一系列的 OpenStack 命令来进行日常的管理、运维。

```
ubuntu@ubuntu:~$ nova list
+--------------------------------------+------+--------+------------+-------------+--------------------+
| ID                                   | Name | Status | Task State | Power State | Networks           |
+--------------------------------------+------+--------+------------+-------------+--------------------+
| 3fb9135c-12c1-4eab-8613-534d8d83da23 |      | ACTIVE | None       | Running     | private=10.0.0.2   |
+--------------------------------------+------+--------+------------+-------------+--------------------+
```

图 6-13 OpenStack 实例运行情况

当虚拟机创建成功后，双击虚拟机名，可进入这个虚拟机视图进行详细观察，如图 6-14 所示。界面中可以看到标签页，包括概览（Overview）、日志（Log）、控制台（Console）。概览中可以看到虚拟机的一系列详细信息。日志中可以看到虚拟机当前的启动引导日志，不用登录虚拟机就可以看到虚拟机的引导情况，检查是否有错误或者异常发生。通过控制台界面可以对虚拟机进行操作。这是一个 VNC 控制台，我们不必像以前使用虚拟机那样，登录到 Hypervisor 端配置 VNC 端口信息，然后再通过 VNC Client 登录管理虚拟机。OpenStack 将这些日常操作抽象出来，进行自动化，整个过程无需用户进行任何配置，当构建好 OpenStack 云后，剩下的事将交给 OpenStack 来做。

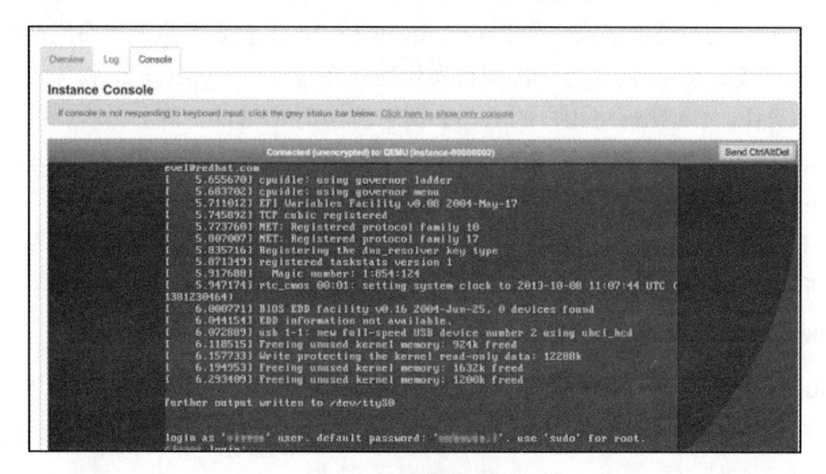


图 6-14 虚拟机视图

单击 More 按钮，可以进行更多的操作，可以对虚拟机实例进行一些操作，这些操作包括启动、停止、挂起、激活、快照、迁移、备份、诊断、恢复、重建、销毁等一系列对虚拟机生命周期的管理。这些操作都由 Nova 提供，部分操作会有其他组件的参与。对于 OpenStack 这样的一个分布式系统，完成一件事，基本上都会涉及一系列的组件。这些组件协同工作，在“云”中扮演着各种角色。之后我们将具体探讨这些组件在 OpenStack 中扮演什么样的角色，哪些组件必不可少，以及如何通过各种组件的排列组合来组建合适的“云”。

### 6.3.3 创建虚拟机流程概述

创建虚拟机的步骤如下：

1）Horizon 通过 Keystone 获取 Compute 组件的访问地址（URL），并获取授权令牌（Token），如图 6-15 所示。

2）携带授权令牌，发送创建虚拟机指令，如图 6-16 所示。

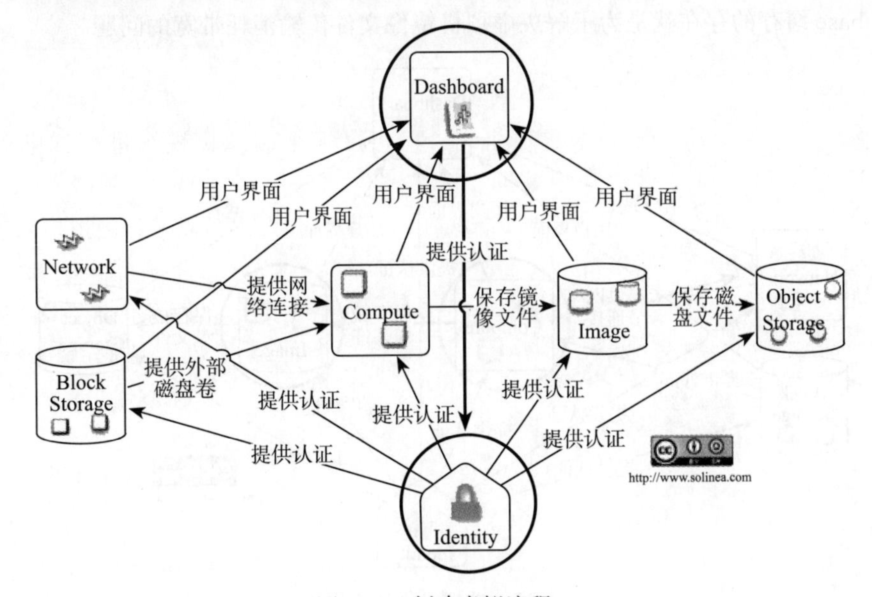


图 6-15　创建虚拟流程 1

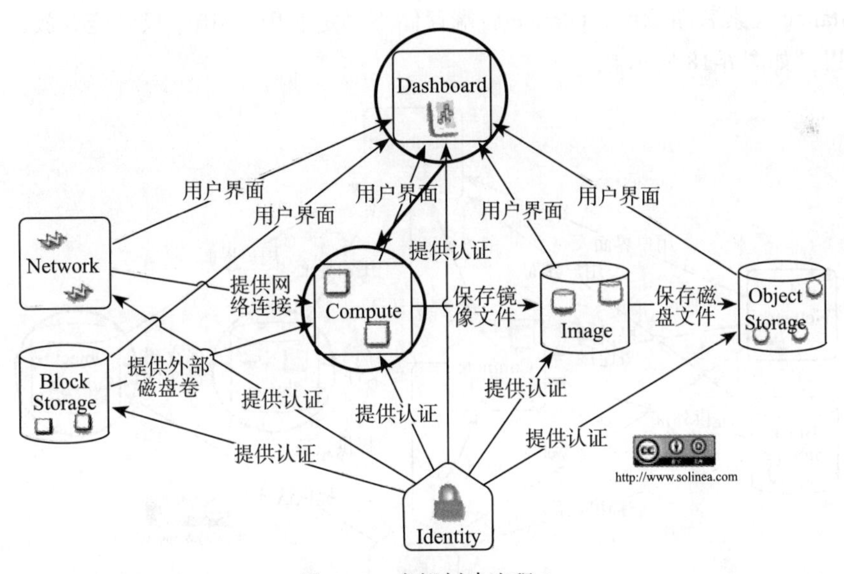


图 6-16　虚拟创建流程 2

3）nova-compute 组件通过 glance-api 下载虚拟机镜像，glance 镜像中有缓存机制，通常将缓存文件放入名为 _base 的目录（下文将其称为 base 缓存）中，如图 6-17 所示。镜像分两个阶段，第一个阶段是如果 base 缓存中没有此次的虚拟机镜像文件，则从 Glance 下载镜像到 base 缓存；第二个阶段是从 base 缓存复制到本地镜像目录。base 缓存可关闭，默认为开启，建议不要修改此默认值，因为如果每次镜像都通过 Glance 下载，会消耗大量的网络带宽。base 缓存的存在就是为了解决虚拟机镜像文件传输消耗带宽的问题。

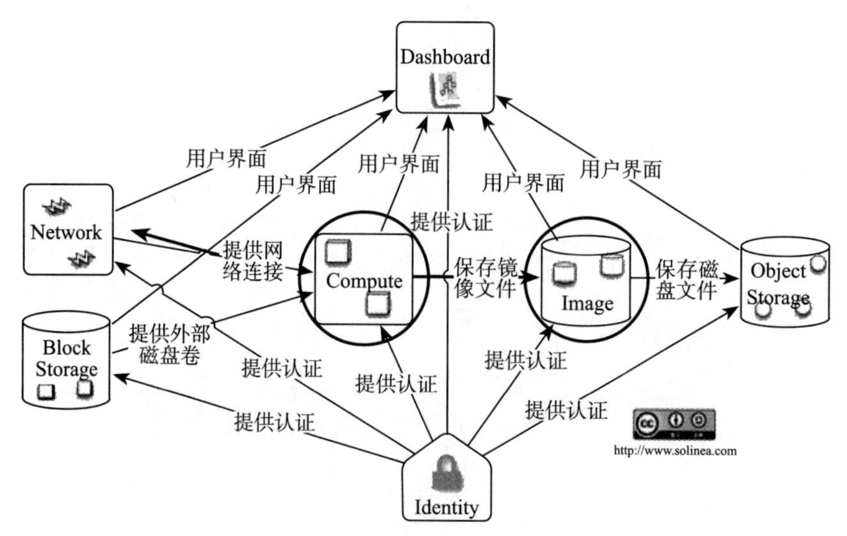


图 6-17 虚拟机创建流程 3

4）Glance 检索后端镜像，Glance 后端存储不一定使用 Swift，只要能存放镜像的文件系统都可以，如图 6-18 所示。

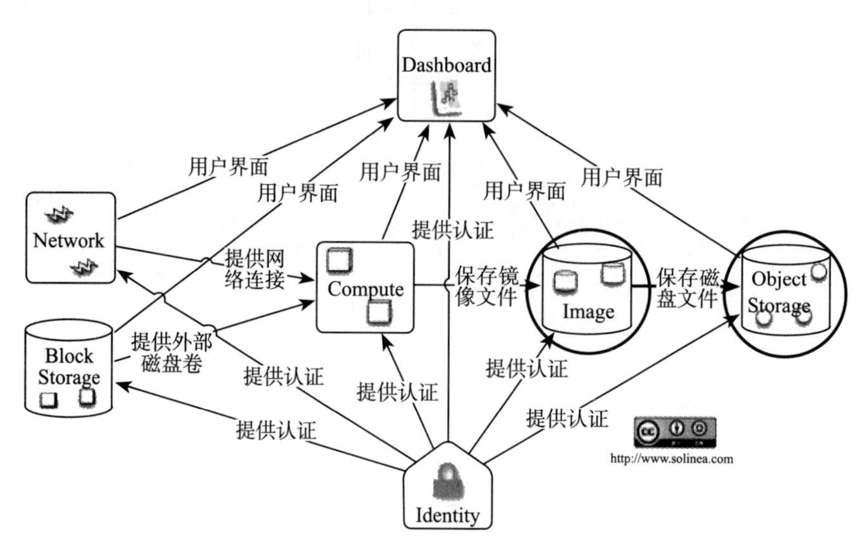


图 6-18 虚拟机创建流程 4

5）获取网络信息，决定虚拟机网络模式及建立网络连接，如图 6-19 所示。

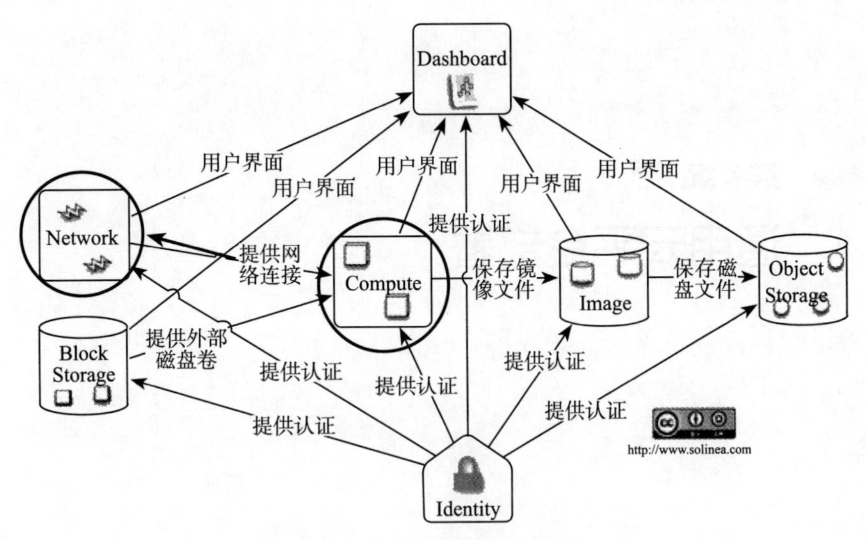


图 6-19　虚拟机创建流程 5

6）nova-compute 发送启动虚拟机指令，如图 6-20 所示。

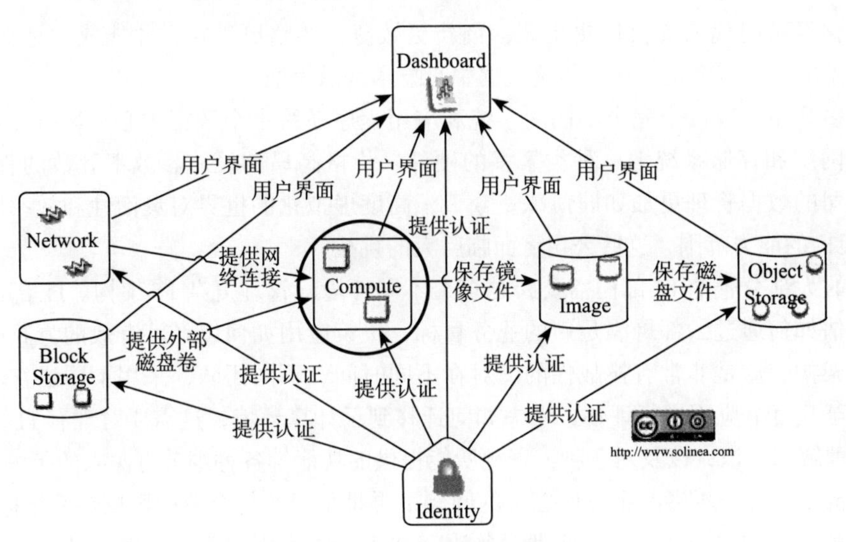


图 6-20　虚拟机创建流程 6

至此，虚拟机创建完成。

Chapter 7 第 7 章

# 通用云平台部署

## 7.1 背景

数字化经济时代需要反应更迅速，创新更敏捷，调整更迅疾，才能成功地抓住商机。当今业务需求的迅猛变化，使得传统数据中心技术难以为继。

在很多公司，数百个完全不同的系统和应用程序横跨多个数据中心，运行在不同配置的主机、网络和存储系统上。种类繁多的硬件、价格高昂的设施、数不胜数的管理工具，让这些公司的数据管理更加如履薄冰。今天，高度虚拟化的世界对灵活性和效率的要求超出了 IT 架构的能力范围，这些公司将面临巨大的挑战。

现有的大部分企业 IT 部门需要跨越多个不同环境，管理复杂 IT 架构。IT 部门必须反复重新评估如何通过云部署满足新的业务目标，决策应用如何以经济有效的方式迁移到云计算基础架构。这是非常有挑战性的。对在不同时间、不同团队，采用不同语言开发构建的几十甚至几百个应用进行评估，考虑如何迁移到云计算环境，这需要对现有 IT 基础框架有深刻的理解和认识，以及对各种云资源所能提供的功能等各种细节有深入的了解。

发展至今，越来越多的企业所思考的问题不再是是否要将企业的数据和系统搬上云端，而是以何种模式构建企业的云。企业必须决定选用不同应用的部署方案：私有云、公有云或者混合云。

根据 RightScale 最近的一次调查数据（Cloud Computing Trends 2015 State of the Cloud Survey），云计算接受度为 93%，其中 88% 的访问对象使用公有云，而 63% 的被访者使用私有云，同时使用公有云和私有云的比例为 58%，如图 7-1 所示。事实上，公有云被企业的接收度最高，私有云在企业中的应用更为广泛，而混合云则是未来的发展趋势。

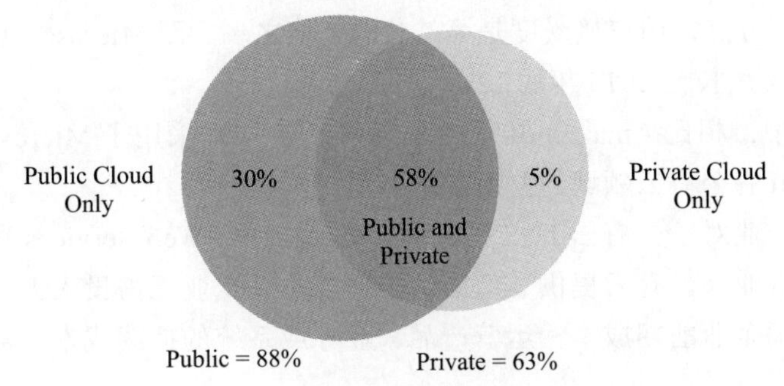


图 7-1　云计算部署情况

以下，我们分别阐述公有云、私有云和混合云 3 种解决方案。事实上，没有一种解决方案可以完美地满足企业所有的需求。企业需要根据自己的实际和供应商的情况来选择解决方案。

# 7.2　公有云

## 7.2.1　概述

根据美国国家标准与技术研究院（National Institute of Standards and Technology，NIST）的定义，公有云指面向公众提供的开放的云基础设施。公有云可以由企业、科研机构、政府组织或其他组合机构拥有、管理和运营。

图 7-2 展示了公有云的使用情况。不出预料，Amazon 在公有云市场继续保持领先优势，Microsoft 则在企业中保持了不错的进展。57% 的被访者目前正在采用 Amazon，相较 2014

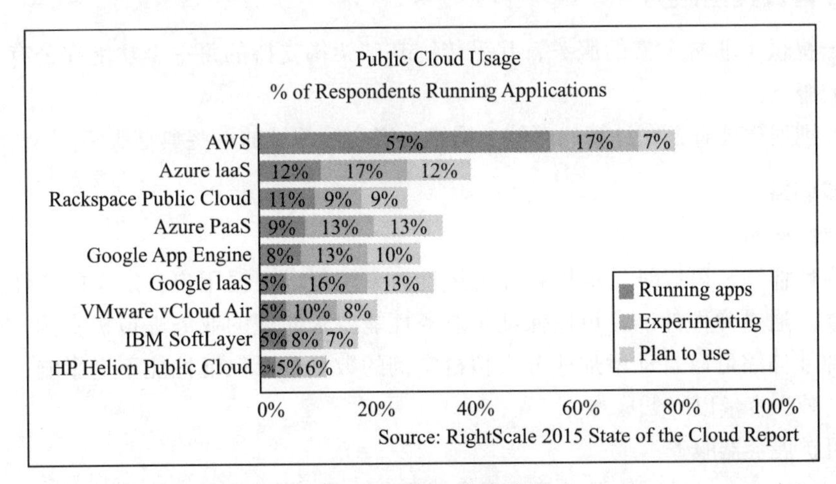


图 7-2　公有云使用情况

年增长了 3 个百分点，用户接受度是第二名的 4 倍之多。而 Microsoft 成为第二名，接受度从 2014 年的 6% 增长至 2015 年的 12%。

在企业受访者中，相比 Amazon 50% 的采用率，有 19% 采用了 Microsoft Azure IaaS，Amazon 和 Microsoft 在公有云领域的差距在缩小。

现在，大部分企业对于公有云 IaaS 提供商，如 Amazon Web Services 存在的价值，已经不再怀疑。对于企业，公有云提供了低廉的价格成本，企业无需投入大量固定资产购置成本，这大大降低了企业前期成本、运营产品、业务或系统的持续成本，甚至潜在的税务支出。

公有云带来的技术优势也同样非常诱人：高可扩展性、高资源利用率、成本低廉等，几乎传统基础架构支持的每一个功能在公有云中都能找到对应的服务。

适用于公有云的典型应用如下：

1）长期运行的存储，包括磁带存储。公有云可提供成本价格比非常有竞争力的解决方案，如 Amazon 的 Glacier 和网关虚拟磁带库（Storage Gateway's Virtual Tape Library）。

2）各种数据存储，特别是如果你当前使用的物理媒介经常故障或者需要替换，例如 Amazon 的 S3 提供了可无限扩展、低成本的存储资源。

3）经常负载激增或负载随季节性大幅度变化的多层 Web 应用，可以使用 Amazon 的弹性计算 EC2 服务、Auto Scaling，以及 ELB。

4）关键任务系统或时延容忍度低的系统，可以使用自定义自动伸缩组（Auto Scaling Group），通过 Puppet 脚本自动部署。

5）需求不明确的新应用，特别是微型网站。

6）测试环境，对于压力测试，更容易增加或减少实例。

### 7.2.2 公有云典型服务

公有云提供了非常丰富的服务，几乎传统基础架构支持的每一个功能在公有云中都能找到对应的服务。

下面分别列举公有云在计算、存储、网络、安全等领域的一些典型服务。

#### 1. 计算领域

（1）弹性伸缩

使用弹性伸缩，可以维持应用程序可用性，系统可以根据用户自定义的条件自动扩缩服务器规模。通过弹性伸缩，可以保证与业务性能要求匹配的业务虚拟机实例。在需求高峰期时，弹性伸缩可以自动增加业务虚拟机实例的数量，以保证性能不受影响；当需求较低时，则会减少容量以降低成本。

（2）可扩展容器服务

公有云如 Amazon 等开始提供可扩展容器服务。通过容器服务，支持 Docker 软件容器及容器集群的管理。使用可扩展容器服务，用户不需要自己安装、运维、管理容器集群，通过简单的 API 调用，就可以进行容器生命周期管理，包括启动、停止、删除 Docker 应用程序，查询 Docker 集群的状态等。

### 2. 存储领域

（1）对象存储

对象存储服务为开发及运维人员提供安全、持久、高可扩展的对象存储。通过简单 Web 服务接口，可以在网络的任何位置存储和检索任意数量的数据，可以跨多个设施和在各个设施的多个设备间冗余存储，对重要数据持久保存。用户的数据将基于对象存储，还可以进一步提供云应用程序、内容分发、备份和归档、灾难恢复以及大数据分析等存储服务。

（2）共享文件系统

共享文件系统支持 NFS 等文件系统协议。共享文件系统为多个虚拟机实例提供相同的数据来源，多个虚拟机实例可以并发访问共享文件系统。使用共享文件系统，可以根据用户增减文件的操作，自动对文件系统存储容量进行扩展和缩减，而不中断业务运行。

（3）低成本存档存储

低成本存档存储适用于数据存档和在线备份。客户可以以低廉的价格安全地存储大量或少量数据，与本地解决方案相比，显著降低了成本。以 Amazon Glacier 服务为例，用户使用存档存储，每月每 GB 仅需支付 0.01 美元。为了保持低成本，对于存档存储还会针对访问不频繁的数据进行优化，检索时间约数小时。

### 3. 网络领域

负载均衡是网络领域中的一种服务。弹性负载均衡在多个虚拟机实例间自动分配应用程序的访问流量。使用弹性负载均衡，通过消除单点故障提升应用系统的可用性，对分布式应用流量无缝地提供负载均衡能力。弹性负载均衡支持虚拟机实例的状态监测，若发现虚拟机状态异常，则重新计算路由分配，仅在其他运行稳定的实例间路由流量，确保仅运行状况良好的虚拟机实例能够接收流量。服务器负载均衡（Server Load Balancer，SLB）是对多台云服务器进行流量分发的负载均衡服务。

### 4. 安全领域

（1）身份访问管理

身份访问管理服务能够安全地控制用户对公有云服务和资源的访问权限。通过身份访问管理服务还可以创建和管理公有云用户和群组，并使用各种权限来允许或拒绝他们对公有云内部资源的访问。

（2）DDoS 防止服务

DDoS 防止服务主要针对互联网服务器在遭受大流量的 DDoS 攻击后导致服务不可用的情况，用户可以通过配置 DDoS 防止服务，将攻击流量引流到高防 IP，确保源站的稳定可靠。

（3）监控服务

监控服务可用于收集和追踪指标，收集和监控日志文件，以及设置警报。监控服务能够监控虚拟机实例、数据库实例和存储实例等各种资源，同时也能够监控应用程序和服务生成的定制指标，以及应用程序生成的任何日志文件。通过监控服务可以全面了解整个系统的资源使用率、应用程序性能和运行状况。使用这些分析结果，用户可以及时做出反应，保证应用程序顺畅运行。

此外，公有云还提供了数据库、缓存等常用的服务，使得用户可以专注于上层应用业务逻辑。

（1）关系数据库服务

关系数据库服务提供完全兼容 MySQL、SQLServer、PostgreSQL、Oracle 协议的可靠安全的关系型数据库服务，用户可以在公有云上轻松设置、操作和扩展关系数据库，从而专注于应用开发和业务发展。

（2）NoSQL 数据库存储

NoSQL 数据库服务支持文档和键值存储模型，为所有应用程序提供快速稳定、规模弹性的性能。服务端平均延迟通常不超过 10 毫秒。

（3）缓存服务

缓存服务允许用户从快速的托管内存缓存系统中检索信息，而无需受限于速度较慢的基于磁盘的数据库，从而提高了 Web 应用程序的性能。缓存服务支持的开源内存缓存引擎包括 Memcache 和 Redis。

此外，缓存服务可以自动检测和更换出现故障的缓存节点，从而降低用户管理型基础设施的开销，并且还可提供一个有弹性的系统，以降低数据库过载的风险。

（4）内容分发网络

内容分发网络将源站内容，包括动态、静态、流媒体和交互内容等，分发到全球所有节点。用户的内容访问请求自动被路由到最近的边缘站点，从而提高用户访问网站的响应速度，保证最好的内容分发性能，解决网络带宽小、用户访问量大、网点分布不均等问题。

## 7.2.3 公有云平台比较

本节对四大主要公有云提供商 Amazon、Google、Microsoft 和 Rackspace 从以下角度进行对比。

### 1. 虚拟机迁移支持

随着公有云、混合云的成熟，公有云提供虚拟机迁移能力对于企业机构来说是很重要的。虚拟机迁移能力使得虚拟机可以从原有基础架构迁移到公有云，必要时再从公有云迁回基础架构。

在所有主要云提供商中，Amazon 提供最强大的虚拟机无缝迁移能力，Microsoft 屈居第二。Amazon 针对 vCenter 提供了管理门户网站（AWS Management Portal for vCenter），允许管理员通过 VMware vCenter 管理基于 Amazon 的资源。这一门户网站也使得 VMware 虚拟机迁移到公有云成为了可能。

Microsoft 基于 Windows Server 和 Hyper-V 构建了 Azure 公有云。由于 Azure 和很多数据中心运行的软件相同，在本地数据中心和 Azure 之间可以相对简单地迁移虚拟机。这一过程不是无缝的，但是一旦在 Azure 和本地网络间的连接建立起来，迁移就很容易。

Google 不支持虚拟机迁移到 Google 公有云平台（Google Compute Engine Cloud）。但是，一些第三方提供商如 Cohesive Networks，允许虚拟机导入 Google 公有云平台。

Rackspace 不提供从其他云基础框架迁入或迁出虚拟机的能力。但是它针对混合云专门提供了 RackConnect 服务。

#### 2. 自定义镜像支持

云提供商通常会提供一些预定义的虚拟机，但是这些通用 OS 镜像并不总能满足企业的需求。因此，云提供商必须允许用户创建和使用自定义虚拟机镜像。

Amazon 提供 Amazon EC2 API 工具，用户通过 API 工具可以导入虚拟机到 Amazon 云平台。Amazon 允许导入以下镜像：

- VMware ESX 镜像和 VMware Workstation VMDK 镜像
- Citrix XenServer VHD 镜像
- Microsoft Hyper-V VHD 镜像（Windows Server 2003，Windows Server 2003 R2，Windows Server 2008，Windows Server 2008 R2，Windows Server 2012 和 Windows Server 2012 R2）
- Red Hat Enterprise Linux（RHEL）5.1 ～ 5.11，6.1 ～ 6.6（using Cloud Access）、Centos 5.1 ～ 5.11、6.1 ～ 6.6、Ubuntu 12.04、12.10、13.04、13.10、14.04、14.10 和 Debian 6.0.0 ～ 6.0.8、7.0.0 ～ 7.2.0

Microsoft 创建自定义镜像的方法比较简单。最简单的一种方法是创建 VHD 文件并导入 Azure 中。尽管需要从头开始创建 VHD 镜像，但是 System Center 的虚拟机管理器（Virtual Machine Manager）可以帮助镜像创建流程。

Rackspace 支持自定义镜像创建，可以从 Rackspace 云平台导入和导出虚拟机镜像。Rackspace 也提供自定义 API 用于共享自定义镜像。

Google 支持导入裸设备镜像（raw device mapping image）、Amazon 虚拟机镜像和 VirtualBox 镜像。

#### 3. 镜像库

尽管许多机构试图最小化使用的服务器操作系统数目，但是异构情况正日益普遍，特别是在云环境中。一个好的云提供商需要提供大量不同的服务器操作系统选项。

Rackspace 提供了广泛的选择，提供几乎十几个不同的 Linux 变体操作系统，包括 Ubuntu、Red Hat Enterprise Linux 和 CentOS。此外，Rackspace 还支持 Windows Server 2008 和

Windows Server 2012。Windows 服务器镜像可以预安装 SQL Server 或者 SharePoint。提供的版本根据用户选择的操作系统可能不同。Windows Server 2008 镜像包括基础操作系统、SQL Server 2008、SQL Server 2012 和 SharePoint 2010。Windows Server 2012 镜像包括 R1 基础镜像和 R2 基础镜像，其中 R1 基础镜像预安装 SQL Server 2012 或者 SharePoint 2013，而 R2 基础镜像预安装 SQL Server 2014。

Microsoft 提供各种操作系统镜像，包括 Windows Server、Ubuntu、CoreOS、CentOS、SUSE、Oracle 和 Puppet Labs。Windows 镜像只可以从基础操作系统开始部署，或者可以包括 Microsoft 服务器产品，如 SharePoint、SQL Server、BizTalk Server、Visual Studio 或者 Microsoft Dynamics。

Amazon 提供 Windows 镜像和各种 Linux 镜像。Linux 镜像包括 Red Hat Enterprise Linux、SUSE Linux、Ubuntu、Fedora、Debian、CentOS、Gentoo Linux、Oracle Linux 和 FreeBSD。

Google 提供 Red Hat Enterprise Linux、SUSE、Windows Server 等。

#### 4. 弹性扩展

业务负载的增长并不总是线性变化，事实上，负载可能随时增加和降低。理想情况下，云提供商应该允许负载根据当前资源需求横向自动扩展或收缩。

Rackspace 提供自动扩展特性，根据用户预定义的规则扩展或者收缩云业务架构。这些规则包括在预计的需求激增之前，扩展服务器规模；当需求恢复常态时，减少服务器规模。

Microsoft 在 Azure 界面提供了 Scale 网页。通过网页，用户可以手动扩展某个应用，或者设置参数，允许系统根据负载动态地扩大或缩小部署规模。

Google 也提供了一个 Autoscaler，可以根据需求变化，扩展或降低服务器负载。它可以根据负载情况增加更多实例（扩大）或者删除现有实例（缩小）。该服务可以根据 CPU 负载、目标利用率或者根据云监控服务定义的指标调整实例数量。此外，Autoscaler 还可以与 HTTP 负载均衡器或者网络负载均衡器搭配使用，在一组同构实例之间均衡的分配流量。

Amazon 提供 Auto Scaling 服务，可以根据用户定义的条件自动扩展 Amazon EC2 容量。使用 Auto Scaling，可以确保所使用的 Amazon EC2 实例数量在需求高峰期实现无缝增长以保持性能；也可以在需求平淡期自动缩减，以最大程度降低成本。Auto Scaling 特别适合每小时、每天或每周使用率都不同的应用程序。Auto Scaling 通过 Amazon CloudWatch 启用，除了 Amazon CloudWatch 费用外，无需支付其他任何费用。

#### 5. 网络连通性

在选择公有云提供商时，网络连通性是另一个重要的考虑因素。

Amazon 提供增强型联网（Enhanced Networking）服务。这一服务对于 Windows 和 Linux 虚拟机都有效。Amazon 使用 SR-IOV（单一根 I/O 虚拟化）支持增强型联网功能。SR-IOV 是一种设备虚拟化方法，与传统实现相比，它不仅能提供更高的 I/O 性能，同时还能降低 CPU 利用率。对于受支持的 Amazon EC2 实例，这一功能可提供每秒数据包数（PPS）性能、缩短实例间的延迟，并大大降低网络抖动。对于 Windows Server 2012 R2 和 Linux HVM 虚拟机镜像，Amazon 默认启动增强型联网功能，以提高性能（每秒包数）、缩短延迟并降低抖动。

Rackspace 提供了几种网络选项。例如极进网络（Extreme Networking）是 Rackspace 通过 twin bonded 10 Gbps connections 提供的高带宽解决方案。Rackspace 提供的一种更为通用的网络方案是 Cloud Networks，支持多层软件定义网络。Rackspace 还提供了云负载均衡和对 IPV6 的支持。

Google 云平台提供所有基础云网络能力，包括云负载均衡和云 DNS。此外，Google 还提供互联功能，允许用户直接或通过 VPN 建立和 Google 云平台的互联。

对于 Microsoft 云平台，用户可以在 Azure 内部定义虚拟网络，也可以通过点对点 VPN 连接 Azure 和私有数据中心。Azure 网络扮演私有数据中心扩展角色。例如，云应用可以访问本地 SQL Server 数据库。

### 6. 存储选择

存储也需要根据负载需求提供多样选择。一些负载使用商用存储可以很好地提供服务，而一些负载则需要高性能存储。因此，云提供商必须提供多种存储选项。

Amazon EC2 包括基本存储，也包括弹性块存储（Elastic Block Store，EBS）。EBS 是可扩展、灵活、高容错的存储服务。Amazon EBS 提供两种类型的卷，即标准卷和预配置 IOPS 卷。Amazon EBS 还可以对卷进行时间点快照，并将快照持久保存在 Amazon S3 中。Amazon 支持跨 AWS 地区复制这些快照，从而能够更轻松地将多个 AWS 地区用于地理扩展、数据中心迁移和灾难恢复。

Microsoft 为 Azure 虚拟机提供了基本存储。此外，Microsoft 对于高性能负载，还提供高级存储。高级存储基于 SSD，而标准存储使用随机的 HDD。高级存储的使用很灵活，用户可以为每个虚拟机定义多个磁盘，分配最大 32GB 空间。对于单虚拟机，高级存储支持最高可达 50 000 IOPS，对于写操作延迟极低。高级存储是为 Azure 虚拟机工作负载设计的，要求高 I/O 性能和低延迟，能够处理 I/O 密集型工作负载，比如 SQL 服务器、MongoDB、Cassandra 等平台的 OLTP、大数据、数据仓库。

Google 提供 3 种不同的存储选项。云数据存储是一个用于存储非关系型数据的完全托管和无模式的解决方案。云数据存储是一个具有自动扩展能力和高度可用特性的独立的服务，同时也提供了强大的能力，例如 ACID 事务、与 SQL 相似的查询、索引等。对于数据库，Google 提供了全功能（fully managed）的 MySQL 数据库。而对于更一般的存储，Google 提供云存储，主要可以通过 API 进行程序访问的对象存储。

Rackspace 提供两种主要的存储选项：No Spinning Disks 和块存储。正如名字所描述的，No Spinning Disk 指全 SSD 存储解决方案，可用于虚拟机和裸金属云服务器。而块存储则仅适用于虚拟服务器。云存储可以包括SSD或者Spinning Disk，可以通过10Gb网络与虚拟机连接。

**7. 地域支持**

一些业务或者法律要求必须将某些资源部署在某些特定的地理位置。基于这种情况，云提供商应该给用户提供多种部署虚拟机的位置选择。

Amazon EC2 托管在全球多个位置。这些位置由区域和可用区构成。每个区域 都是一个独立的地理区域。每个区域都有多个相互隔离的位置，称为可用区。Amazon 允许用户在多个位置放置资源（如实例）和数据，但是默认情况下资源不会被跨区域复制。所以，Amazon EC2 资源要么具有全球性，要么与区域或可用区相关联。Amazon 运行着具有高可用性的先进数据中心。每个 Amazon EC2 区域都被设计为与其他 Amazon EC2 区域完全隔离。这可在最大程度上实现容错能力和稳定性。

Google 允许用户设定在某个区域部署虚拟机，而实际上，地理位置不同的区域硬件也存在一些差别。Google 的每个区域下有设置多个分区（zone）。Google 可用的区域位置包括美国、爱尔兰、德国、南美、亚洲。

Microsoft 跨越美国、欧洲、亚洲、南美和澳大利亚，共部署了 17 个数据中心。

Rackspace 在美国、英国伦敦、中国香港和澳大利亚悉尼部署了数据中心。Rackspace 通过这些数据中心提供数据冗余，以及业务性能可以保障的云服务，进而提供将虚拟机限定在某一区域的能力。

综上，对云计算有些许了解的人都知道，在公有云领域 Amazon 是无人能及的。根据 Gartner 的统计，Amazon 的公有云能力是其他 14 个竞争者之和的 5 倍之多。如果用户已经使用了大量 Microsoft 服务，就采用 Microsoft Azure。如果主要用于大数据分析，那么 Google 公有云的数据存储和分析工具是不二之选。

## 7.3 私有云

### 7.3.1 概述

私有云指专门为某个组织提供的云基础设施。该组织拥有基础设施，并可以控制在此基础设施上部署应用程序的方式。私有云可以部署在企业数据中心的防火墙内，也可以将它们部署在一个安全的主机托管场所。

尽管公有云有众多优势，但是企业还是很少将自己的业务 100% 部署到公有云。有些企业认为，将现有基础架构迁移到私有云比迁移到公有云更加容易，毕竟私有云的规范、标准可以由企业自由定义。

和现有企业私有数据中心一样，私有云环境可以使用任意设备，通过任意自定义配置，支持任何应用。对于无法在公有云很好运行的一些传统应用，私有云是非常有诱惑力的，或者说私有云是唯一的选择。

由于私有云是为一个客户单独使用而构建的，因而可以提供对数据、安全性和服务质量最强的控制力。

对于以下应用，采用私有云会是不错的选择：

1）使用 Oracle RAC，由于合规性需要使用特定的基础架构。

2）对存储系统访问有很高的性能要求，如创建或生产大量视频文件的媒体公司。

3）不频繁使用的应用，不值得花费精力迁移到公有云。

4）使用成本可预见、存储开销低的应用。

5）应用不稳定，流量消耗大，而当前 IT 管理员对于应用本身缺乏足够的理解。这种情况，需要将系统部分重写后，再考虑向公有云迁移。

图 7-3 展示了私有云使用情况。2015 年私有云进展缓慢，相较于 2014 年，2015 年调查结果变化很小。VMware vSphere 继续领跑，有 33% 的企业受访者用其作为私有云。2015 年企业对 OpenStack 私有云的接受度达到 13%，相较 2014 年有 3% 的增长，已经是最大的增长了，并且高达 30% 的受访者正在评估或者计划使用 OpenStack。最显著的变化是 Microsoft 进入私有云市场，在推出的第一年，已经取得 7% 的企业受访者有力支持。

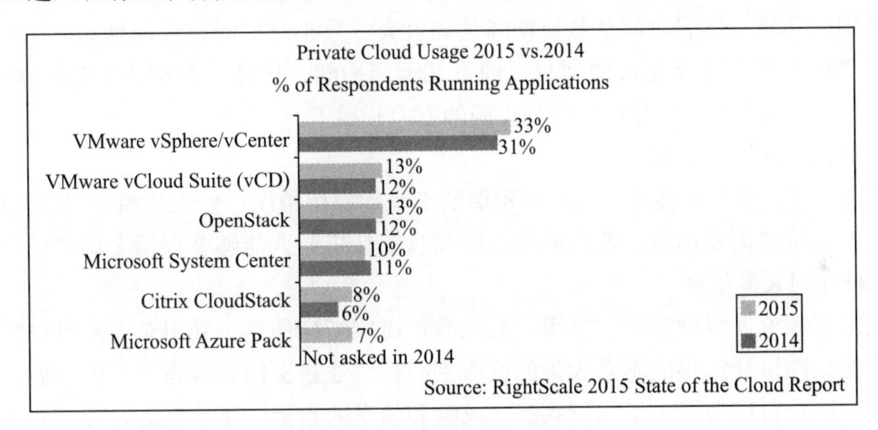


图 7-3　私有云使用情况

## 7.3.2 建设私有云需要考虑的问题

企业私有云的优势在于，提高灵活性，显著缩短供应时间；通过提高资源利用率，可以实现更高的效率，包括大幅节约能源；充分利用增强的工业标准硬件和软件，在提升可用性的同时，可以最大限度地控制成本增加。私有云内部利用全新的业务智能工具，可以改进容量管理，提升管理能力。

构建私有云最重要的是要解决数据中心计算、存储、网络资源整合，提高资源利用率，以及建立一个能让用户感知服务的入口，提高资源使用效率及基础设施管理能力。私有云构建需要考虑如下问题。

（1）规划融合资源架构

融合资源架构规划，自下而上涉及多个层面。首先服务器必须虚拟化，底层软件需要采用软件定义网络技术和融合存储设备。存储、服务器、网络等硬件资源要进行全面的兼容性测试。上层应用程序与底层资源管理需要纵向拉通考虑，提升整合全系统性能，改善融合资源架构的资源使用效率。

此外，还需要横向考虑容灾、数据复制、业务部署等逻辑。私有云最好跨多数据中心，避免故障发生时服务的单点失效。目前公有云在这一方面做得并不完善。而私有云系统相对简单，在这一点上，可以因地制宜得到更好的发挥。

（2）全自动编排

构建私有云需要针对跨融合资源架构的系统管理和软件分发，设计全自动编排系统。这是私有云成本节约的核心要素。用自动化部署替代以前需要人力执行的日常工作，这最终会成为私有云推行的驱动力。

全自动编排将原来两周的资源供应时间，显著减少到两天，甚至 15 分钟。私有云提供了无与伦比的敏捷性和灵活性，用户不再需要等待各层、各种审批流程。

要注意的是，自动化很关键，但是潜在用户也不应该太过执着于资源供给的即时性。对于有的用户环境，部署时间从数星期降低到数天、数小时可能就已经足够了。对于有的用户，不要因为资源管理生命周期只提前了几天而抱怨，毕竟，自动化不是一蹴而就的，时间的缩短意味着私有云构建已经在朝正确的方向开展了。

（3）细粒度资源审计跟踪

在私有云中，如果不能展示用户对资源的细粒度使用情况，就无法刺激高效使用资源。所以，私有云构建需要细粒度资源回放、跟踪、审计机制，能够掌握每个用户使用哪些资源，以及使用时长等信息。

细粒度资源审计通过资源、应用、系统的各模块指标信息，获得全面的可见性。但是细粒度资源跟踪审计提供的不是大量的低级别指标。通过资源跟踪审计，能够展示环境当前的状况，用户可以根据关于运行状况、风险和效率的指标，集中精力处理需要立即解决的问题，从而管理运营状况和风险。花费在监控上的时间将会有所减少，而花费在优化上的时间则会有所增加。

（4）标准自服务目录

真正的私有云意味着所有用户而不仅仅是 IT 成员，可以基于分配给他们的资源，控制应用的性能。所以，私有云的构建需要一个跨私有云的、所有成员可见的标准自服务目录。如果控制台只用于传统 IT 管理员分配资源，而并没有对所有用户提供对应界面，那么，充其量控制台只是 IT 管理员的一个新的“玩具”。

### 7.3.3 基于 OpenStack 搭建私有云

构建一个私有云，必须遵循 IaaS 模型，根据用户需求，设计尽可能简单的架构。简单意味着职责分明，架构清晰，可以随着需求的变更很容易做出扩展或者调整。而复杂的架构，难于维护，随着需求的膨胀，架构本身将逐渐失控。

OpenStack 私有云搭建涉及如下 3 个步骤：

### 1. 需求分析

用户需求需要考虑业务需求和技术需求。业务需求指用户成本、地理位置、盈利空间和上线时间。私有云允许用户自服务，对计算、网络、存储资源按需获取和访问，从而显著缩短上线时间。相对于非技术的业务需求，技术需求更加重要，具体包括性能、自服务能力、可用性、安全等。

### 2. 规划 OpenStack 计算、网络、存储资源

（1）计算

当规划 OpenStack 计算资源池时，要考虑很多因素，如处理器数目、内存容量、每个 Hypervisor 需要的存储数目等。可用虚拟资源与可用物理资源之间的超分配比例也是一个重要的考虑因素。OpenStack 的默认 CPU 超分配比例为 16：1，默认的内存超分配比例为 1.5：1。在设计阶段确定超分配比例是很重要的，因为这直接影响计算节点的布局。

对于部署控制器、对象存储、块存储和网络服务的资源节点，需要考虑其资源需求。资源节点的处理器核数和可运行线程数影响部署其上的服务，从而影响 OpenStack 私有云全局的系统效率及服务均衡情况。

（2）网络

OpenStack 私有云通常需要设置多个网络段，每个网络段提供对特定资源的访问。网络服务自身也需要网络通信，其网络路径应该与其他网络隔离。当设计私有云网络服务时，要计划网络段间物理或逻辑隔离。用户也可以为内部服务如消息队列、数据库等创建额外的网络段。网络段的划分、网络隔离，是为了保护业务敏感数据，避免受到非法访问。

根据需求选择一个网络服务，目前 OpenStack 提供了两种网络服务：Neutron 和 Nova-networking。

Nova-networking 服务主要通过两种模式提供二层网络服务。在 FLAT 网络模式中，所有网络硬件节点和设备都连接到一个二层网络段。VLAN 模式中，每个租户都会分配一个 VLAN ID，每个租户也可以有自己独立的 IP 地址段，属于不同租户的虚拟机连接到不同的网桥上，因此不同的租户之间是隔离的，不会相互影响。所以，一般建议，用户采用 VLAN 模式，而尽量不要使用 FLAT 模式。

Nova-networking 完全由云管理员操作，租户是没有网络资源控制权限的。所以，如果租户希望有能力管理和创建网络资源，如网络段和子网，用户就应该使用 OpenStack Neutron。Neutron 提供了对网络资源的完全的掌控能力。一般通过某种隧道协议形式，在现有网络基础设施上建立封装好的通信路径，以分离不同租户的流量。具体方法根据特定实现而有不同，但主要的方法有 GRE 隧道、VXLAN 封装和 VLAN 标签。

对于私有云，一般采用Nova-networking的VLAN模式，简化私有云网络架构。

私有云网络构建，建议使用至少3个网段。

第一个网段是公共网络，用于向管理员和租户提供REST API访问。通常，只有控制节点和Swift代理连接到这个网段。在一些情况下，这个网段也为硬件负载均衡器和其他网络设备提供服务。

第二个网段用于管理员管理硬件资源，也用于配置管理工具在硬件上部署软件和服务。在某些场合，这个网络段也用于内部服务，包括消息总线和数据库服务。这个网络需要提供与每个硬件节点通信的能力。

第三个网段用于应用和用户访问物理网络，以及用户访问应用。这个网段通常与API访问网段隔离，也不能与硬件资源直接通信。计算资源节点需要通过这个网段通信，同时网关服务对外部用户提供物理网络服务及应用数据。

（3）存储

OpenStack有两个独立的存储服务：块存储和对象存储服务，并且每个服务都有特定的设计需求和目标。除了存储服务的主要功能外，还需要考虑对计算、控制节点的影响，这会影响整体私有云架构。

当考虑OpenStack块存储硬件资源时，主要目标是最大化每个资源节点的存储容量，同时保证每TB的成本最小。这就需要采用能容纳大量磁盘的服务器。在不使用任何特殊数据复制设备的情况下，当发生硬件故障时，OpenStack对象存储的一致性管理和分区隔离特性可以保障数据始终可用，并同步至最新版本。所以，OpenStack对象存储不需要采用企业级设备驱动。

当规划OpenStack块存储节点时，需要先了解具体业务负载和需求。建议设计多个块存储池，以便租户根据应用类型选择合适的存储解决方案。通过创建多个不同类型的存储池和配置高级存储调度器，可以为租户提供具备多种性能级别和冗余选项的存储服务目录。

### 3. 软硬件选择

从性能、稳定性、运维要求等角度选择Hypervisor、OpenStack软件及服务器硬件等，这些选择都对私有云构建有较大的影响。

典型OpenStack私有云逻辑架构如图7-4所示。

防火墙、交换机和负载均衡器部署在公网，提供全网连接。

OpenStack控制服务运行资源调度、身份认证、消息总线、镜像管理等服务，从高可用的角度需要部署至少3个控制节点。

OpenStack计算节点运行Hypervisor，默认采用KVM。OpenStack计算节点数目，根据业务需求以及CPU资源超分配比例进行合理配置。

OpenStack块存储为业务虚拟机提供存储服务，对于动态网站数据库需要持久化存储。

OpenStack对象存储提供静态对象，如虚拟机镜像。

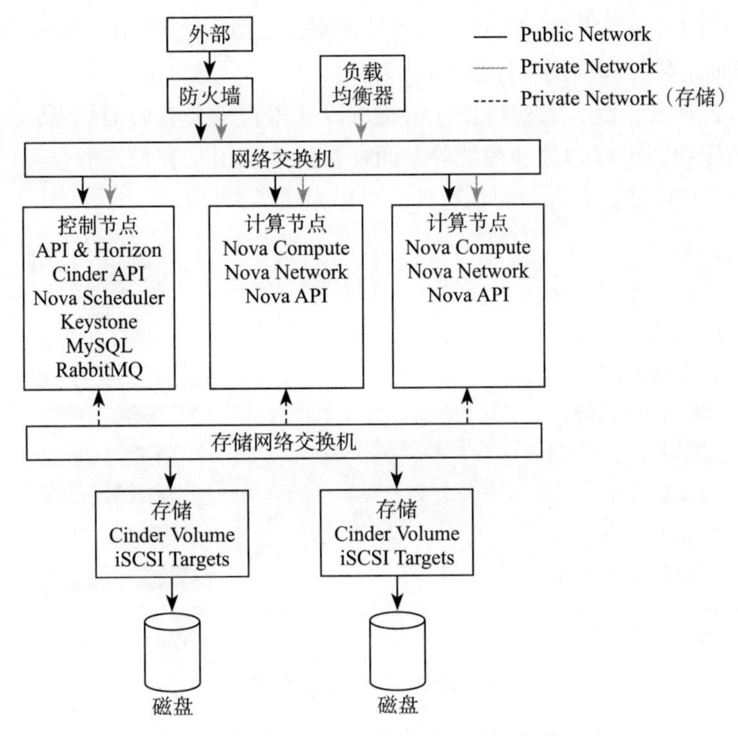


图 7-4　OpenStack 私有云参考架构

对于典型的三层 Web 应用，Web 服务器实例运行在 OpenStack 计算节点的本地存储。Web 服务器是无状态的，这意味着任何一个实例出现故障后，应用仍然可以运行。

数据库可以采用 MySQL 或者 MariaDB。数据库高可用体现在以下两个层面：

1）数据库采用高可用部署模式。对于 MySQL，采用主备方式。对于 MariaDB，则将多个 MariaDB 实例构建成 Galera 集群。当 MariaDB 实例故障时，存储重连接其他实例，并加入 Galera 集群。

2）数据库实例的数据部署在共享企业存储，通过可靠存储增强数据库业务稳定性。

OpenStack 对象存储可以作为 OpenStack 镜像服务的后端，三层 Web 应用中的静态文件，如日志、视频源数据等存储在 OpenStack 对象存储中。

结合 Puppet 和 Web 应用的 Heat 编排脚本，可以加速 Web 应用业务部署，以及提供业务自动伸缩能力。

# 7.4　混合云

## 7.4.1　概述

美国国家标准与技术研究院对混合云的定义为：由两种或两种以上的云（私有云、社区云或公有云）组成的云基础设施，每种云保持独立实体，但云之间用标准的或专有的技术组合起来，使得其间的数据和应用程序具有可移植性。

由于引入了公有云，混合云使得企业机构可以获得很多公有云的优点，这些优点包括经济有效性、敏捷性、可移动性和弹性等。同样，由于使用私有云，混合云可以保持较强的控制力、安全性和性能。混合云与私有云的对比如图 7-5 所示。

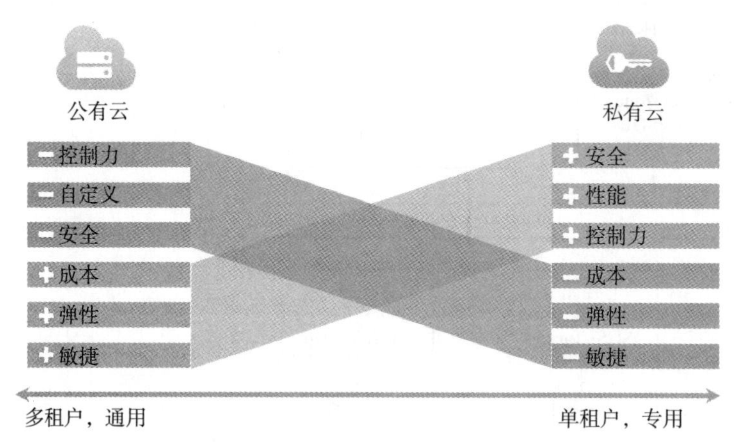


图 7-5 混合云与私有云的对比

混合云使得企业可以灵活选择在自己的私有云或者第三方公有云基础设施分配数据、应用和其他计算资源。同时，混合云架构允许在不同的架构和业务需求间进行平衡。其灵活性最终可帮助企业机构达到其业务目标，包括高效性、可用性、可靠性、安全性、经济有效性等。由于混合云在公有云和私有云之间达到了很好的平衡，兼具了公有云和私有云的优势，混合云已经逐渐成为主要的云解决方案。

混合云一方面为私有云提供了低成本丰富的公有云资源，同时利用私有云保证公司核心资源的安全性。混合云如此具有竞争力，以至于很多企业开始向混合云迁移，如图 7-6 所示。事实上，企业架构往往很复杂，混合云解决方案是最佳的解决方案。

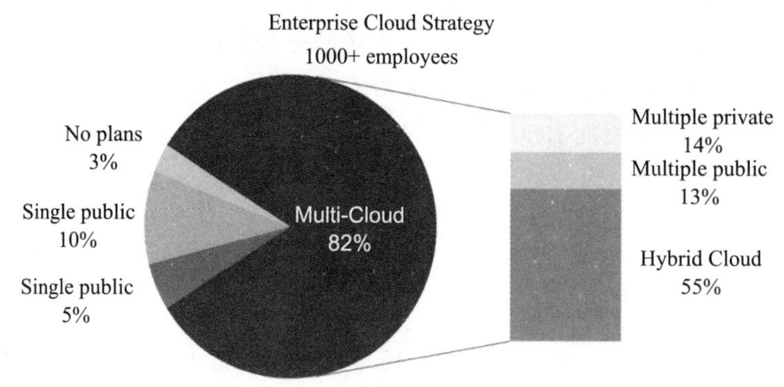


图 7-6 混合云成为大部分用户首选策略

根据 RightScale 的调查，混合云是用户首选策略，企业计划使用多云组合的比例从 2014 年的 74% 增长到今年的 82%，其中 55% 企业计划使用混合云，14% 使用多公有云，13% 期望使用多私有云。而根据 2014 CompTIA 的一项调查，高达 90% 的企业会很快以不同形式启用混合云解决方案。

混合云主要有如下 3 种实现形式：

（1）单个云提供商提供完整混合云方案

混合云环境包含了私有云以及公有云基础设施，在很多混合云实施方案中，私有云和公有云环境采用相同的底层软件定义数据架构，使得业务可以在公有云和私有云之间真正无缝迁移。如 VMware、Microsoft、IBM 等公司目前采用的都是这种实现方式。这种方式简化了安全和一致性管理，但是不可避免地给用户带来了 Vendor lockin。

（2）拥有私有云的公司，将公有云服务集成到自身基础架构

目前，某些技术能力比较强的私有云公司采用这种方式。

（3）不同云提供商分别提供私有云或公有云，集成到统一服务

图 7-7、图 7-8 分别为 2012 年和 2015 年云提供商格局，可以看到，3 年的时间云提供商市场大洗牌，其中 6 家退出，7 家进入。云提供商市场竞争激烈，变化快速，今年热门的云提供商，可能明年就成为明日黄花。而 Vendor lock-in 使用户濒临险境。

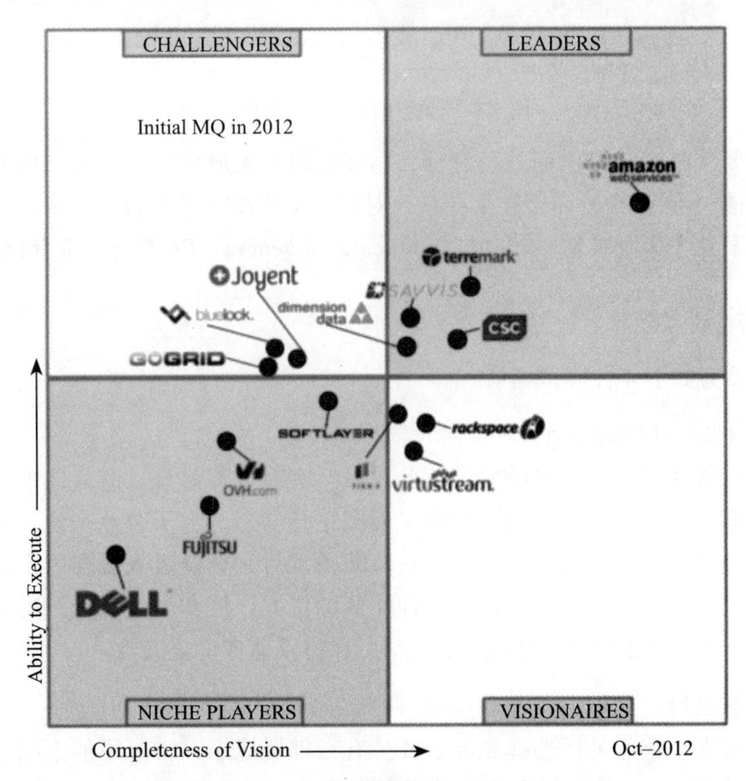


图 7-7　云提供商格局（2012）

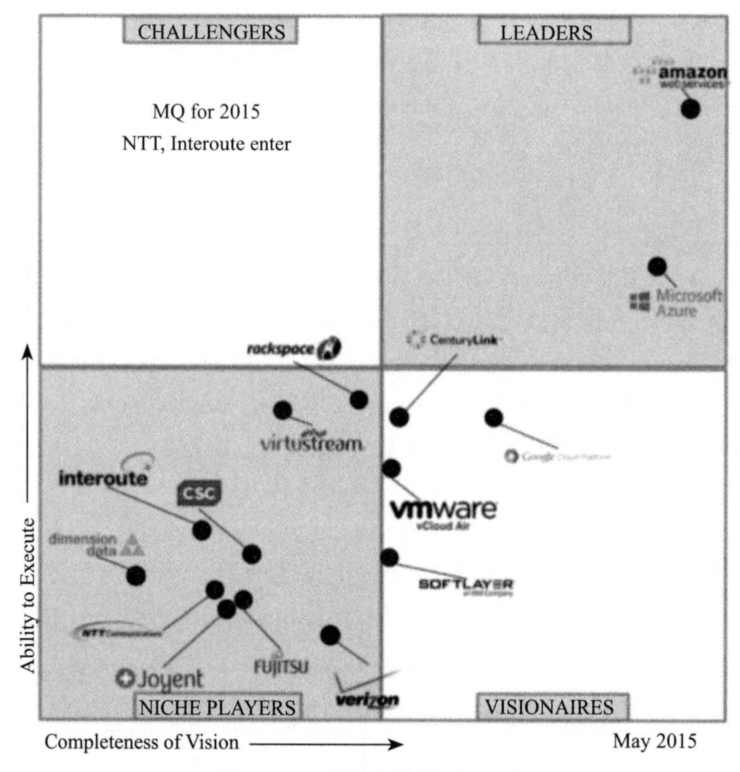


图 7-8 云提供商格局（2015）

所以，需要将不同云提供商的公有云、私有云服务集成到统一服务。典型的，RedHat CloudForms 抽象不同私有云和公有云接口，对用户提供统一的混合云服务，用户无需了解内部具体的云服务。其他如 MagicIQ、RightScale、Egenera、F5 等公司也有相应产品。

## 7.4.2 典型场景

混合云主要有如下 4 种典型场景。

### 1. 云爆发（Cloud Bursting）

混合云可以帮助提升负载峰值时的业务质量。有时，节假日、商品促销或某些事件会导致业务流量骤然激增，而之后业务流量又回归正常状态。对于企业来说，为了峰值负载购置资源并长期闲置，成本太高。于是，在负载高发时，企业进入混合云模式，将过载的业务流量转发到公有云。企业仅按需支付使用到的资源，成本大大降低。同时云爆发场景下，混合云为企业提供了公有云弹性扩展优势，保持了业务的连续性。

### 2. 跨云部署应用

根据业务需求，企业灵活选择私有云或公有云部署应用，将应用的不同层跨云分离部署，如图 7-9 所示。如，对于一个典型的三层 Web 应用，将 Web 前端部署在公有云，Web

前端利用公有云的弹性扩展及弹性负载均衡服务（ELB）可以根据真实负载，快速灵活扩展。将对时延敏感的应用层对用户就近部署，可以保障低延时、高性能的用户体验。将用户数据部署在私有云，使得企业可以控制关键数据的安全性。

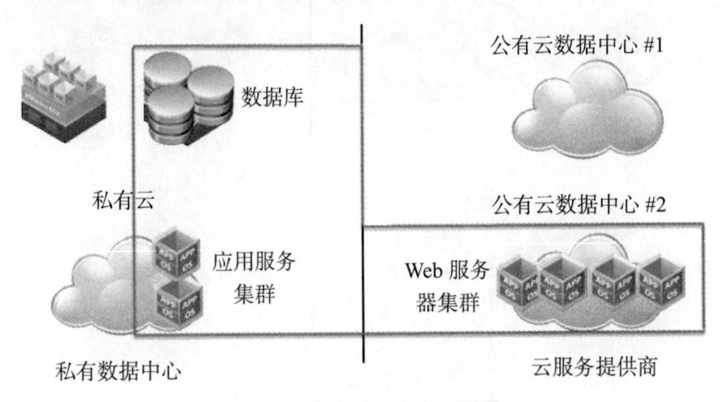


图 7-9 跨云部署应用场景

### 3. 开发 / 测试

开发者需要一个敏捷、灵活、动态的环境，开发和测试软件应用。公有云对于软件开发来说，是弹性、灵活、低成本的理想平台。开发测试部署在公有云中，按需扩展云容量，降低企业 CapEX，如图 7-10 所示。更重要的是，公有云可以降低部署时间，加速了快速创新及投入市场。另外，生产环境部署在私有云，可以保证生产环境的稳定性及性能。在功能开发测试稳定后，可以将软件功能逐一迁移到私有云。

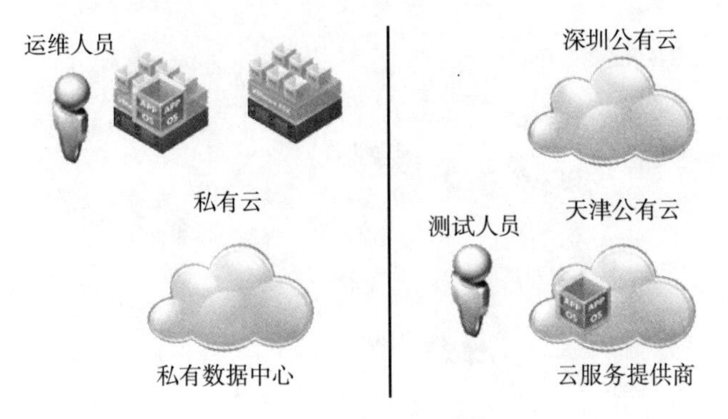


图 7-10 开发 / 测试场景

### 4. 容灾

在当前竞争激烈的市场环境中，企业必须持续提供稳定可靠的服务。因此，大部分组织机构都有不同形式的灾备和业务连续性策略。而将容灾策略从私有云扩展到公有云，从而在混合云实现容灾方案，也是很有裨益的。

混合云容灾策略提供了灵活的存储、虚拟机备份、自动的故障恢复测试、迁移计划和灾难恢复。混合云的部署能力使得其可以处理各种资源容量、能力需求和容灾场景，如图 7-11 所示。

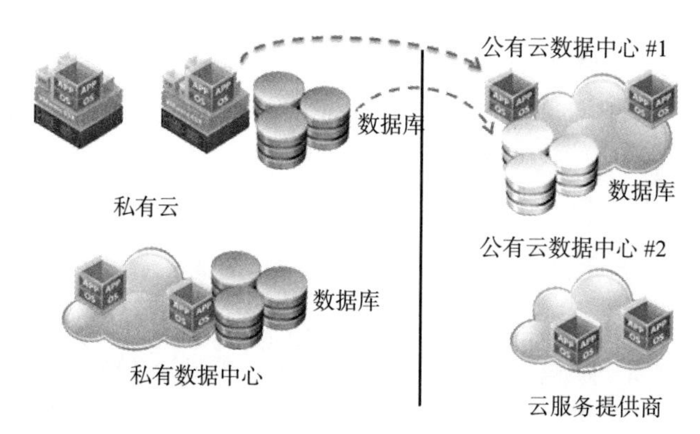


图 7-11 容灾场景

对于一些没有能力实现容灾策略的企业，混合云容灾方案帮助企业建立数据备份，在公有云进行业务备份，在容灾场景下启动备份。混合云提供备份能力，增强了云环境可靠性，可保持企业业务的连续性。

**5. 可移动性**

用户可以根据需求（如地理位置、功能、性能要求），灵活选择不同的云提供商，同时业务在各云提供商间可以迁移，如图 7-12 所示。混合云可移动场景，为用户提供更多更开放的选择，避免发生客户 Vendor lockin。

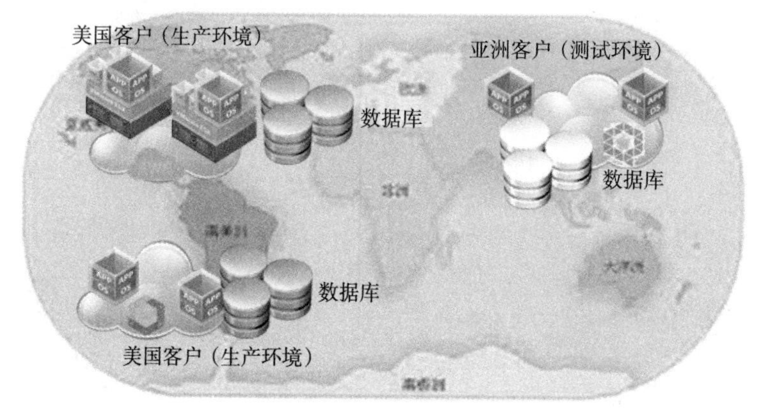


图 7-12 可移动性场景

### 7.4.3 主要挑战

混合云兼具了公有云和私有云的优势，一方面为私有云提供了低成本丰富的公有云资源，另一方面利用私有云保证公司核心资源的安全性。混合云已经逐渐成为企业主要的云解决方案。

但是，混合云要想在公有云和私有云之间真正达到平衡，还面临着如下挑战。

### 1. 竖井林立

混合云通过资源的弹性扩展降低了企业设备、管理成本。然而企业在云端化的过程中，都会使用不同厂商提供的虚拟化技术来架设私有云和公有云。

各个云提供商采用的云架构不一致，究其本质，是各个云提供商内建的资源抽象、资源模型之间的差异。云提供商提供了不同的资源类型、资源容量、资源格式。最底层资源组织方式的不同，使得各云提供商提供的网络能力、安全能力、高级特性、附加功能、计费模型等都存在很大的差别。而云提供商能力提供的差异也必然会在对外接口展示中有所体现。不同云提供商提供不同的 API 格式，甚至同一 API 格式也可能具备不同的 API 语义。

这些云环境异构，管理工具及业务申请流程不同，导致云提供商之间解决方案割裂，往往需要大量人员进行管理，令企业的 IT 环境更为复杂。如何一体化地管理这些复杂的系统，是企业需要面对的一大挑战。

### 2. 管理复杂

企业期望通过公有云的引入，降低基础设施 CapEX 成本，然而混合云成本模型复杂，使得混合云成本管理非常复杂。

混合云成本模型复杂具体体现在以下方面。

（1）混合云价格模型各异

Amazon 提供了 3 种价格模型，分别为：竞价型实例（Spot Instance）、按需运行（On demand）、预留实例（Reserved Instance）。其中竞价型实例和按需运行的主要差别在于，竞价型实例可能无法立即启动，竞价型实例每小时价格会根据需求变动，并且 Amazon EC2 会根据每小时价格或竞价型实例可用情况的变化终止单个竞价型实例。Google 除了自己的按需运行模型之外，还提供了基于承诺的价格模型（Commitment Based），Microsoft 则定义了小时承诺计划价格模型（Hours Commitment Plan）。除了这几家大型云提供商，很多规模较小些的云提供商也建立了自己的价格模型。

（2）规格不一，费用繁杂

图 7-13 所示为 Google 和 Amazon 的按需运行价格表，可以看到，虽然同为按需运行模型，但是按需模型针对不同的规格有不同定价，而两个提供商对于规格的定义也差别很大。规格不一、费用繁杂的云资源价格，必然加剧企业对混合云成本的管控难度。

（3）价格波动频繁

由于竞争激烈，云提供商价格调整也非常频繁。2013 年，Rackspace 两次调整价格，Google 调整了 4 次，微软进行了 7 次价格调整，而公有云巨头 Amazon 调整了 13 次之多，平均不到一个月就变动一次。

| Google Instance Type | CPU Cores | RAM | AWS Instance Type | CPU Cores | RAM | Google New On-Demand (per hour) | AWS NEW On-Demand (per hour) |
|---|---|---|---|---|---|---|---|
| n1-standard-1 | 1 | 3.75 | m3.medium | 1 | 3.75 | $ 0.070 | $ 0.070 |
| n1-standard-2 | 2 | 7.5 | m3.large | 2 | 7.5 | $ 0.140 | $ 0.140 |
| n1-standard-4 | 4 | 15 | m3.-xlarge | 4 | 15 | $ 0.280 | $ 0.280 |
| n1-standard-8 | 8 | 30 | m3.2xlarge | 8 | 30 | $ 0.560 | $ 0.560 |
| | | | | | | | |
| n1-standard-2 | 2 | 13 | r3.xlarge | 2 | 15 | $ 0.164 | $ 0.175 |
| n1-standard-4 | 4 | 26 | r3.2xlarge | 4 | 30.5 | $ 0.328 | $ 0.350 |
| n1-standard-8 | 8 | 52 | r3.4xlarge | 8 | 61 | $ 0.656 | $ 0.700 |
| | | | | | | | |
| n1-standard-2 | 2 | 1.8 | c3.large | 2 | 3.75 | $ 0.088 | $ 0.105 |
| n1-standard-4 | 4 | 3.6 | c3.xlanrge | 4 | 7.5 | $ 0.176 | $ 0.210 |
| n1-standard-8 | 8 | 7.2 | c3.2xlarge | 8 | 15 | $ 0.352 | $ 0.420 |
| n1-standard-16 | 16 | 14.4 | c3.4xlarge | 16 | 30 | $ 0.704 | $ 0.840 |

图 7-13 Google 和 Amazon 按需运行价格表

混合云成本模型的复杂性也带来了云资源管理的复杂性。在混合云部署中，对于成本的考虑非常重要，但成本仅仅是其中一部分，还需要考虑业务性能、地理位置、各云提供商功能匹配情况、业务合规性、安全等。

面对复杂的混合云成本模型和应用需求，如何自动化部署业务，在最大化资产利用、最优性价比、IT 安全与成本之间寻求平衡，是混合云管理需要解决的问题。

混合云规模扩大后，对网络管理带来的挑战也不容忽视。规模的扩大意味着更多的网络设备、对象需要管理，甚至管理对象数量级发生变化；规模的扩大意味着更多的网络功能需要提供。更关键的是，网络规模扩大引起大量东西向流量，而现有网络设计仅关注南北向流量。混合云网络规模复杂，需要面向东西向流量设计网络架构，支持虚拟机跨云迁移，提升混合云资源弹性。

### 3. 跨云性能降低

混合云中，企业用户将数据分布在企业内部和公有云存储，使得企业用户能够充分利用云存储的可扩展性和成本效益，而不会暴露任何关键任务数据。但是基于云存储服务响应延迟的增加极大地影响应用服务的性能，云存储通过网络提供数据存储服务，网络带宽很容易成为数据访问的瓶颈，在远程访问环境下，网络传输速度会严重影响数据存储的响应速度。

混合云中，最后 1 公里本地传输从服务器到对象存储，可以采用多 HTTP 链接，其中单 HTTP 传输性能最大可达 100Mbps，而在广域网内单 HTTP 链接传输性能最大仅为 10Mbps，采用多 HTTP 链接仅能达到数据中心内单 HTTP 链接性能。

另一方面，距离对网络传输的影响导致网络延迟增大、丢包率增加，而延迟及丢包率的增加将导致吞吐率瓶颈更加严重。

从图 7-14 可以看到，随着网络延迟的增大，业务完成时间延长近 3 倍。

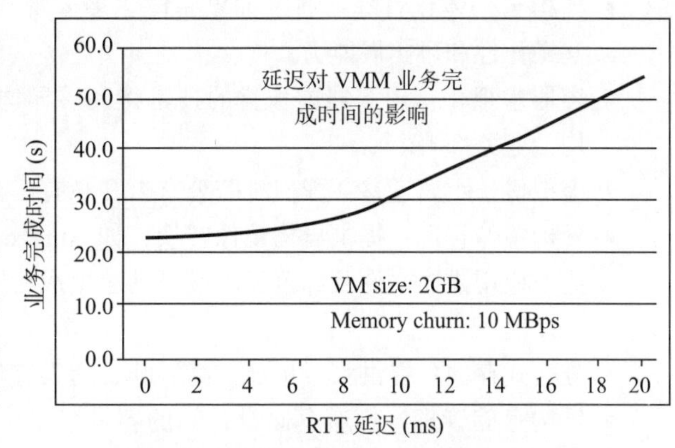


图 7-14 网络性能对传输延迟的影响

#### 4. 安全

由于混合云涉及公有云，互联网上的非安全连接传输导致私有云业务数据的非法访问，会引发机密数据泄露，甚至客户流失及一系列显著的恶果。在进行混合云规划过程中就要重视安全性问题，而不能在出现漏洞之后再亡羊补牢。

### 7.4.4 架构

混合云逻辑架构自底向上分为 3 层，如图 7-15 所示。

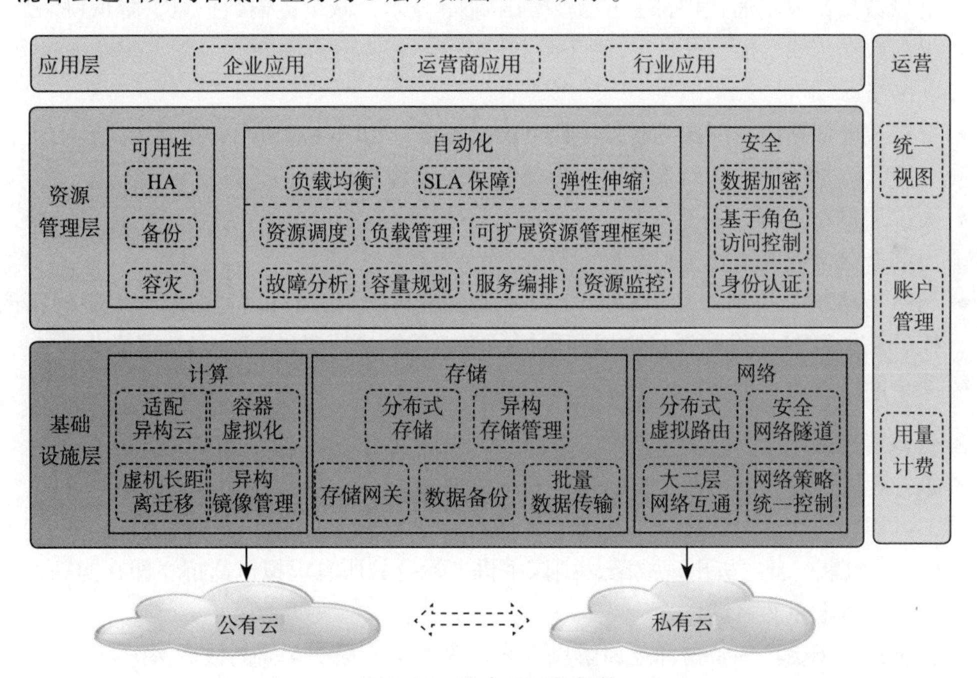


图 7-15 混合云逻辑架构

#### 1. 基础设施层

从资源角度，基础设施层又分为以下 3 部分：

（1）计算

- 异构云一体化管理：通过抽象一体化多云管理 API，提供可兼容架构，实现异构云互操作性和可扩展能力。
- 容器虚拟化：用容器虚拟化的技术将底层异构云平台与上层应用解耦，加快混合异构云业务部署。
- 虚拟机长距离迁移：虚拟机跨公有云和私有云在大二层无缝迁移。
- 异构镜像管理：提供异构镜像转换，如 Amazon 镜像到 KVM 镜像的转化，提供根据业务应用描述文件及部署云环境，动态生成相应格式镜像。

（2）存储

- 分布式存储：提供水平扩展、高吞吐、超大容量的分布式一体化存储。
- 异构存储管理：打通存储设备间的容量壁垒，实现跨设备存储资源集中调度，保证存储资源的高效利用与可靠管理。
- 存储网关：存储原始数据，同时将其中经常访问的那部分数据保留在本地缓存。
- 数据备份：采用块级持续数据保护（CDP）技术，无需介入应用系统即可实现远程集中备份保护。
- 批量数据传输：通过内部去重、数据压缩等技术，减少传输数据量，降低网络压力，提高数据传输性能。

（3）网络

- 分布式虚拟路由：三层的转发（L3 Forwarding）和 NAT 功能分布到计算节点上，避免跨云流量迂回，从而降低网关负荷及网络连接复杂性。
- 大二层网络互通：基于 VXLAN 等技术，构建与物理网络彻底解耦的逻辑网络，从而降低混合云网络管理和配置开销。
- 网络策略统一控制：基于 Open API 和 OpenFlow，实现对物理网络和虚拟网络的管控，通过 SDN 下发配置给物理和虚拟网络，按需快速提供 L2 ～ L7 网络业务。
- 安全网络隧道：加密保障数据在网络通路的安全性。

**2. 资源管理层**

资源管理层可分为可用性、自动化、安全 3 部分。

（1）可用性

- HA：如果一台主机出现故障，则该主机上运行的所有虚拟机都将立即在同一群集的其他主机上重新启动。
- 容灾：基于磁盘的备份和还原解决方案，为虚拟机提供全面的数据保护。
- 备份：基于块级的底层复制，避免了文件类型与系统复杂度所带来的技术瓶颈，实现系统级快速恢复。

（2）自动化

- 资源调度：通过建立应用成本收益模型，优化成本，保障应用，提供快速部署方案，提高混合云快速扩展能力。

- 负载管理：在资源繁杂，情况复杂的分布式多数据中心中，通过高效的负载管理，维持数据中心可用，保障应用 SLA，降低能耗。
- 可扩展资源管理框架：将多个数据中心看成一个有机整体，构建弹性、快速响应、高效、可扩展的资源管理框架。
- 故障分析：使用预测分析和智能警报主动识别和修复问题，实现快速的故障根本原因分析。
- 资源监控：跨云统一监控，建立一致性的日志记录与报表。
- 容量规划：不断评估资源效率，保障资源持续性及业务性能。
- 服务编排：自动完成混合云基础架构和应用服务的交付及生命周期管理，同时保持基于策略的控制力。

（3）安全

- 数据加密：私有云关键数据加密，保障用户业务安全性。
- 基于角色访问控制：创建和管理用户和群组，基于角色访问管理，并使用各种权限来允许或拒绝用户对云内部资源的访问。
- 身份认证：安全地控制用户对公有云服务和资源的访问权限。

#### 3. 应用层

混合云可以支持企业应用、运营商应用及各种行业应用。

### 7.4.5 关键技术

对于混合云，要克服竖井林立、管理复杂、跨云性能低下、安全隐患等挑战，需要我们能够管理混合云，能够跨不同云环境联合数据，能够跨不同云环境建立信任。

其中涉及的关键技术如下。

#### 1. 混合云异构一体化统一管理

为用户提供一个异构可兼容的架构，抽象云提供商和云工具通过驱动程序 driver 的理念与不同云提供商对接，实现异构云提供商之间的互操作性和便携性；如支持 Amazon VPC、支持追踪 Amazon 的系统负载、性能和使用量等功能。混合云异构一体化统一管理如图 7-16 所示。

混合云异构一体化管理，包括如下 4 个步骤：

1）系统分析各云提供商，包括其内部资源模型、基本能力、附加功能、计费模型等，确定其资源组织方式及对外暴露能力。

2）API 能力不同，给部署、配置、应用管理都带来了复杂度，所以需要抽象并提供一体化多云管理 API，屏蔽内部差异。

3）提供异构可兼容架构。通过驱动程序理念，支持与不同云提供商的对接。针对不同云提供商资源模型，分析不同云提供商能力的共性和差异。提炼云提供商的共性，提供必要的配置、监控、管理能力，在保障基本能力的同时，分析云提供商的个性，提供高级扩展能力，扩展差异化的功能。

4）利用开源方案替代某些云提供商特有服务，避免 Vendor lock-in。

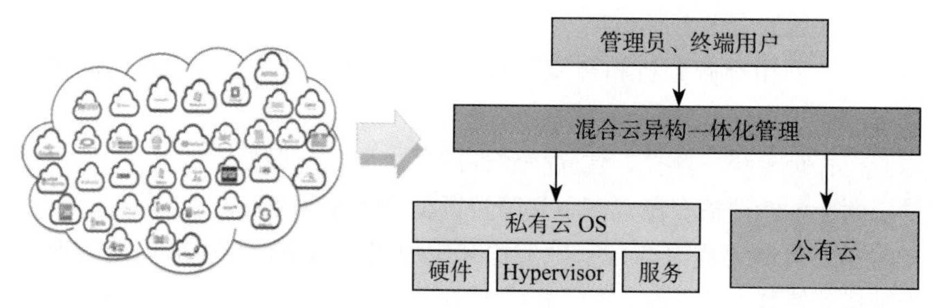


图 7-16 混合云异构一体化统一管理

### 2. 混合云业务部署机制

混合云环境虚拟机部署面临如下问题：

1）混合云成本模型复杂，包括应用在云内、云间迁移成本，镜像、数据存储成本，虚拟机运行成本。

2）应用模型复杂，应用部件繁多，交互复杂，企业应用对性能、时延、服务启动时间等有严格的 SLA 要求。

3）应用运行环境复杂，资源异构，请求到达情况不确定，如何在混合云间调度，在最大化资产利用、最优性价比、IT 安全与成本之间的平衡。

混合云业务部署机制需要建立两个模型，如图 7-17 所示。

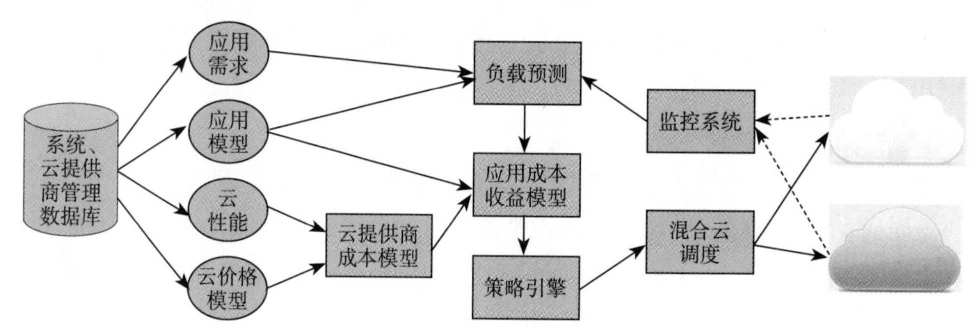


图 7-17 混合云业务部署机制

1）分析不同云提供商价格模型及性能数据，建立云提供商成本模型。

2）建立应用成本收益模型，确定应用组件部署，给出业务动态部署策略。

在初始部署时，结合应用特征，选择合适的云提供商；根据需要，可以提供应用真实部署性能数据，选择性价比最优的云提供商。

业务运行过程中，实时负载预测，结合应用规则，判断业务动态迁移或扩展的时机。

其中涉及以下几个考虑因素：

- 遵从企业应用策略，哪些组件不可以迁移，哪些必须迁移。
- 考虑应用组件间数据流交互，哪些组件存在交互？组件间通信发生了怎样的改变？
- 尽可能减少迁移成本，迁移成本取决于所迁移的计算、存储部件和相关的广域通信成本。
- 考虑迁移引起的事务时延增长，这依赖于最终用户的分布（从企业内部还是外部进行访问）。

基于混合云业务部署机制，建立云提供商成本模型，并结合应用特征，可以实现弹性部署混合云业务，在最大化资产利用、最优性价比、IT安全与成本之间平衡。

### 3. 混合云大二层网络互通

混合云兼具私有云的安全性、强控制力及公有云的低成本和资源弹性可扩展性，但是混合云的构建必须解决异构的私有云和公有云之间如何安全网络互通，如何通过公、私有云间虚拟机高效快速迁移提升混合云资源弹性的问题。

混合云大二层网络互通基于VXLAN等技术，构建与物理网络彻底解耦的逻辑网络，从而降低混合云网络管理和配置开销。在构建大二层逻辑网络基础上，混合云可以支持虚拟机及其配置无缝自动迁移，从而简化管理员操作，同时保障了虚拟机在公有云和私有云采用统一的安全策略。

逻辑网络的建立使得虚拟机可以在大二层自由迁移，但是现有技术不支持逻辑网络数据流量详细信息的监控。所以，还需要提供Overlay叠加网络的可视性技术，从封装的流量中抽象出应用级别的性能数据，增强网络租户的应用性能可管理性。

随着混合云网络规模扩大，引入东西向流量管理问题。

对于东西向流量控制，需要支持ARP广播请求应答，避免大二层网络风暴，同时在vSwitch中支持分布式虚拟路由（DVR），避免跨云流量迂回，从而降低网关负荷及网络连接复杂性。

对于高性能负载支持Direct Connect，直连方式降低长距离网络时延；基于IPSec协议，增强混合云安全，从而增强系统灵活性、可扩展性和性能。

### 4. 混合云存储网关

混合云中，基于云存储服务响应延迟的增加极大地影响应用服务的性能，云存储通过网络提供数据存储服务，网络带宽很容易成为数据访问的瓶颈，在远程访问环境下，网络传输速度会严重影响数据存储的响应速度，需要通过混合云存储网关设计解决上述问题。

分级存储及缓存预取，将不经常访问的数据存放到远端公有云存储，释放本地云存储给访问频度高的数据并进行缓存，以降低带宽，减少延迟问题，并获得更好的性价比。

根据应用性能需求，独立配置缓存容量，并根据当前需求，实时在线扩容。

支持将缓存映射到SSD，进一步提升与生产系统相关联的应用存储访问性能。

使用动态和静态数据加密技术，对传输数据进行加密，以保证数据安全性。

结合分级存储带来的数据差异，进行有选择地去重和压缩，缓解网络延迟带来的性能损耗及节约空间成本。

混合云存储网关，通过缓存预取及分级存储，缓解带宽瓶颈，提供本地时延高性能存储服务。

**5. 混合云容灾**

容灾系统需要具备较为完善的数据保护与灾难恢复功能，保证生产中心不能正常工作时数据的完整性及业务的连续性，即 RPO 尽可能小，同时在最短时间内由灾备中心接替，即 RTO 尽可能小，从而恢复业务系统的正常运行，将损失降到最小。

混合云容灾关键技术如下：

1）数据复制技术是整个灾难恢复系统中最核心的部分，信息系统的核心是数据，数据从生产中心到灾难备份中心必须利用复制技术。复制技术根据复制效率及实现方案的难易程度，可以分为同步复制、异步快照复制、异步 I/O 连续复制。

2）双活设计中，跨数据中心 Active/Active 集群共享卷支持并发访问，镜像卷技术保障数据实时同步。

3）容灾系统管理运维设计，从单一的设备层面管理提升为对整个系统进行管理、监控、运营和分析。

### 7.4.6 混合云业务部署实践

图 7-18 以 wordPress 业务为例，展示了 OpenStack-to-Amazon 混合云场景。由于业务负载增大，将 OpenStack 私有云扩展到 Amazon 公有云，按需获得额外资源，应用自动扩展。混合云逻辑架构如图 7-19 所示。

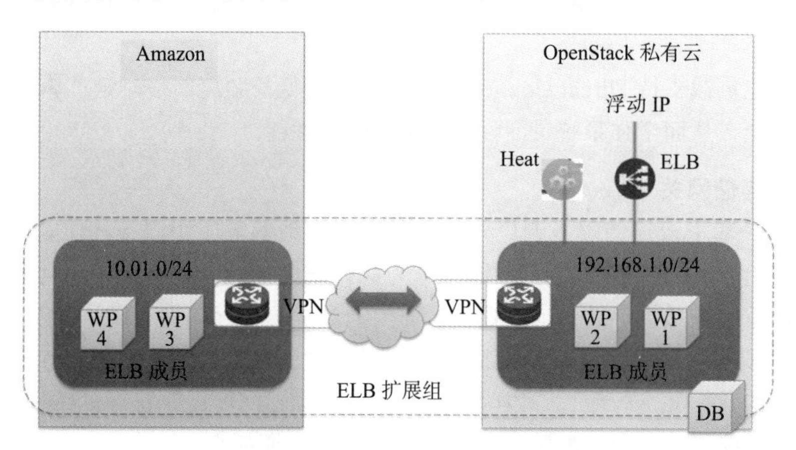


图 7-18 混合云业务部署

用户首先在 OpenStack 私有云部署业务，包括配置 OpenStack LBaaS 负载均衡器，实现应用负载均衡，利用自动缩放技术实现 Web 服务器虚拟机的弹性扩展。

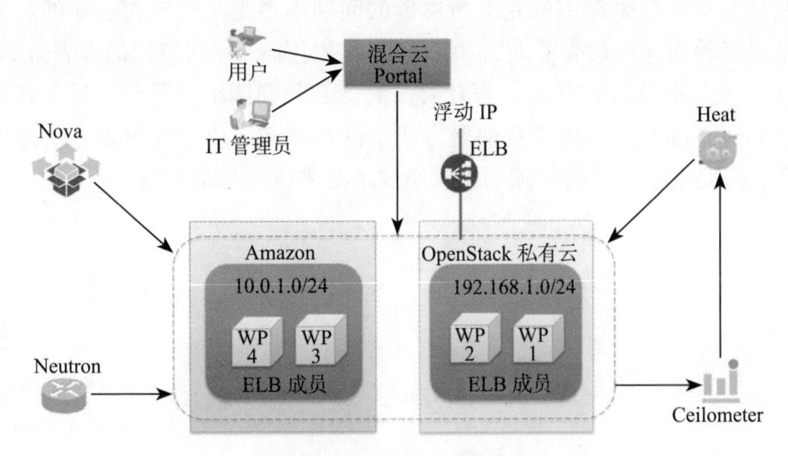


图 7-19 混合云逻辑架构

然后进行公有云环境构建，业务虚拟机的部署可以采用两种方式：

1）通过统一 Portal，创建虚拟机，安装软件，生成模板。

2）通过 P2V 技术将内部虚拟机镜像文件进行格式转换，上传到云端存储生成磁盘文件，封装成系统镜像，最终将业务虚拟机迁移到公有云中。

通过 Amazon 提供的网络互连技术，实现 OpenStack 私有云与 Amazon 公有云的大二层网络互通。

其中，公有云虚拟机的创建、网络互联都要求统一网站 Portal，可以通过公有云 API 访问公有云资源。统一网站 Portal 对用户屏蔽公有云和私有云，从用户角度，负载的监控、实例的创建等操作都是一致的。而实际上，网站 Portal 通过不同 API 触发公有云和私有云的对应动作。

统一 Portal 还可以使用 AWS 特有的工具，如 CloudWatch 执行业务负载监控，CloudFromation 实现业务编排。

当业务负载增大时，OpenStack Ceilometer 监控到公有云虚拟机，获取实时信息，实际上公有云的信息在混合云内部可以通过 CloudWatch 获取到。Ceilometer 与 OpenStack Heat Orchestration 模板结合，通过 OpenStack Heat 操控公有云虚拟机。

对于 Amazon，统一 Portal 通过 EC2 API 创建业务虚拟机实例，并分配弹性 IP。之后，将弹性 IP 加入 OpenStack 私有云的 LBaaS。业务可以分发到 Amazon 公有云。

在大规模业务部署中，有必要实现基于租约的资源回收机制。及时回收空闲或者“僵尸”状态的虚拟机，根据每台虚拟机的申请时间对所有虚拟机进行周期性检查，如果发现使用时间超时，且没有续约，则系统主动释放虚拟机资源。显然，基于租约的资源回收机制，有利于加速混合云资源的流通，节约公有云部署成本及用户资源购置开销。

## 7.5 小结

云计算发展至今，越来越多的企业所思考的问题不再是是否要将企业的数据和系统搬上云端，而是以何种模式构建企业的云。企业必须决定适合不同应用的部署方案：私有云、公有云或者混合云。本章对私有云、公有云、混合云分别剖析其优势、适合场景、关键技术等，并结合 OpenStack 介绍构建及部署方式。没有一种解决方案可以完美地满足企业所有的需求。企业需要根据自己的实际和供应商的情况来选择解决方案。

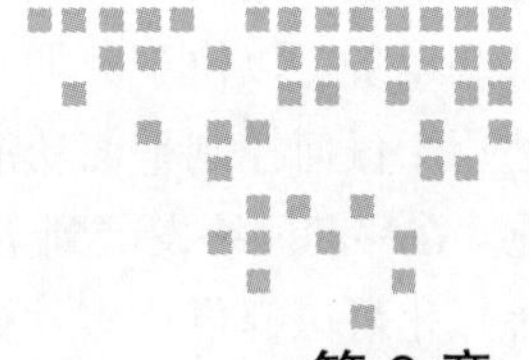

第8章 Chapter 8

# NFV云部署

在过去的时间里，网络运营商们经历了巨大的挑战。从简单的电报电话，到全民普及使用的移动电话，人类社会经过了100多年；而移动网络的普及，随着4G的发展，不过数十年时间，就席卷了整个地球。信息的交换从来没有如此的通畅、快速和便捷，以至于我们一时会迷失在这样的信息世界中。不幸的是，对于网络运营商们来说，这种快速的发展对成本和运营带来了巨大的挑战。飞速提升的硬件设备，日益庞大的用户群体，层出不穷的业务需求，对网络的设备和运行维护都提出更快的更迭和更专业的网络管理的要求。各种专用设备的更新淘汰，各种对接的维护培训和网络升级，对于需要保障用户体验的网络运营商来说，都不堪重负。

一切都在变化。网络运营商需要一种新型的架构，解决上述难题，以跟上时代的技术趋势和潮流。

## 8.1 NFV概述

为什么运营商的网络会那么复杂？小型机、服务器、路由器、防火墙、各种定制化设备等基础设施组成了运营商的网络。各种专用的硬件设备都有其特定的功能。在网络功能变化时，既需要集成已有的，又需要定制新增的，一方面导致复杂度增加，另一方面设备的淘汰也是不容忽视的成本支出。随着技术和服务的创新加速，设备的生命周期越来越短，极大地抑制了运营商提出新的网络服务来提升收入盈利，并且对更便捷的创新互联的世界发展形成了制约。

NFV（Network Function Virtualization，网络功能虚拟化）的目标是利用标准的IT解决

这些问题。通过使用虚拟化技术来整合多种网络设备类型，包括行业标准的计算服务器、交换机和存储，这些设备可以位于数据中心、网络节点，或者分布在最终用户的各个场所。网络功能虚拟化适用于任何控制平面功能部署在固定和移动网络上，用以进行数据平面的分组处理的基础设施。在移动网络发展到全数据平面的4G时代，这样的目标显得及时又可行。

网络功能虚拟化可以提供许多益处，包括但不限于以下这些：

- 降低设备成本，并通过整合降低设备功耗和利用IT行业的规模经济。
- 通过最小化的典型网络运营周期时间，以更快的速度进行市场创新。硬件时代，需要规模经济来弥补投资基于硬件的功能。而到了当今一切软件化的时代，这种模式已经不再适用于基于软件的开发。运营商们可以利用网络功能虚拟化，制定切实可行的其他模式的特征演化，显著降低网络的成熟周期。
- 灵活可用的网络设备多版本和多租户，将允许用户针对不同的应用，以及多个用户和租户使用单一平台。网络运营商可以将网络基础资源共享给跨业务的和不同的客户群。
- 对于不同的地域或客户群提供特色的服务，这些服务能够根据需求迅速调整。
- 支持多种生态系统并鼓励开放性。它打开了虚拟应用的市场。对纯软件开发者，小型应用提供商和学术界人士可以以低得多的风险，快速地实践更多创新，这将带来新的服务模式和新的盈利模式。

为了达到这些优点，有许多需要解决的技术挑战：

- 不同的硬件厂商，配合不同的虚拟机管理软件，需要提供实现高性能的虚拟化网络设备。
- 结合现有的定制的硬件平台和虚拟化的网络，网络同时能够在两者之间进行运作，需要重新使用网络平台的OSS / BSS。OSS / BSS需要发展出新的模型与网络功能虚拟化匹配，而这正是SDN能够起到一定作用之处。
- 管理和策划多个虚拟网络设备（尤其是传统的旁路管理系统），同时确保安全性，例如遭受攻击和配置错误等。
- 网络功能虚拟化需在其中的功能网元都能自动部署后，才能提供伸缩功能。
- 提供硬件和软件故障的分级服务和保障。
- 整合来自不同厂商的多个虚拟设备。网络运营商必须能“混搭”不同的硬件厂商，以及来自不同厂商的虚拟机管理程序，这样做的目的是确保不会产生显著的整合成本并避免被厂商锁定。

为了解决上述的问题，NFV的会员在标准组织ETSI的主持下开展工作，以确保应对该技术的挑战，为了标准化的方法和共同的架构达成广泛的协议。本章的内容主要参考NFV白皮书。

### 8.1.1 NFV定义

网络运营商的网络被越来越多的硬件资源所填充。每一次推出新的网络服务，就会产生新的硬件设备，为放置这些设备需要新的空间和配套设施。受能源成本、资金投入和更多操作技能的人员的限制，设计、集成和操作这些日益复杂的基于硬件的设备使得网络变得高度复杂。另外，在这些设备到达业务周期的尽头时，没有其他的利用价值，无法加以利用。运营商们已经厌倦了这样的投入和循环，技术和服务的加速、硬件生命周期的加速，抑制了新的收入增长和新的网络服务。运营商开始寻求新的技术解决方案。

如图 8-1 所示，运营商们希望能够看到标准的通用的硬件方式，标准的高容量的计算服务器，标准的高容量的存储设备，标准的高容量的以太网交换设备。在这些通用的标准的硬件设备的基础上，依托于独立的软件提供商，对资源进行管理、编排、自动远程部署等操作，根据用户和业务需求动态进行分配、调整和回收。

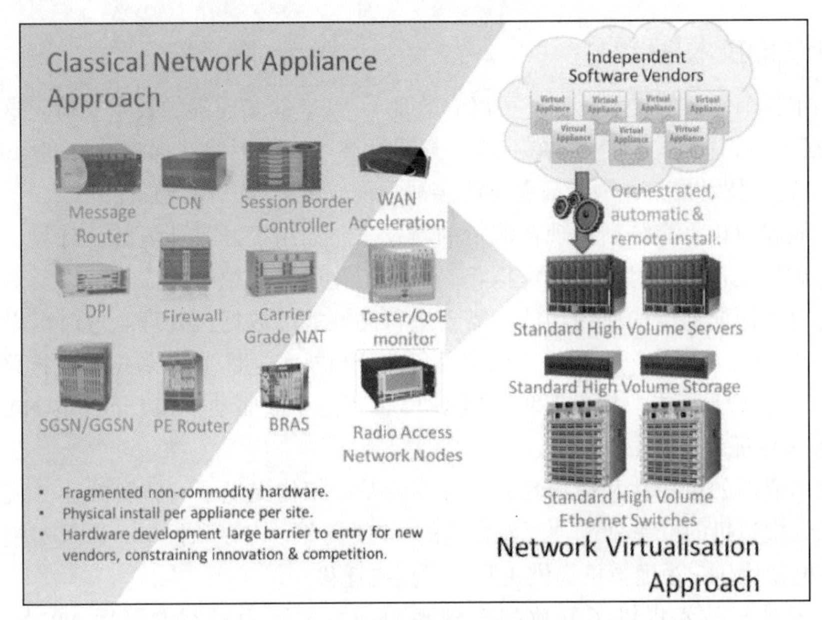


图 8-1 网络功能虚拟化全视图

在 NFV 架构下，软件可以独立于硬件，软、硬件完全分离，运营商的固定投入和运维成本都能显而易见的减少，并且，运营商对网络和基础资源的配置更为灵活，可以快速地支持各种创新的业务和服务。

### 8.1.2 与 SDN 的关系

网络功能虚拟化和软件定义网络（SDN）是一种高度互补的关系，但是两者并不相互依赖。NFV 可以不使用 SDN 的技术来实现，只是两者结合能产生更大的价值。

目前 NFV 在不使用 SDN 的情况下，也可以通过数据中心目前已有的技术来支持。但是，SDN 提出的控制面和转发面的分离技术，极大地简化了与现有网络部署的相容性，从而使得网络便于操作和维护。NFV 能够支持基于 SDN 的基础网络设施，两者在网络服务器和交换机的目标方向是紧密一致的。

NFV 与 SDN 的关系如图 8-2 所示。

总的来说：

1）NFV 侧重于网络功能单元的虚拟化、软硬分离及通用化，目标是减少运营商的 CAPEX 和 OPEX，各种空间和资源的支出；而 SDN 侧重于网络的集中控制、虚拟化、开放接口，主要解决网络能力。

2）SDN 可和 NFV 结合，两者之间通过业务编排进行统一调度，构成完整的解决方案。

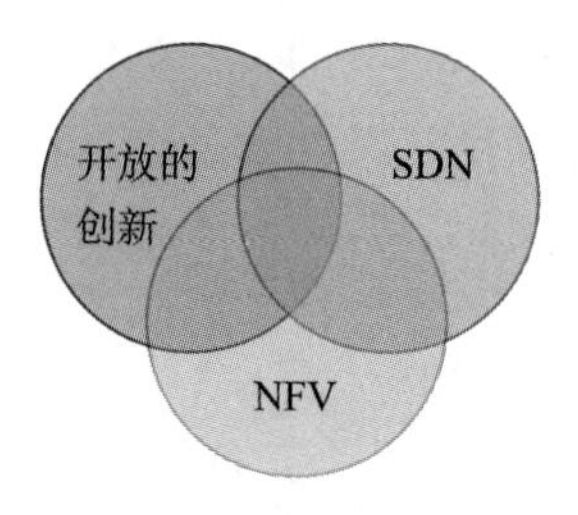


图 8-2　NFV 与 SDN 的关系

## 8.1.3　NFV 的技术基础

最近几年各个领域的技术发展，可以有效地为 NFV 的实现提供技术支持。这些技术都与 NFV 有很大的相关性，并且都在不断完善和发展中。也因此在探讨 OpenStack 的时候，要介绍 NFV 这一技术框架，因为前者可能会被大量应用于 NFV 的场景。

网络功能虚拟化将充分利用现在流行的新技术，如用于开放环境的云计算。云计算的技术核心是虚拟化机制，对硬件的虚拟化，对虚拟化后的虚拟机的监控，以及对虚拟交换机的使用。对于面向通信的应用功能，需要进行高性能的数据包处理。这时可以采用高速的多核 CPU 提供计算能力，采用智能网卡的负荷分担技术，将 TCP 数据包直接路由到虚拟机的内存中进行处理。同时使用轮询方式驱动（而不是中断驱动，如 Linux 的 NAPI 和英特尔 DPDK），来保证提供高 I/O 带宽。

为了提高资源的可用性和使用性，云计算的基础架构提供了一整套的业务流程和管理机制，来保证虚拟机的资源分配。例如合适的 CPU 资源、内存和接口，以及对失败的虚拟机进行重新的初始化，为虚拟机提供快照和虚拟机迁移。

最后，云计算技术提供了开放的管理平面和数据平面控制的可用 API 接口，比如 OpenFlow、OpenNaaS 或 OGF 的 NSI，为 NFV 和云计算的集成提供了额外的保障。

行业标准化的高性能通用服务器是 NFV 获得支持的另一个关键点。采用业界标准的高性能服务器是网络功能虚拟化必须考虑的经济要素。网络功能虚拟化充分利用了当前 IT 领域的规模化产业。行业标准的高性能服务器是使用标准化的 IT 组件构建的（例如 x86 架构），可以达到百万台的出货量级。这些服务器的一个共同特点就是，它们的内部组件供应有足够的供货商和竞争性。那些依赖于定制的专用集成电路（ASIC）而开发的网络设备，随着尺寸的减小，成本呈指数增加，将越来越没有竞争力。通用的电路将适用于大规模实施的设备，ASIC 仍然适用于某些特定类型对吞吐量有超高要求的应用。

## 8.1.4　NFV 的挑战

NFV 有许多挑战，标准组织呼吁所有对该技术感兴趣的人都应该重视这些问题，面对并努力解决这些挑战，来加速 NFV 的进程。这些问题都相同重要，排序没有先后区分。

### 1. 可移植性和互操作性

标准化数据中心环境需要具备加载并执行不同的虚拟设备的能力，不同的运营商可以对不同的厂商提出不同的规定。该技术面临的挑战是定义一个统一的接口，它需要清楚地分离出如何从底层的硬件设备来创建一个软件实例，这个过程需要由虚拟机和虚拟机管理程序来配合完成。设备的可移植性和互操作性是非常重要的，因为它会创造不同生态系统的虚拟设备供应商和数据中心供应商，同时使得它们能够互相适配并且彼此依赖。可移植性也应当允许对虚拟设备的位置和所需的资源进行自由的操作而无需约束。

### 2. 性能权衡

由于网络功能虚拟化的方法是基于行业的标准硬件，即避免任何专有硬件，如网络加速设备等，因此必须考虑到整体网络的性能可能下降。目前的挑战是如何通过使用虚拟机管理软件技术，尽可能地保持适当的性能，使得网络延迟、吞吐量的影响和开销处理达到最小化。平台需要明确了解底层资源的使用情况，使虚拟设备知道它们从硬件得到的可用性能。选择和使用正确的技术将不仅获得网络控制功能的虚拟化，而且是数据 / 用户平面功能的虚拟化。

### 3. 传统平台的迁移和现有的平台的兼容共存

网络功能虚拟化的体系结构必须实现网络运营商对现有网络的兼容管理，并且与现有的网关管理系统、网络管理系统、OSS 系统、BSS 系统，以及将要实现的资源编排和管理系统实现兼容和统一管理。网络功能虚拟化必须支持网络的迁移，即从当前的专有物理网络设备迁移到更加开放的基于标准的虚拟网络设备的解决方案。换句话说，网络功能虚拟化的解决方案必须工作在传统物理网络和虚拟网络设备组成的混合网络设备之上。因此，虚拟设备必须使用现有的北向接口（用于管理和控制）与物理设备实现互通功能。

### 4. 管理和业务流程

网络功能虚拟化必须提供一致的业务流程架构和管理。网络功能虚拟化提供了一个机会，通过一个灵活的、开放的、标准化的操作软件提供网络设备基础设施的调度和管理，用明确的标准和抽象的接口规范迅速调整、管理和协调北向接口。在将新的虚拟设备整合到一个网络运营商的现有运营环境时，这将极大地降低成本和减少时间。软件定义网络（SDN）进一步提高了该精简整合的效率，虚拟网络设备或网络功能虚拟化的编排系统可采用支持 SDN 的交换设备实现。

### 5. 自动化

只有当所有的网元都能支持自动化的时候，网络功能虚拟化才能具备自动化扩展能力。自动化的部署和扩展将会取得极大的成功。

### 6. 安全性和弹性

网络运营商在引入网络功能虚拟化时，需要继续保证网络的安全性、弹性和可用性。

我们最初是希望通过网络功能虚拟化可以在网络出现问题时进行重建，这样达到提升网络的弹性和可用性的目的。一个好的基础设施架构，特别是如果它的虚拟化层和配置管理是安全的，那么在此之上的虚拟设备应该和物理设备有相同的安全性。网络运营商将寻找工具来控制和验证虚拟化层和配置管理，同时也要求安全可信的虚拟化层和虚拟设备。

#### 7. 网络的稳定性

确保网络的稳定性并不是很容易，尤其是当需要管理和编排一大堆的虚拟机设备时，而且这些设备是基于不同硬件厂商的设备和不同的虚拟化层。这一点十分重要，例如，当虚拟机迁移时，或者进行重新配置事件（例如，由于硬件和软件故障）时，或者在网络受到攻击时。这种挑战不是网络功能虚拟化所特有的。潜在的不稳定性也可能发生在当前网络中，这取决于未能预知的各种组合控制和优化机制，例如同时对底层网络设施和在其上的网络设备进行操作（如流接纳控制、拥塞控制、动态路由和分配等）。应当指出的是，网络的不稳定性将会导致重大的影响，产生损害，甚至戏剧性地危害到网络的性能参数或资源的优化利用。能够保证网络的稳定性将会进一步提升网络功能虚拟化的优势。

#### 8. 简单

确保虚拟化网络平台的操作将是比当前的网络管理更为简单的存在。一个显著的焦点是，网络运营商为了简化复杂的网络平台和过多的支撑系统，已经保持了几十年的网络技术的发展和演进，为了支持重要的创收服务，这项工作在持续进行。有一点十分重要，我们一定要避免在舍弃一组复杂的运维机制的同时，又引入了一套同样麻烦的机制。

#### 9. 集成

网络功能虚拟化的一个关键挑战是，如何在现有的行业标准高容量服务器和虚拟层之上，无缝地集成多个虚拟设备。网络运营商需要能够实现“混搭”，从不同的服务器供应商和不同厂商的虚拟设备管理层获取设备和支持，这样做不会产生显著的集成成本，并可避免被供应商锁定。这整套的系统必须由第三方支持，来提供集成服务和维护，第三方必须解决几方之间有可能出现的各种集成问题。这整套的生态系统将需要机制来保证和验证新的网络功能虚拟化产品，对应的工具应该被标识或者被创造出来，以解决这一问题。

## 8.2 NFV 架构

在 ETSI 的文档 NFV Architectural Framework 中，定义了 NFV 的架构框架和软件架构。本节着重介绍这部分内容。

### 8.2.1 NFV 架构框架

NFV 的架构框架如图 8-3 所示。主要分为 3 个部分：VNF、NFVI 和 NFV M&O。各部分在标准规范中都有充分的定义和说明，通过标准的接口功能进行交互，密切配合，合作完成网络功能虚拟化的工作。

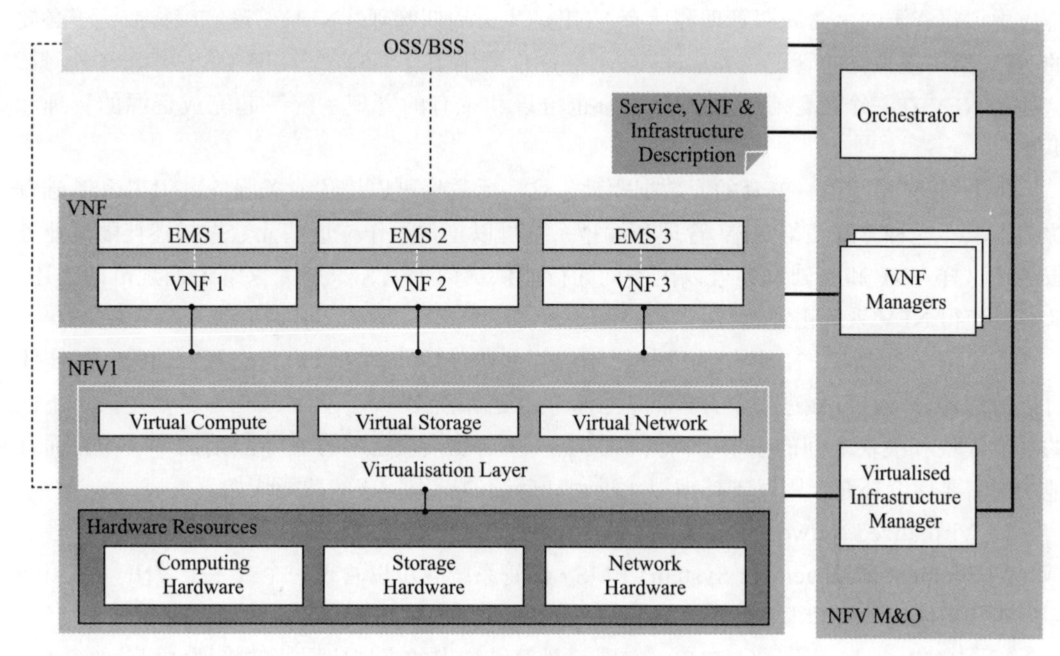


图 8-3 NFV 架构框架

NFVI，即 Network Functions Virtualization Infrastructure，是网络功能虚拟架构，它提供硬件资源的虚拟化来支持虚拟化网络功能 VNF 的执行。这个架构中，虚拟化层（Virtualization Layer），主要完成对硬件资源的抽象，形成虚拟资源，如虚拟计算资源、虚拟存储资源和虚拟网络资源。那么对于虚拟计算资源和虚拟存储资源，Virtualization Layer 就是目前的 Hypervisor。对于网络资源的虚拟化，就可以依靠 SDN 等技术来提供网络虚拟化层。这个架构中，还有硬件资源层（Hardware Resource），即最下面的物理资源，包括交换机、路由器、计算服务器和存储设备。这部分设备需要考虑采用商业现货供应（COTS）服务器。其中的网络资源可以分为两部分，一是用于连接计算服务器 / 存储设备的网络，形成 PoP 点，类似于数据中心网络；二是用于连接各个 PoP 点的网络，类似于目前的 WAN 网络。

VNF，即 Virtual Network Function，是网络功能的软件实现，运行在 NFVI 之上。通常有一个网元管理系统（EMS）相随，一个网元管理系统一般管理一个单独的 VNF，在网元实体化的时代，它们都是配套的。这里的网元可以理解为 EPC 的 SGW/PGW/MME，或者业务服务实体，例如短信服务器、彩信服务器、CDN 设备等。VNF 的概念提出是将当前这些实体网元虚拟化，通过这种方式，它们将不再依赖于硬件，而是通过从 Virtualization Layer 提供的 API，单独获取如虚拟计算资源、虚拟存储资源、虚拟网络资源，来完成自身功能。

NFV M & O（管理和业务流程）涵盖了编排和对所有资源的管理，包括基础物理设施、虚拟化资源的生命周期管理和所有 VNF 的生命周期管理。NFV 管理和编排专注于必要的 NFV 架构虚拟化的管理任务。NFV M & O 也适用于有（NFV 外部）OSS / BSS 的场景，这使得 NFV 在一个已经存在的网络中，也可以和现有的管理系统一起完成资源的管理和编排。

整个 NFV 系统由一整套的元数据驱动，这些元数据可以描述业务服务、VNF 和基础资源的需求。这种方式使得 NFV 管理和编排系统可以正常运作。这些元数据描述伴随着业务服务，这样 VNF 和基础设施可以由不同的行业供货商提供，只要大家都遵循规范的描述，就可以使得 NFV 系统正常运行。

通过定义参考点，NFV 架构框架便于各部分通过标准参考点进行交互，使得各种实体可以清楚地分离，以促进一个开放的、创新的生态系统 NFV。NFV 架构参考点定义了不同的功能模块和模块之间的主要参考点。其中一些功能模块已经存在于当前的部署中，而其他的则需要后续补充，用以支持虚拟化进程和后续的操作。这些功能块如下：

1）Virtualized Network Function（VNF）虚拟化的网络功能。

2）Element Management System（EMS）网管系统。可以管理一个或多个 VNF。可以使用原网管系统统一管理虚拟化和非虚拟化网元。

3）NFV Infrastructure（NFVI），就是云计算结构中的虚拟化层，它将硬件相关的 CPU、内存、硬盘、网络资源全面虚拟化。这个虚拟化软件中最著名的就是 VMware；国内著名的产品有华为公司的 FusionSphere。

4）Virtualized Infrastructure Managers 虚拟化基础设施管理。虚拟化层厂商提供的管理系统，负责对物理硬件虚拟化资源进行统一的管理、监控、优化，如本书的主角 OpenStack。

5）VNF Managers 负责 VNF 的生命周期管理。一个 VNF Manager 可以管理一个或多个 VNF。注意，这里不是指 EMS 上网元的业务管理，而是指对 EMS 和 VNF 提供部署、扩容、缩容、下线等自动化能力。

6）Orchestrator 编排器，负责 NFV 的 I 层基础资源和上层软件资源的编排和管理，在 NFV 的 I 层基础上实现网络服务。这种编排能力可以根据业务的需求，调整各 VNF 所需要的资源多少，在各机柜、机房、地域之间迁移 VNF 等，是全自动的核心能力。

7）OSS/BSS 即业务支撑系统（BSS）与运营支撑系统（OSS）。需要最大限度地减少对现有 OSS/BSS 的影响。为了适应 NFV 趋势，OSS/BSS 本身要支持运行在云计算平台上，同时支持和 VNF Manager 和 Orchestrator 的互通。

上述 Orchestrator、VNF Manager（s）、Virtualized Infrastructure Manager（s）这 3 部分，共同组成了 NFV Management and Orchestration（NFV M&O，在各类规范中，也称为 NFV MANO）。

NFV 的架构参考点如图 8-4 所示，其中标识了 NFV 各部分之间的接口参考点。

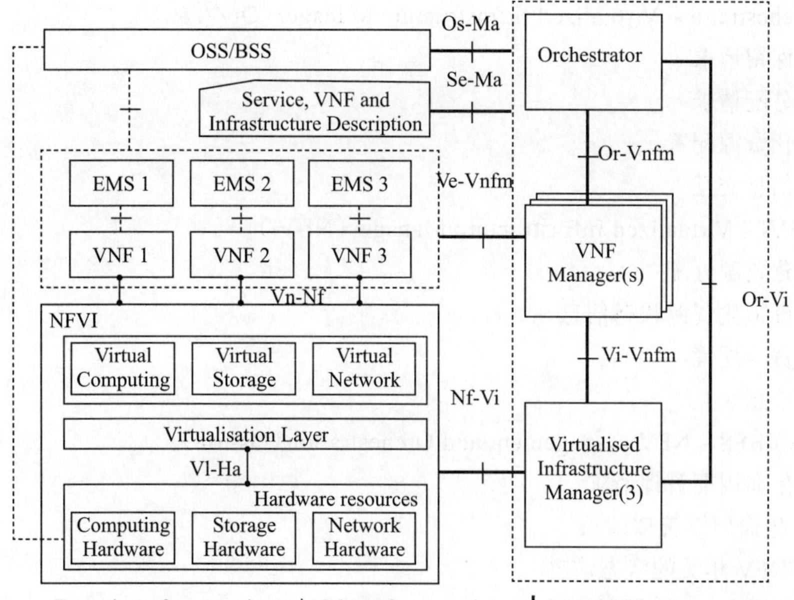


图 8-4 NFV 架构框架接口参考点

参考点的接口说明如下：

（1）Virtualization Layer – Hardware Resources（Vl-Ha）

- 虚拟化层申请硬件资源
- 收集相关的硬件资源状态
- 不依赖于任何硬件平台

（2）VNF – NFV Infrastructure（Vn-Nf）

- 表示 NFVI 提供给 VNF 执行环境
- 不承担任何特定的控制协议
- 保证硬件独立的生命周期及 VNF 所需的性能和便携性要求

（3）Orchestrator – VNF Manager（Or-Vnfm）

- VNFM → Orchestrator 的资源请求，包括鉴权、确认、保留、分配，以确保 VNF 能按要求获取资源。
- 发送配置信息到 VNFM → VNF 能被正确配置
- 收集 VNF 的状态信息→进行生命周期管理

（4）Virtualized Infrastructure Manager – VNF Manager（Vi-Vnfm）

- 资源分配申请
- 虚拟化硬件资源配置
- 状态信息交互

（5）Orchestrator – Virtualized Infrastructure Manager（Or-Vi）

- 资源保留请求
- 资源分配请求
- 虚拟化资源配置
- 状态信息交互

（6）NFVI – Virtualized Infrastructure Manager（Nf-Vi）

- 虚拟化资源分配
- 推送虚拟化资源状态信息
- 硬件资源配置
- 状态信息交互

（7）OSS/BSS – NFV Management and Orchestration（Os-Ma）

- 服务生命周期管理请求
- VNF 生命周期管理请求
- 推送 NFV 相关的状态信息
- 策略管理交互
- 数据分析交互
- 推送 NFV 相关计费和使用记录
- 容量和存量信息交互

（8）VNF/EMS – VNF Manager（Ve-Vnfm）

- VNF 生命周期管理请求
- 配置信息交互
- 服务生命周期管理所需的状态信息交互

在规范中，目前只定义了各参考点直接的接口功能和相关参数定义，对于接口本身并没有给出明确的规范，这将导致各厂家设备对接时需要额外的调试时间。网络运营商通常会基于标准规范的定义，扩展并且自定义接口来解决对接的问题。

### 8.2.2 NFV 典型用例

NFV 的端到端架构和组件如图 8-5 所示。

可以看到，硬件资源的虚拟化是 NFV 架构的基础。在 NFVI 的基础上，对运营商来说，各类业务网元都必须实现软硬件分离，进一步的都必须进行虚拟化部署。通过部署 VNF 相关的各类基本包和描述文件，NFV 可以根据需求创建虚拟化的 VNF 实例，并且完成 VNF 前转服务链的建立，或者叫业务转发链，这样，综合上述资源来提供网络服务。

图 8-6 提供了一个网络平面下的 NFV 用例概览图。

NFV 适用于固定、移动网络中任何数据面的分组处理和控制面功能。部分用例如下：

- 交换单元：BNG、CG-NAT、路由器

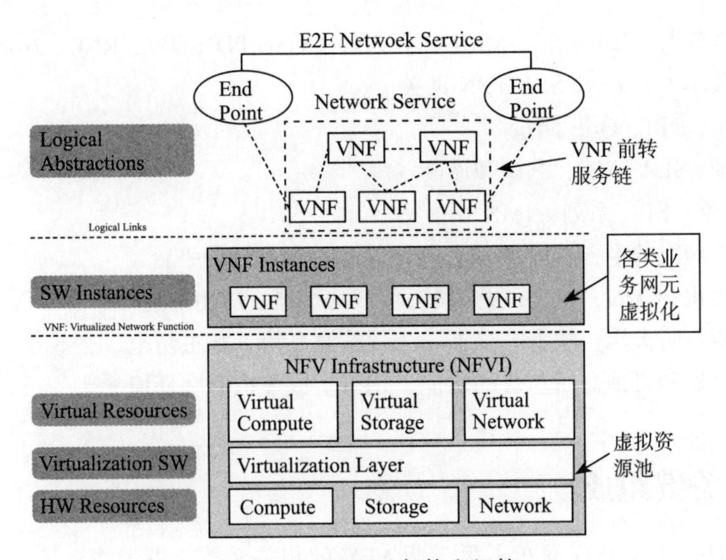


图 8-5　NFV E2E 架构和组件

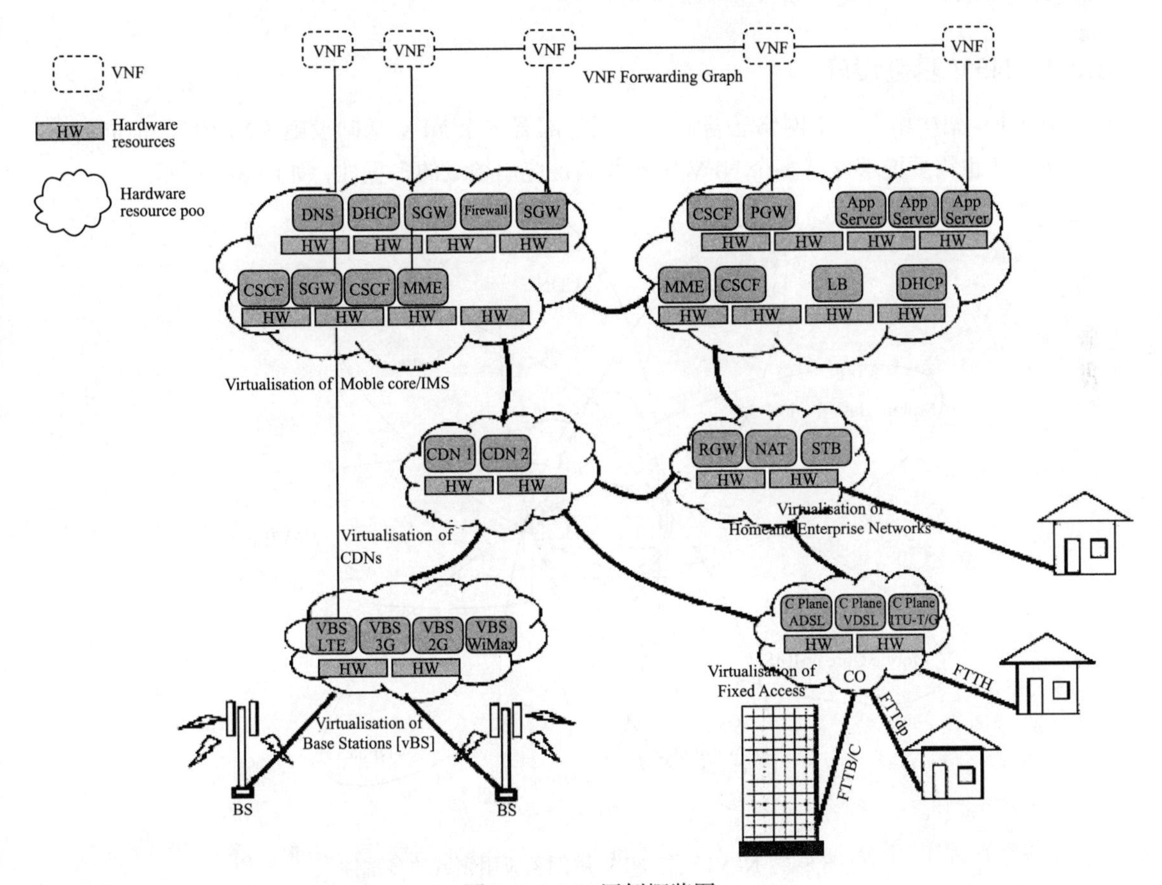


图 8-6　NFV 用例概览图

- 移动网络节点：HLR/HSS、MME、SGSN、GGSN/PDN-GW、RNC、Node B、eNode B
- 隧道网关单元：IPSec/SSL VPN 网关
- 流量分析：DPI、QoE 测量
- 服务保证，SLA 监控、测试和诊断
- NGN 信令：SBC 系列，IMS
- 扩展网络功能的融合：AAA 服务器、策略控制和计费平台
- 应用级优化：CDN、Cache 服务器、负载均衡器、应用加速器
- 安全功能：防火墙、病毒扫描器、入侵检测系统、蠕虫防范
- 家庭路由器和机顶盒所包含的功能，用于生成虚拟家庭环境

## 8.3 NFV 关键组成

2015 年 1 月，NFV ISG 发布了第二版 NFV 的相关文档，更为清晰地从网络运营商的角度描述了 NFV 的关键组成和重点功能。

### 8.3.1 NFV 基础设施

在 NFV 架构中，一个网络运营商可以同时部署多个 NFV 基础设施（NFVI）。但同时，一个 NFVI 也需要能够支持多个 NFV 用例并满足应用领域的多重性，如图 8-7 所示。

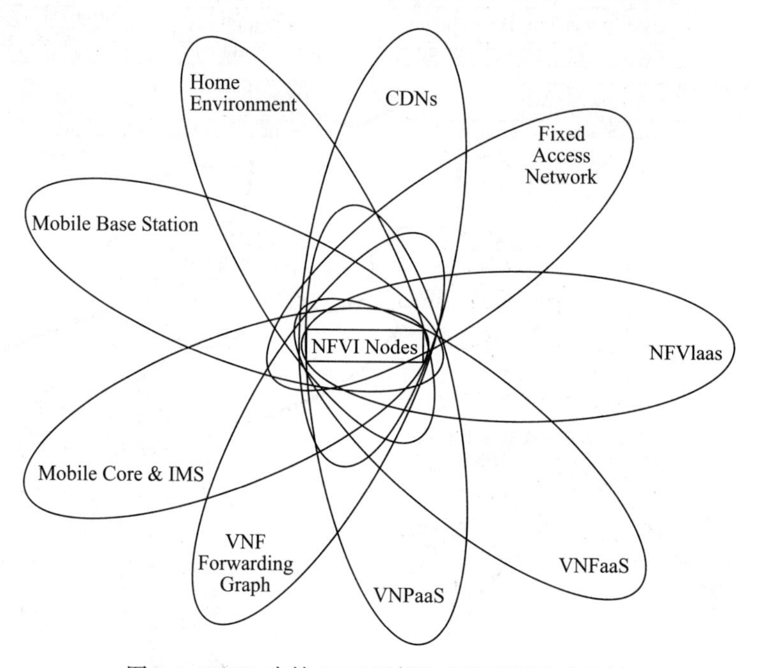


图 8-7 NFVI 支持 NFV 用例和应用领域的多重性

对于已经确定NFV用例和应用领域的范围，NFVI需要为其提供和支持一个稳定的平台。一个或者多个NFVI的硬件和管理软件的组合就是建立在其中的VNFs部署的环境的全部。这就要求该NFVI提供的基础设施具备多租户的管理系统，这样才可以同时支持多个用例和应用。

该NFVI由一组分布式地部署在不同NFVI参考节点上的NFVI节点组成，以支持不同的使用情况和应用领域的局部性和延迟目标所需。VNFs可根据需要，在NFVI的容量限制内，动态地部署在这些参考节点NFVI之上。该NFVI需要包含：

- NFV基础设施
- NFV计算域管理
- NFV虚拟域管理
- NFV网络域管理

NFVI的基础设施将包含规定的硬件和软件设施，提供符合架构原则的相关接口，明确NFVI和云计算之间的关系，保证方便而实用的互操作性，保障关键的质量指标。并且，NFVI基础设施要能够按照计算能力、虚拟化层、网络组成等方式被划分成不同的区域，同时，为支持VNFs的各种便捷性和性能要求提供保证。

NFV计算域将计算处理能力、加速能力及存储能力作为基本元素进行封装，通过网络接口对外提供这些能力，同时也提供NFVI与其他的外部网元的交互接口。NFV计算域确定了模块化和可扩展性，将在各个方面影响实现和部署能力。NFV计算域还确定了一些特征，将会影响NFV系统的其他各方面，包括管理、性能、可靠性和安全性等特点。

NFV虚拟域管理主要提供一个虚拟域管理的架构，来完成多租户的VNFs执行环境的部署和管理。NFV虚拟域主要侧重于使用主流的虚拟化技术作为其实现技术，当然在某些场景也会使用Linux容器或其他的一些虚拟化技术。虚拟域也会提供对外的交互接口，来提供其内在的虚拟化功能，其中包括虚拟交换（虚拟交换机）的能力。

NFV网络域管理包含网络管理的对外交互接口和功能模块。网络域的功能模块包括虚拟网络、虚拟化层的选择、网络资源、调度和控制、各种代理和管理模块，以及操作维护管理中的北向接口和东西向接口。它还包含了模块化、可扩展性和其他NFVI域的接口，这些网络域功能都和NFV的性能、可靠性和安全性密切相关。

NFV ISG另外提出了NFV服务质量的度量指标，将NFV服务质量进行一般的分类。这些指标确定了相关的虚拟机、虚拟网络接口、技术组件和适配器的服务质量指标。

### 8.3.2 NFV管理和编排

NFV通过虚拟化技术将软件功能与计算、存储和网络资源进行了解耦，使得软件功能可以更为灵活和方便地进行部署，并且可以根据业务需求动态地进行弹性伸缩，这是一种创新和颠覆的进步。这一切需要一套新的机制，必须能够提供标准的可操作的接口、通用的信息模型，以及与之映射的数据模型。为了充分利用NFV的弹性伸缩的优点，需要为资源提供、配置和虚拟化的性能测试适配更高的自动化能力。NFV 的管理和编排（MANO）功能就是为了这一目的提出的。

NFV 管理和编排扩展了 NFV 的基础框架，由 3 个关键功能模块组成：NFV 编排模块（NFVO）、VNF 管理模块（VNFM）和虚拟化基础架构管理模块（VIM）。NFVO 执行跨区域的 NFVI 的资源协调职能，包括多个 VIM 的管理和网络服务的生命周期管理。它与 OSS / BSS 进行交互，完成资源供应、配置、容量分配以及基于策略的资源管理功能。它通过和 VNFM 的接口完成 VNFs 的协调和管理功能。它通过和 VIM 的接口完成 NFVI 资源协调和管理职能。VNFM 和网元管理模块（EM）进行交互，对 VNF 进行配置，配置和故障报警管理。VIM 和 NFVI 进行交互，完成对虚拟化资源的管理和协调。

NFV 的管理和编排功能可分为 3 类：虚拟化资源、虚拟化网络功能和网络服务。一个网络服务可以由 VNFs 业务链和（或）物理网络功能（PNFS）构成。

管理和编排功能包括满足 VNFs 和网络服务所有对虚拟化资源的需求，并且需要以正确的方式执行。在管理范围内的虚拟化资源是指那些能够与虚拟化容器相关联，已被编排，并提供使用的 NFVI 资源，即确定的类型计算、存储和网络资源。

除了传统的故障、配置、计费、性能和安全（FCAPS）管理以外，NFV MANO 框架还引入了一套新的具有 VNF 的生命周期管理相关的管理功能。这一管理功能包括但不限于：上载部署一个 VNF，实例化 VNF，缩放 VNF，更新 VNF，终止一个 VNF。一个值得强调的差异是，在虚拟化环境中，所涉及的故障和性能管理是不同层的不同的功能模块的共同的责任。结果就是，故障、报警和其他需要被监视的数据，例如性能指标和资源使用指标，需要以可靠的方式来操作，以保障该服务后续所需的故障解决，通常采用分布式的方式来保障。

管理和编排功能负责协调相关的 VNFs 的生命周期实现一个网络服务。管理和编排功能包括上载部署一个网络服务，调度网络服务所使用的服务资源，协调和管理不同的有依赖性的 VNFs 构成的网络服务，以及 VNFs 之间业务流转发的管理。在网络服务的生命周期中，管理和编排功能可以监控网络服务的关键绩效指标（KPI），并且对来自其他网元的明确请求上报这一信息。

NFV 管理和编排框架定义了通过标准接口与不同的管理功能模块相连，来完成 VNF 生命周期管理，以及对虚拟化资源的管理。这种方法的好处是，在功能模块上以适当的方式抽象出接口暴露给其他模块调用，但是又不会限制能够选择的功能。在规范中，这个抽象接口有全面的描述和使用方法。

管理和编排功能需要公共的信息模型。NFV ISG 定义了一组 VNF 在使用时需要的信息元素描述包：VNF 描述包（VNFD），网络服务描述包（NSD），VNF 转发图形描述包（VNFFGD），虚拟连接信息包（VLD）。每个组件的部署模板都需要提供这样的资源描述和操作要求。管理和编排功能的各个业务流程将通过这个信息描述包分配虚拟资源，并且进行生命周期的管理操作。

综上所述，NFV 管理和编排功能包含 NFV 管理和业务流程框架，特别强调指定管理和业务流程的功能，信息单元和接口。这一切的目的是鼓励和通过启用不同的厂家的组件，包括 NFVI、VNF 软件的互操作性，以及相应的管理 NFV 和业务流程框架实体，来促进多厂商的 NFV 的生态系统建设。

### 8.3.3　NFV 软件架构

NFV 的目的是将专用硬件设备的网络功能实现虚拟化，因此，要解决的一个重要课题是如何实现网络功能提供商的角度所理解的虚拟化，理解如何从基于硬件的网络功能过渡到一个基于软件的实现。之前已经介绍过 NFV 的架构框架，这里主要介绍软件架构规范和关注的重点。

NFV 架构利用最常见的和相关的软件架构模式来实现软硬件的分离，这就需要网络功能有管理和编排功能，并且可以基于 NFVI 的基础设施进行规范操作。因此，NFV 的软件架构要求 VNF 的描述包信息和其他相关的数据信息模型描述包必须包含对应的信息技术。这些规范确定了 NFVI 将基于传统的云技术，但是又在其基础上提升，以支持高性能 VNF 的功能。

为了达到网络功能虚拟化，NFV 软件架构发展出了 VNF 组件（VNFC）的概念，并确定了通用的软件设计模式。

一个 VNFC 被定义为一个 VNF 的内部组件，它可以映射到单个容器，通过接口提供一个 VNF 的子集功能，如图 8-8 所示。VNF 可以分解成更细的粒状 VNFC，用例包括媒体资源功能的 IP 多媒体子系统（包含 MRF 的 IMS）、流量检测功能（TDF）、企业网关和深度包检测（DPI）的虚拟化引擎，或者一个富媒体业务通信系统（RCS）等。

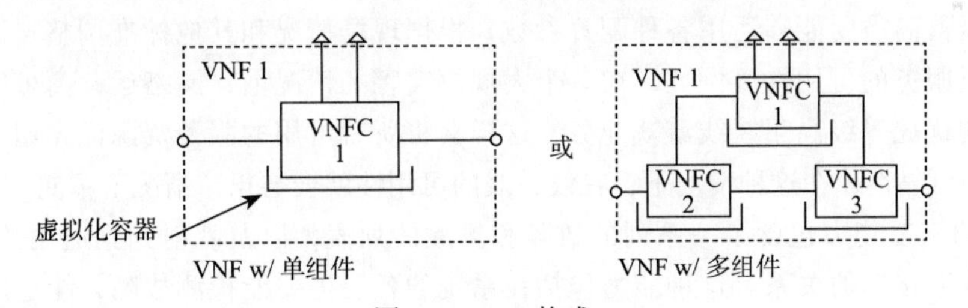


图 8-8　VNF 构成

NFV 软件架构包含了涉及这些组件的通用软件架构模式。用例的实施将会涉及 VNFC 状态信息、负载均衡的模型、动态伸缩等。这些模式将会对管理和编排功能及 NFVI 提出管理和协调的需求，并且定义相应的接口。

NFV 软件架构还包含了 VNF 生命周期的管理。从 VNF 的角度来看，生命周期包括多种操作，如动态伸缩、参数配置、维护操作、VNF 实例化和 VNF 终止。NFV 软件架构定义了这些流程，描述了与每个生命周期过程相关联的前置和后置条件，并将其映射到 VNF 实例的状态转换中。

综上所述，NFV 虚拟网络功能软件架构对于一般的 NFV 体系架构框架定义了 VNF 的需求、功能和接口，为实现最佳实践的 VNF 设计的软件工程奠定了基础。

### 8.3.4 NFV 可靠性和可用性

以 NFV 为基础的系统，在服务需要保持可靠性和可用性时，面临特有的挑战，因为它的最大特点是服务是弹性伸缩的。因此需要定义弹性原则，进行案例分析，提出要求，以对 NFV 的工程部署进行指导。NFV 框架中和弹性相关的需求涉及各个组成：NFVI、VNF、MANO；还另外包括：服务可用性、故障管理、故障预防、检测和修复。NFV 的可靠性和可用性需要考虑的场景包括：弹性的无状态和有状态的 VNFs 服务，回收和优先保障的 VNFs 资源分配，服务链的位置，网络的透明性，服务的连续性。

对于 NFV 服务可用性的要求，应至少与那些传统系统提供相同的服务。为了满足要求，NFV 系统必须提供以下一个或多个方面的相同或更好的性能：故障率、检测时间、恢复时间、检测和恢复的成功率、每次故障的影响等。为了满足服务可用性要求，VNF 设计时需要考虑多重因素，包括标准等级的硬件和多个软件层（即不同的虚拟化管理程序和底层基础操作系统）的存在。

NFV MANO 在维护服务可用性功能的需求方面十分重要，如快速服务创建、动态适应负载，以及防过载等都需要高度可靠性。NFV 系统总体服务的弹性取决于基础 NFVI 的可靠性及内部 VNF 的弹性。

在 NFV 的端到端服务中，故障恢复或者 VNF 服务的迁移等可以通过以下 3 种方式之一进行处理：在服务层提供相应的设计机制（如 IMS 恢复程序）；在 VNF 级别（例如，通过传统的主 / 备机构）进行；由 NFV MANO 组件进行。

网络运营商需要能够运用各种配置参数，根据现场情况和其他标准调整自己的解决方案，以提供服务的可用性。例如，在一个大规模灾害的情况下，网络运营商可以决定语音呼叫服务的优先等级高于在线游戏业务，这样会将所有可用的服务资源优先用于保障语音呼叫服务的可靠性，在这种情况下，在线游戏的可用性就会与正常情况下不同。

NFV 的恢复能力包含了一系列的故障和挑战的列表，以及映射到到适用的 NFV 架构框架组件或者接口的关系。这种能力包括在系统的各层需要能检测故障，能适用本地修复能力，并通知更高一层的网元这些故障的发生。在一个 NFV 环境下，发生故障的故障模式和频率与传统的网络运营商的系统相比，预期就有很大的差异。因为，系统的复杂性增加、额外的虚拟化管理、资源的弹性和 VNF 迁移，以及跨第三方软件和硬件的互操作性等，都对 NFV 系统提出了新的挑战。因此，重要的是部署主动管理故障的方法，如监测实时的资源（例如，CPU、虚拟 CPU、虚拟存储器、虚拟 I/O 等）的使用、告警相关性和趋势分析。

一个 VNF 实例可以选择将相应的状态信息从 VNF / VNFC 进行分离，并存储在一个“逻辑单元”里。一个“逻辑单元”是虚拟实例化的存储，并具有自动同步内容的能力。这种类型的保护机制提供状态的弹性，例如在经历很短的故障或者无业务中断的故障恢复后，能够持续地维持端到端的会话服务。然而，在无状态的端到端的服务中（如网络、数据服务）没有状态信息的维护，因此，它在失败时，需要初始化服务（按预期终端用户需要重新接入），这是可以接受的。

NFV恢复能力还应包括工程部署和实施指南，其中包括针对不同的故障情况、各种冗余方案、故障缓解方法、运营商策略和灾难恢复机制等。适当的冗余机制需要设置，这取决于NFV MANO部件的重要性。具体实施情况可以有所不同：一种方法是将每个组件部署在一个独立的集群上，达到极端的可扩展性和隔离性；而另一种方法可以基于共享集群（共享资源），这种方式可能会使缩放和诊断更加复杂。

综上所述，NFV恢复能力要求解决系统的弹性问题，通过用例分析、弹性原则，以及与NFV部署和工程指南，来保障NFV的可靠性和可用性。此部分关键组成同样为实现最佳实践的VNFs设计的软件工程奠定基础。

### 8.3.5　NFV性能和可移植性

NFV的目的是通过虚拟化技术利用标准的IT网络设备，到“行业标准”服务器的运作方式，整合成可运营的网络。因此，NFV的架构适用于任何固定和移动网络基础设施的数据平面数据包处理和控制面功能。使用“行业标准”服务器来提供执行不同种类的网络功能的通用层，会有隐含的约束和挑战：即如何使一种工业标准服务器能够支持真实的网络的工作负载？另外，怎样实现利用虚拟网络设备实现高性能，并在同一时间，支持这种虚拟化和服务？

一旦NFV就位，这种有效的去耦方式将大大简化设备之间的相互作用。在整个供应链中，硬件供应商并不知晓他们的设备在未来运行什么样的VNFs，而VNF提供商也可以在不了解将要部署的特定服务器时，仍然可以根据不同的硬件配置来满足不同的服务水平协议，提供可靠的性能估计。一旦这种交互模型定义正确，则将大大简化服务提供商资源分配和参数配置的操作。

NFV架构在一些测试验证场景中已经证明了高性能是可以实现在完全虚拟化环境获取的，而且，是可以基于标准的服务器厂商提供的标准设备的配置来预测的。

保障NFV性能和可移植性的关键是，正确地提供的内部服务器的布局，确保在主机中正确运行系统管理软件，不要成为意想不到的故障节点。另外，云的OS层（即虚拟化基础架构管理器VIM）需要知道所有这些参数，这对NFV网络的优化结果至关重要。

NFV性能和可移植性需要用一个给定的性能指标的硬件要求定义一个网络功能。同时，应该对网络中的服务器的可用信息进行的全面描述。定义标准的模板是在虚拟化环境中，每个网络功能的能力对于给定的性能指标，与底层硬件的需求能够对应和匹配，同时根据这个模板完成相应的硬件资源的分配和虚拟服务器的建立。

### 8.3.6　NFV安全

全球经济的很大一部分依赖于网络的云计算和安全。NFV使用云计算来提供网络服务开发的虚拟化技术，所以要保证这个新组合的安全性是至关重要的。NFV 安全的着重点在于：虚拟化技术和网络的安全。

尽管虚拟化给网络带来了新的安全隐患，但是大部分的隐患都是可以解决的。对于少数情况，例如拓扑验证和网络性能隔离等，则需要新的基础工程的研究和努力。

一个区域中，多个管理员必须隔离，依然是最可靠的安全措施。有个问题是，一旦有人在一个计算平台给了一个管理员权限，很难阻止他访问安装了虚拟化功能运行的内部系统。这使“职责分离”(SOD) 困难。当然，有用于 NFV 的许多部署方案不需要这样的隔离，或者可以采用其他方式来进行安全信息的保护。

当然，隐患从来不能列举穷尽。由于 NFV 越来越多地被用于更关键的服务，攻击者会变得更加有兴趣，并可能会发现新的 NFV 隐患。但是，虚拟化技术还提高了运营商的能力，可以更快速地部署或者更新，来抵挡这种新型的攻击，以进行防御。

## 8.4 NFV 性能提升关键技术

NFV 架构主要依赖于云计算技术，在大量设备级联或者并行处理的环境下，数据流的读取、转发、处理就显得尤为关键。下面介绍的就是几种能够提升这些性能的关键技术。

### 8.4.1 SR-IOV 虚拟化技术

到目前为止，行业中所有针对虚拟化服务器的技术，都是通过软件模拟共享和虚拟化网络适配器的一个物理端口，来满足虚拟机的 I/O 需求。模拟软件的多个层为虚拟机作了 I/O 决策，因此导致环境中出现瓶颈并影响 I/O 性能。另外为了平衡系统的 I/O 性能，它还影响一台物理服务器上运行的虚拟机数量。

为了解决这些挑战，出现了 SR-IOV 这一解决方案。行业标准组织 PCI-SIG 制定了 PCI-SIG Single Root I/O Virtualization（SR-IOV）规范，以进一步加强虚拟化机系统的 I/O 性能。

SR-IOV 是一种基于硬件的虚拟化技术。这种虚拟化技术允许多个虚拟机通过 PCI-Special Interest Group 或 PCI-SIG 共享一个 I/O 设备来实现设备的虚拟化。从这个角度看，这种技术能够支持任意规模的大型设备网络，它可以包含服务器、终端设备和交换机，这类设备网络通常称为数据中心，NFVI 也由这类设备网络组成。

SR-IOV 详细规定了 PCI Express 规范套件扩展能让虚拟化环境中的多个系统图像（SI）或者虚拟机（VM/Guest）共享 PCI 硬件资源。PCI-SIG SR-IOV 提供了一个设备在多个虚拟机之间同时共享的能力的标准机制。SR-IOV 规范允许一个独立硬件厂商（Independent Hardware Vendor，IHV）修改其 PCI 卡来定义成对于一个 VMM（Hypervisor）同一个类型的多个设备。SR-IOV 的好处是创建了一个精简的界面，允许 IHV 有效地执行能够直接分配到虚拟机的界面。

如图 8-9 所示是 SR-IOV 架构图。

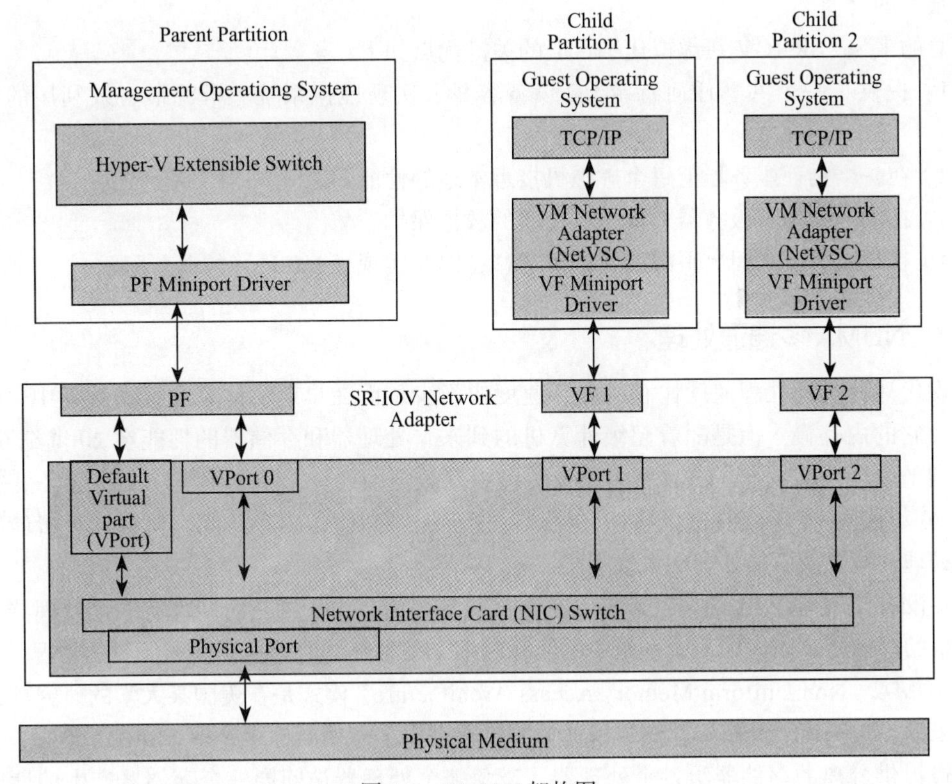


图 8-9 SR-IOV 架构图

其中：

- PF 是物理网卡所支持的一项 PCI 功能，一个 PF 可以扩展出多个 VF 功能。
- VF 是虚拟化出来的"网卡"实例，呈现为一个独立的网卡形式。每个 VF 有自己单独的 PCI 配置项，多个 VF 可能基于一个物理 PF。
- PF Miniport Driver 工作于虚拟化平台父区域，通过操作维护系统在 VF 之前最先加载。
- VF Miniport Driver 工作于虚拟化平台子区域。可以看到，VF 和 PF 之间是明确隔离的，任何经过 VF 驱动执行的结果都不会影响其他的 VF 或者 PF。
- Network Interface Card 即物理网卡，在 SR-IOV 启动后会生成若干个 VPort，物理网卡主要作用是转发 Physical Port 和 VPort 之间的流量。
- Physical Port 是物理网口，在 SR-IOV 场景中充当一个对外的网络媒介。
- VPort 是一个抽象 出来的虚拟接口，一个 VPort 被映射给一个 VF 或者 PF，协助完成虚拟化平台的工作。

通过上述架构及描述可以看到，SR-IOV 架构中，物理网卡通过 VF 与虚拟机进行数据交互，这样就跳过了虚拟化堆栈的转发，达到了接近物理环境的转发性能，这是 SR-IOV 技术最大的价值。

总的来说，SR-IOV 在虚拟化平台上的关键优点如下：

1）提供了一个共享任何特定 I/O 设备容量、实现虚拟系统中资源最有效利用的标准方法。

2）在一个物理服务器上每个虚拟机接近本地的性能。

3）在同一个物理服务器上虚拟机之间的数据保护。

4）物理服务器之间更平滑的虚拟机迁移，因此实现了 I/O 环境的动态配置。

### 8.4.2 NUMA 多通道处理

现代计算机的处理速度比它的内存速度快不少。而在早期的计算和数据处理中，CPU 通常比它的内存慢。但是随着超级计算机的到来，处理器和存储器的性能在 20 世纪 60 年代达到平衡。从那时起，CPU 常常需要等待内存数据的处理。为了解决这个问题，很多 20 世纪 80 年代和 90 年代的超级计算机设计专注于提供高速的内存访问，使得计算机能够高速地处理其他系统不能处理的大数据集。

在没有使用 NUMA 的多处理器系统方案出现以前，由于同一时间只有一个处理器访问计算机的存储器，因此在一个系统中可能存在多个处理器同时等待访问存储器的情况。

NUMA（Non Uniform Memory Access Architecture）模式是在美国某大学的研究项目中提出来的。它采用了分布式存储器模式，并且在逻辑上遵循对称多处理（SMP）架构。它可以通过提供分离的存储器给各个处理器，避免多个处理器访问同一个存储器产生的性能损失。对于涉及分散的数据的应用（在服务器和类似于服务器的应用中很常见），NUMA 可以通过一个共享的存储器提高性能至 n 倍，而 n 大约是处理器（或者分离的存储器）的个数。在 NUMA 下，处理器访问它的本地内存的速度比非本地内存快一些。

在不同场景下，并不是所有数据都只从属于一个任务，多个处理器可能需要同一个数据。为了处理这种情况，NUMA 系统包含了附加的软件或者硬件来移动不同内存的数据。这个操作降低了对应于这些内存的处理器的性能，所以总体的速度提升会受此影响。

简而言之，NUMA 既保持了 SMP 模式单一操作系统拷贝、简便的应用程序编程模式以及易于管理的特点，又继承了 MPP 模式的可扩充性，可以有效地扩充系统的规模。这也正是 NUMA 的优势所在。

### 8.4.3 DPDK 包处理技术

DPDK（Data Plane Development Kit）是 Intel 公司发布的一款数据包转发处理套件，包含对应的库和驱动。它可以在任何处理器上运行，英特尔的 x86 CPU 是第一个被支持的处理器。DPDK 是一个开源的 BSD 许可证的项目。最新的修补程序和增强功能由社区在主分支提供支持。它主要运行在 Linux 下用户区，FreeBSD 的端口可用于 DPDK 功能的子集。

DPDK并非网络协议栈，也不提供二层和三层的转发功能，不具备防火墙ACL功能，但通过DPDK的套件可以方便地在用户面处理数据包，在应用层实现对网络包的处理，轻松地开发出上述功能。

DPDK包含以下的主要库：

- multicore framework多核框架。DPDK库面向Intel i3/i5/i7/ep等多核架构芯片，内置了对多核的支持。
- huge page memory内存管理。DPDK库基于Linux Hugepage实现了一套内存管理基础库，为应用层包处理做了很多优化。
- ring buffers共享队列。DPDK库提供的无锁多生产者-多消费者队列是应用层包处理程序的基础组件。
- poll-mode drivers轮询驱动。DPDK库基于Linux Uio实现用户态网卡驱动。

这些库可用于：

1）在CPU处理的最小周期内接收和发送数据包。

2）发展出快速数据包捕获算法（和tcpdump类似）。

3）运行第三方的快速通道堆栈。

基于DPDK技术，目前已经能够获得每秒数百万帧的数据处理速度。在NFV框架中，这种在应用层实现的对网络包的高速处理非常重要，使用DPDK技术后，可以大大提高网络虚拟化后的网络性能指标，推进NFV的进展。

2015年4月21日，DPDK开源社区在中国北京召开了首次开发者大会。得益于DPDK在SDN和NFV创新方面的支持，DPDK及其开源社区发展迅速。DPDK迅速从以Intel平台为核心优化的报文加速技术，转变成支持多种处理器体系架构、支持多种PMD的开源软件。

目前来看，DPDK已发展成为SDN和NFV的关键技术。DPDK提供了基于Linux的数据库和优化的轮询中断模式驱动（Pull Model Driver，PMD）。与传统Linux内核软件转发相比，DPDK能实现非常显著的网络数据面性能的提升，有力地支撑了NFV的网络处理能力。

DPDK将继续推进NFV的架构发展并共同发展。

## 8.5　小结

NFV网络功能虚拟化的目标是利用标准的IT解决一些问题。通过使用虚拟化技术来整合多种网络设备类型，包括行业标准的计算服务器、交换机和存储，这些设备可以位于数据中心、网络节点，或者分布在最终用户的各个场所。网络功能虚拟化适用于任何控制平面功能部署在固定和移动网络上，用以进行数据平面的分组处理的基础设施。本章系统地介绍了NFV的架构、关键技术组成。

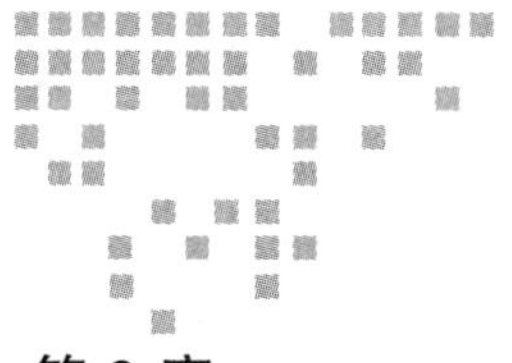

Chapter 9 第 9 章

# 业务链实现技术

## 9.1 概述

业务功能链（Service Function Chain，SFC）是一个有序的业务功能的集合，基于分类和策略对网络上的 IP 数据包、链路帧或者数据流进行一系列的业务处理。SFC 可独立于具体的网络应用，用于固定、移动网络及数据中心等场景。SFC 涉及流分类节点、业务功能节点（Service Function，SF）、业务转发节点（Service Function Forwarder，SFF）、SFC 代理、深度包检测（Deep Packet Inspection，DPI）等。SFC 控制面负责进行 SFC 的管理和配置，包括对流分类节点、SF、SFF、SFC 代理等相关节点的发现、管理和配置等。

在 NFV 的实施部署过程中，业务链有利于运营商根据访问业务目的地址、用户类型、应用、性能等动态调制每个业务链。例如，当深度包检测 DPI 发现此用户所访问的网站视频容量非常大时，控制器就能为该业务流制定一个新的路径，可绕过防火墙、病毒入侵检测等 VAS 业务，有效地减轻 VAS 因不必要处理的流而带来的负载，提高使用率。目前 BGP、VRF、PBR 等技术虽然也能根据不同的业务配置不同的路径，但是只能静态配置用户的业务路径，而且一般只能基于 APN 对用户或流量进行粗略划分，几乎不感知用户、应用和网络信息，只能提供有限的业务组合，存在业务单一、网络节点低效和扩展性难题。如果要提供个性化的服务，网络架构调整极其复杂，集成周期长，成本高昂，将大幅度增加网络的复杂度和运营成本。

## 9.2 业务链基本概念

**流分类器：**网络流量如果符合分类标准则会被导流进入业务处理路径，去往 SF。初始的分类应出现在 SFC 域的入口。流分类器的能力以及 SFC 策略的要求决定了初始分类的粒度，分类规则可以是粗的，也可以是精细的。流分类决策后，报文会被加上正确的 SFC 封装，合适的业务处理路径同时被选中或创建出来。

**业务功能节点**：业务功能节点从一个或多个业务转发节点接收报文，向一个或多个业务转发节点发送报文。SFC 功能节点收到的是 SFC 封装的报文。业务功能点可按网络功能划分为：深度包检测（DPI）、入侵检测 / 阻止系统（IDS/IPS）、边缘防火墙（EdgeFW）、网段间防火墙（SegFW）、应用防火墙（AppFW）、应用分发控制器（ADC）、Web 优化控制器（WOC）、监视（MON）等。

**业务转发节点**：业务转发节点负责根据业务链封装信息把从网络中收到的报文或数据帧送到业务功能节点。业务功能节点处理完报文仍会把报文送回同一个业务转发节点，业务功能节点负责把报文重新送回传统网络。一些业务功能节点，比如防火墙，可能会在处理中销毁报文。业务转发节点和业务功能节点一起构成了业务平面。

**SFC 代理**：为使 SFC 架构能够支持不具备 SFC 功能的传统功能节点，就需要使用 SFC 代理。SFC 代理位于业务转发节点和对应的传统功能节点（一个或多个）之间。SFC 代理代表业务功能节点从业务转发节点接收报文。SFC 代理将 SFC 报文解封装后，使用一个本地连接链路把报文发送给不具备 SFC 功能的传统功能节点。SFC 代理从传统功能节点收到报文后，将报文重新进行 SFC 加封装后送入业务转发节点继续进行业务链处理。因此，从业务转发节点的角度来看，SFC 代理属于具备 SFC 功能的业务功能节点。

## 9.3 IETF SFC 架构简介

目前提出了一种业务功能链的技术 SFC（Service Function Chain），即把所有的业务整合，虚拟出 Service Overlay 层，形成自己的服务拓扑，和底层网络解耦合，不再受到底层网络结构的限制，其架构如图 9-1 所示。SFC 技术包括如下组件：分类器 Classifier，业务功能转发器 Service Function Forwarder（SFF），业务功能 Service Function（SF），网络业务头代理 NSH Proxy（Network Service Header Proxy）。其中，Classifier 负责对流量进行分类，根据分类结果，对流量进行网络业务头 NSH（Network Service Header）的封装、即在 Classifier 上确定报文后续的业务功能路径，并进一步进行 Overlay 层的封装和转发，通过 Overlay 技术将报文转发到下一跳 SFF，SFF 收到报文，解封装 Overlay 层，并对接收到的携带有 NSH 报文头的报文进行解析，根据 NSH 头中的信息，将报文转发给相应的 SF 处理；SF 负责对接收到的报文进行相应的业务功能处理，处理完后，进一步更新 NSH 报文头并将更新后的报文转发给自己的 SFF；SFF 进一步根据 NSH 报文中的信息查找对应的传输层封装，对 NSH 报文进行 Overlay 的封装，并将报文转发给下一跳 SFF。NSH Proxy 主要代表 SFF，与不感知 NSH 报文头的 SF 进行交互。图 9-1 中虚线所示为一条具体的业务功能路径（Service Function Path）。

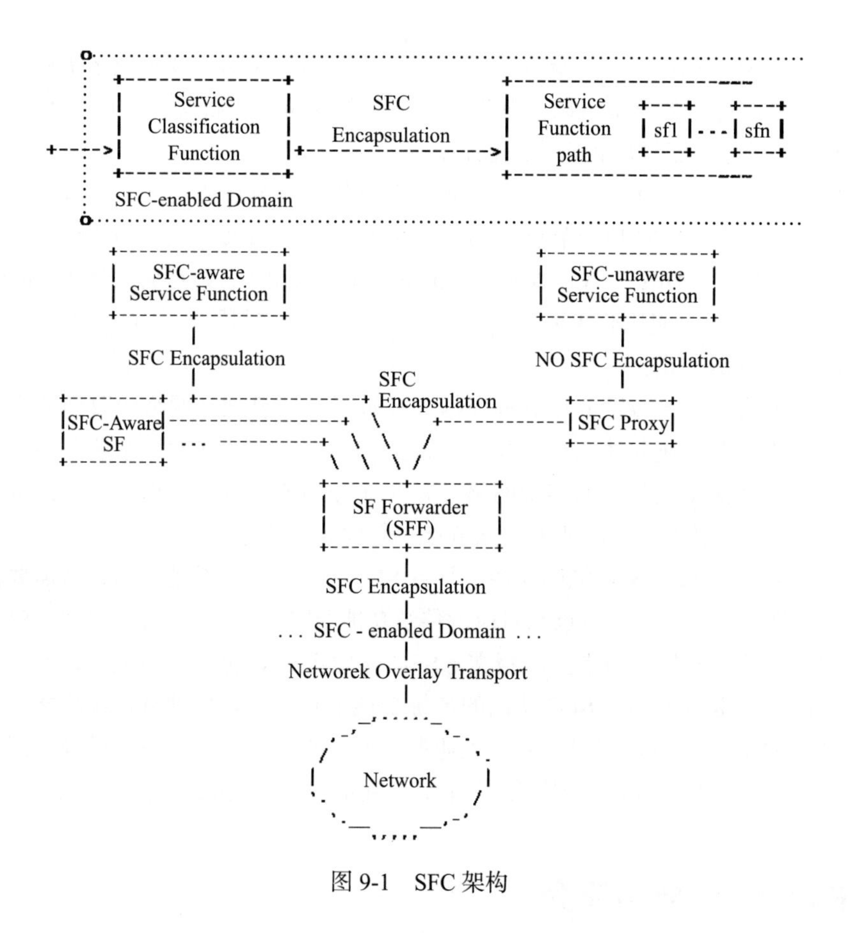


图 9-1 SFC 架构

## 9.3.1 SFC 包解析

从控制面来看，SFC 的分类规则和业务功能链定义以及 NSH 由 SFC 控制器下发或者本地配置；从数据面封装来看，业务功能链的和业务相关的整个 NSH（Network Service Header），如图 9-2 所示。SFC 包括基本头（Base Header），业务路径头（Service Path Header），以及元数据报文头（Context Header）。其中，基本头主要标识版本号、长度、元数据类型以及下一个协议号；业务路径头最核心，标识整个业务功能链的业务功能路径相关信息，包括业务功能路径标识（Service Path ID，SPID）和业务索引（Service Index），其中，业务功能路径标识（SPID 或者 Service Function Path ID 均是业务功能路径标识）可以是本地配置，也可以是全局下发，一个业务转发路径标识对应一条具体的业务转发路径；节点根据业务功能路径标识和业务索引确认当前报文应该转发到哪一个业务功能链以及哪一个业务功能去处理；元数据报文头用于携带上下文信息，在分类器 Classifier 和业务功能 SF 之间、SFs 之间、业务功能 SFs 和业务功能转发器 SFFs 之间分享信息和传递信息。举例如下，使用 IPv4-GRE 的 Overlay 技术后，从 Classifier 发送出来的完整报文格式如

图 9-2 所示。即在原始报文 original packet 外层封装上了 NSH 头、IPv4-GRE 头、L2 头。

Ver：版本，在将来的新版本中需要考虑后向兼容。

O：标识这是一个 OAM 报文，SFF 和 SF 节点必须处理报文的净荷并采取相应措施（例如返回状态信息）。OAM 报文的具体内容不在此定义。

C：Critical，表明该报文带有关键 TLV，用于辅助硬件的实现而无需解析所有的 TLV。

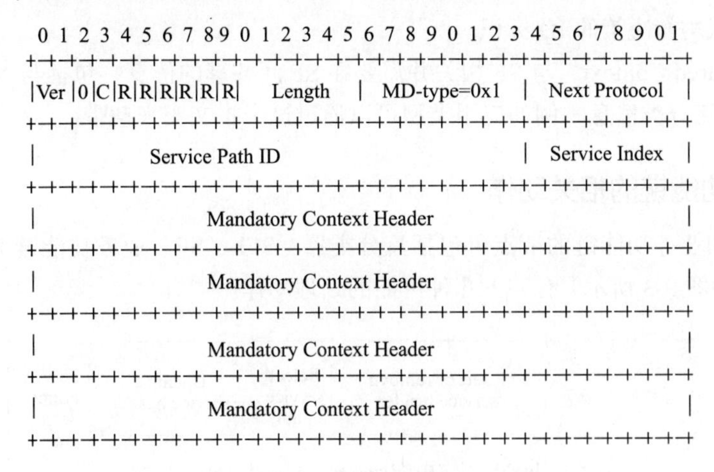


图 9-2 SFC 包解析

R：Reserved，保留字段，置为 0。

Length：业务功能链报文头的总长度，单位为 4 字节（隐含报文头须 4 字节对齐），包含了可变 TLV 的长度。

MD Type：Base Header 基本报文头之外的 metadata 的类型。将向 IANA 申请相应编码，目前业务功能链报文头定义了两类 metadata 的类型。

- 0x1：包含固定长度的上下文信息报文头，业务功能链对其必须支持。
- 0x2：包含可变长度的上下文信息，业务功能链对其可选支持。

Next Protocol：业务功能链所封装的原始报文的类型。将向 IANA 申请以下编码。

- 0x1 IPv4
- 0x2 IPv6
- 0x3 Ethernet

Service Path ID: 24 位，用于标识一条业务路径。相关节点根据这一标识进行路径选择；管理员可根据这一标识对特定路径进行监控或诊断。

Service Index：8 位，用于标识在路径里的位置。被赋予一个非 0 的初始值，SF 节点或代理节点在进行相应处理之后需要将该数值递减。可以与 Service Path ID 一起被用于路径选择，也可用于诊断或环路检测。

Network Platform Context：需要在网络节点间共享的平台相关的上下文信息，例如入端口信息、转发的上下文信息、封装类型等。

Network Shared Context：与任何网络节点有关或对任何网络节点有用的信息，例如边缘节点的流分类信息。类似信息包括应用信息、ID 信息或用户信息等，可以通过这个 Conext Header 来携带。

Service Platform Context：需要在 SF 之间共享的业务平台相关的上下文信息。与 Network Platform Context 类似，允许业务平台交换以业务平台为中心的相关信息，例如一个可以用于负载均衡决策的 ID 标识。

Service Shared Context：与 SF 相关并需要在 SF 间共享的信息。包括与 Network Shared Context 类似的流分类信息，例如应用类型可以通过这个报文头来携带。

## 9.3.2 业务功能链的相关动作

对于可感知业务功能链的节点可包括流分类器、SFF、SF、业务功能链 Proxy，对业务功能链报文（如图 9-3 所示）有如下几种可能的处理动作。

| Component | Insert or remove service header | | | Select service path | Update a service header | | Service Policy Selection |
|---|---|---|---|---|---|---|---|
| | Insert | Remove | Remove and Insert | | Dec. Service Index | Update Context Header | |
| Service Classification Function | + | | | | | + | |
| Service Function Forwarder (SFF) | | + | | + | | + | |
| Service Function (SF) | | | | | + | + | + |
| NSH Proxy | + | + | | | + | + | |

图 9-3 业务功能链报文

### 1. 插入或删除业务功能链报文头

这两个动作分别发生在 SFP 的开始和结束时。数据报文被进行流分类，进而如果被认为需要进行业务处理，则被加上业务功能链报文头。在一个业务路径末端的节点 SFF，会删除业务功能链报文头。一个流分类器必须插入业务功能链报文头。在一个业务功能链的末端，最后一个进行业务功能链报文头处理的节点必须将报文头去掉。

如果需要的话，业务节点可以对报文重新进行流分类，并有可能产生新的业务路径。在这种情况下，业务节点 SF 是一个逻辑的流分类器。当逻辑的流分类器重新进行流分类并造成了业务路径的改变时，它必须删除已有的业务功能链报文头并加上新的报文头以表述新的业务路径。

**2. 选择业务路径**

业务功能链基本报文头提供了业务功能链信息并会被 SFF 用于选择正确的业务路径。SFF 必须用基本报文头里的信息来选择业务路径中的下一个业务节点。

**3. 更新业务功能链报文头**

支持业务功能链的业务节点必须将报文头里的业务索引 SI 数值递减。当 SFF 进行基于业务功能链的转发时，如果遇到 SI=0，则必须将报文头丢弃。

如果有新的或者更新的上下文信息，业务节点可以更新上下文报文头。

如果使用了业务功能链代理，则该代理必须更新业务索引 SI，可以更新上下文报头。当业务功能链代理收到带有业务功能链封装的报文头，在将报文转发给不支持业务功能链的业务节点前，必须将业务功能链封装删除。当代理从不支持业务功能链的业务功能链节点收到报文时，则需要加上业务功能链封装，并将 SI 递减。

**4. 业务策略选择**

业务功能实例从业务功能链报文头里派生出策略选择。业务功能链报文头里的共享上下文信息可以提供一系列业务相关的信息，例如流分类信息。业务功能节点应该使用报文头里的信息进行策略选择。

## 9.4 云数据中心业务链实现方案

如前几章所述，业务链功能有广泛的应用场景和市场需求，但由于 IETF 所定义的 SFC 架构需适应各种复杂的应用场景，对现网硬件设备都有很高的技术要求，而现网绝大多数 IT 设备（SFF、SF 等）都不支持，而对于数据中心，特别是基于 OpenStack 这种特定的单一应用场景下，业务场景可以被大大简化，如 SFC 链简化成端口链（Portchain），并基于云的按需定制，自动化快速部署的特性，通过 SF 独占方式实现各业务链相互隔离的业务链实现方式，从而大大简化业务链的实现方式，无需 NSH 等复杂流程。

如图 9-4 所示，基于 SDN 的数据中心网络通过集中化控制的方式可以建立网段内、网段之间的业务链，将网络服务插入通信流量中。租户根据业务需求，在逻辑网络界面上自助部署 Service Chaining 业务，将不同网络服务应用到特定类型的流量上，可以加快业务开通时间，提高业务开通的灵活性。如对与外部交互的 HTTP 流量部署 NAT 和负载均衡服务，对内部不同安全域间互访流量部署防火墙服务。

数据中心内部的业务链应支持 L4 ～ L7 业务的动态编排（如插入或删除）。应用层面要求能够结合用户属性和网络状态，配置业务链的业务属性数据，描述业务流所依次经过的虚拟网络功能（VNF），从而构建出一条完整的业务链，并能够按需进行业务链灵活选择，以便降低部署成本，提高资源使用率。

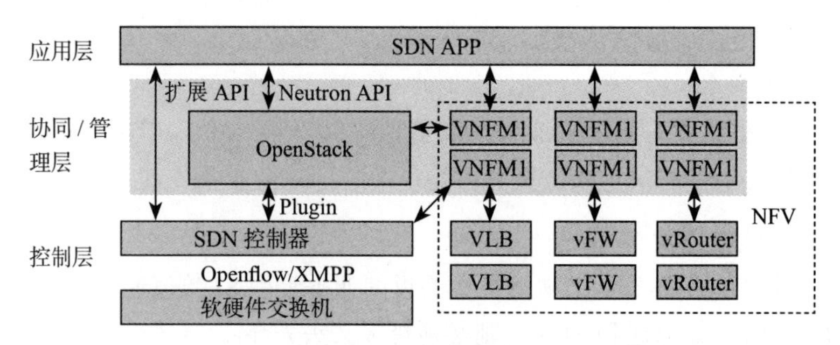


图 9-4 创建过程

业务链涉及的网元包括：

1）负载均衡器创建、查询、更新以及删除。

2）防火墙创建、查询、更新以及删除。

3）VPN 网关创建、查询、更新以及删除。

4）IDS/IPS 等安全设备创建、查询、更新以及删除。

业务链应用通过云计算资源管理系统的网络管理功能（如 OpenStack Neutron 中的 FWaaS、LBaaS、VPNaaS 等 Plugin）与 SDN 控制器或 VNF 网元通过北向接口进行交互。可支持不同租户对 FW、LB、VPN 等网元的策略自配置。

业务链应用还能将 VPC 中的业务流量依次导向 VNF 网元，通过 Service-Profile 下发给 SDN 控制器。SDN 控制器在收到业务链 Service-Profile 配置后，需要下发相应的流表，或等待报文上送后再进行决策。

### 9.4.1 业务功能的创建过程

各种网络功能的业务管理运维模式的创建过程如图 9-5 所示。如采用 NFV 架构的话，业务流程如下：

1）SDN 应用发送创建 FW/LB/VPN Service 申请给 OpenStack Neutron。

2）OpenStack Neutron Plugin 调用 VNFM 接口申请资源。

3）VNFM 根据自身的资源池调度资源 VM（如果需要的话，向 Nova/Heat 申请新增 VM 资源）。

4）在调度到的 VNF VM 上为对应租户部署 VNF。

5）将 VNF 相关网络信息通告给 SDN Controller。

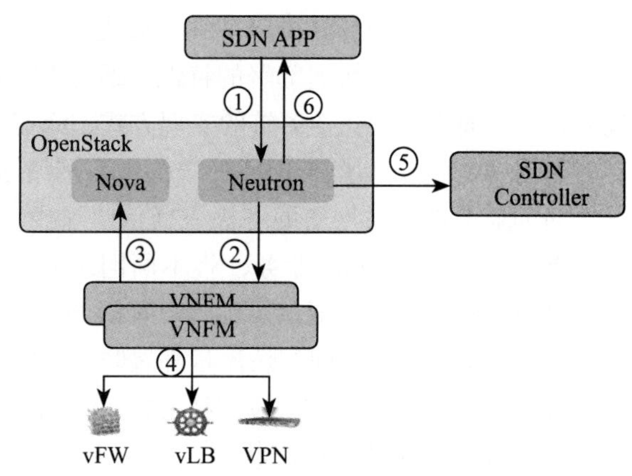


图 9-5 业务功能的创建过程

6）OpenStack Plugin 将 VNF 信息返回给 SDN 应用，包括业务端口信息以及业务模式。

### 9.4.2 基于 Traffic Steering 进行业务链引流

Traffic Steering（流量调度）模型用来建立通用转发模型，可以实现业务链定义的转发面规则，如图 9-6 所示。

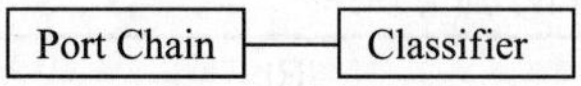

Port Chain —— Classifier

图 9-6 业务链引流

Traffic Steering 数据模型如表 9-1、表 9-2 所示。主要包括 port chain 和 Classifier 两类资源。

表 9-1 Classifier

| Attribute Name | Type | Access | Default Value | Validation/ Conversion | Description |
|---|---|---|---|---|---|
| ID | string (UUID) | RO, all | generated | N/A | 标识 |
| name | string | RW, all | '' | string | 人类可读的名称 |
| description | string | RW, all | '' | string | |
| tenant_id | string(UUID) | RO, all | from auth token | N/A | |
| protocol | int | RW, all | N/A | 0 ～ 255 | 空表示允许任何协议 |
| port_range | string | RW, all | | 1 ～ 65535 | 协议端口范围，如 100:200,400:600，用 ":" 描述一个端口段，用 "," 隔开端口段 |
| src_ip | string | RW, all | N/A | IP address or subnet | 源 IP 地址或者子网，如 1.1.1.2/32 |
| dst_ip | string | RW, all | N/A | IP address or subnet | 目的 IP 地址或者子网，如 1.1.1.2/32 |

表 9-2 Port Chain

| Attribute Name | Type | Access | Default Value | Validation/ Conversion | Description |
|---|---|---|---|---|---|
| ID | string(UUID) | RO, all | generated | N/A | 标识 |
| name | string | RW, all | '' | string | 人类可读的名称 |
| description | string | RW, all | '' | string | |
| tenant_id | string(UUID) | RO, all | from auth token | N/A | |
| ports | dict(list) | RW, all | [] | | dict of lists of neutron ports，如果是主备端口，用' \| ' 隔开 |
| classifiers | list(UUID) | RW, all | [] | | 分类表 |

### 9.4.3 API

#### 1. Classifier

利用五元组信息（如源 IP 地址、目的 IP 地址、协议类型、协议端口号等）将需要引流的数据包识别出来，为后续的引流做准备。

（1）列出 classifier：获取所有的流分类器

| 方法 | URI | 功能 |
|---|---|---|
| GET | /v2.0/ts/classifiers | 获取所有 classifier |

请求消息：

```
GET /v2.0/ts/classifiers
Accept: application/json
```

返回消息：

```
'status': '200'
'content-length': '194'
'content-type': 'application/json;
{
    "classifiers":[
    {
        "id": "850d3f2c-f0a5-4f8b-b1cf-5836fc0be940",
        "tenant_id": "f667b69e4d6749749ef3bcba7251d9ce"
        "name": "classifier_1",
        "description": ,
        "Protocol": 6,
        "port_range": "800:900,1200:1300",
        "src_ip": "10.1.1.1/32",
        "dst_ip": "20.2.2.2/32",
    }
    {
        "id": "4127c16b-8cae-4aad-9e93-a3e345a9614d",
        "tenant_id": "f667b69e4d6749749ef3bcba7251d9ce"
        "name": "classifier_2",
        "description": ,
        "Protocol": 6,
        "port_range": "300:900",
        "src_ip": "1.1.1.1/32",
        "dst_ip": "2.2.2.2/32",
    }
    {
        "id": "4770bf8d-e995-45b1-8f5b-2b3c9d370ad0",
        "tenant_id": "acf8ad4c-b23a-4d07-9a65-7ba51aa8f40b"
        "name": "classifier_3",
        "description": ,
        "Protocol": 6,
        "port_range": "100:200",
        "src_ip": "100.1.1.1/32",
```

```
        "dst_ip": "200.2.2.2/32",
    }
    ]
}
```

（2）创建 classifier：利用五元组信息来定义流量分类器

| 方法 | URI | 功能 |
|---|---|---|
| POST | /v2.0/ ts/classifiers | 创建 classifier |

请求消息：

```
POST v2.0/ts/classifiers
Content-Type: application/json
Accept: application/json
{
    "classifier":
    {
        "name": "VM4FW",
        "Protocol": 6,
        "port_range": "8000:900",
        "src_ip": "1.1.1.1/32",
        "dst_ip": "2.2.2.2/32",
    }
}
```

返回消息：

```
'status': '200'
'content-length': '194'
'content-type': 'application/json;
{
    "classifier":
    {
        "id": "850d3f2c-f0a5-4f8b-b1cf-5836fc0be940",
        "tenant_id": "f667b69e4d6749749ef3bcba7251d9ce"
        "name": "classifier",
        "description": ,
        "Protocol": 6,
        "port_range": "800:900",
        "src_ip": "1.1.1.1/32",
        "dst_ip": "2.2.2.2/32",
    }
}
```

（3）显示 classifier：获取某个指定 classifier ID 的信息

| 方法 | URI | 功能 |
|---|---|---|
| GET | /v2.0/ ts/classifiers /{classifier-id} | 显示指定 classifier |

请求消息：

```
GET /v2.0/ts/classifiers /850d3f2c-f0a5-4f8b-b1cf-5836fc0be940
Accept: application/json
```

返回消息：

```
{
    "classifier":
    {
        "id": "850d3f2c-f0a5-4f8b-b1cf-5836fc0be940",
        "tenant_id": "f667b69e4d6749749ef3bcba7251d9ce"
        "name": "classifier-1",
        "description": ,
        "Protocol": 6,
        "port_range": "800:900",
        "src_ip": "1.1.1.1/32",
        "dst_ip": "2.2.2.2/32",
     }
}
```

（4）删除 classifier：删除某个流量分类器

| 方法 | URI | 功能 |
|---|---|---|
| DELETE | /v2.0/ ts/classifiers /{classifier-id} | 删除指定 classifier |

请求消息：

```
DELETE /v2.0/ts/classifiers /850d3f2c-f0a5-4f8b-b1cf-5836fc0be940
Content-Type: application/json
Accept: application/json
```

返回消息：

```
status: 204
```

此操作应答消息没有消息体。

### 2. port-chain

利用端口链数据结构来定义每个识别出来的数据流要经过的交换机端口顺序。

（1）列出 port-chain

| 方法 | URI | 功能 |
|---|---|---|
| GET | /v2.0/ts/port_chains | 获取所有 port_chain |

请求消息：

```
GET /v2.0/ts/port_chains
Accept: application/json
```

返回消息：

```
'status': '200'
'content-length': '194'
'content-type': 'application/json;
{
    "port_chains":[
```

```
    {
        "id": "1ae8aa80-ed74-48d8-8896-c59df9b1408e",
        "name": "V1-V4",
        "tenant_id": "f667b69e4d6749749ef3bcba7251d9ce"
        "description": "port_chain-1",
"classifiers":["850d3f2c-f0a5-4f8b-b1cf-5836fc0be940"],
    "ports": {
        "a591376f-eaee-49b0-9fdc-687ea55e2dd4":
        ["18a50d57-37bd-44bf-be47-bf921207f203"]
        }
    }
    {
        "id": "b1031030-63e3-4e0e-bdd3-604729849b77",
        "name": "V2-V3",
        "tenant_id": "f667b69e4d6749749ef3bcba7251d9ce"
        "description": "port_chain-2",
    "classifiers":["850d3f2c-f0a5-4f8b-b1cf-5836fc0be940"],
        "ports": {
            "edc80e24-c324-46f6-bdb3-af67aa0ce375":
            ["ee9997ca-ee69-4383-85dd-72ba03ce1537"]
            }
        }
        {
            "id": "c843a571-0146-43c0-a51a-015d8c700e61",
            "name": "V11-V22",
            "tenant_id": "f667b69e4d6749749ef3bcba7251d9ce"
            "description": "port_chain-3",
    "classifiers":["850d3f2c-f0a5-4f8b-b1cf-5836fc0be940"],
        "ports": {
            "cde95d41-5567-4e6c-a8af-1d61561b9273":
            ["db2d6e9c-5e44-405a-b3be-8400a557bbfc"]
            }
        }
        ]
    }
```


(2)创建 port-chain：创建端口对，以便指引端口引流的方向

| 方法 | URI | 功能 |
|---|---|---|
| POST | /v2.0/ ts/port_chains | 创 port_chain |

请求消息：

```
POST v2.0/ts/port_chains
Content-Type: application/json
Accept: application/json
{
    "port_chain":
    {
        "name": "V1-V4",
        "description": false,
```

```
"classifiers":["850d3f2c-f0a5-4f8b-b1cf-5836fc0be940"],
    "ports": {
        "a591376f-eaee-49b0-9fdc-687ea55e2dd4":
        ["18a50d57-37bd-44bf-be47-bf921207f203| 687ea55e-3a3d-411f-a547-baa29802f203"]
        }
    }
}
```

返回消息：

```
'status': '200'
'content-length': '194'
'content-type': 'application/json;
{
    "port_chain":
    {
        "id": "1ae8aa80-ed74-48d8-8896-c59df9b1408e",
        "name": "V1-V4",
        "tenant_id": "f667b69e4d6749749ef3bcba7251d9ce"
        "description": false,
"classifiers":["850d3f2c-f0a5-4f8b-b1cf-5836fc0be940"],
    "ports": {
        "a591376f-eaee-49b0-9fdc-687ea55e2dd4":
        ["18a50d57-37bd-44bf-be47-bf921207f203| 687ea55e-3a3d-411f-a547-baa29802f203"]
        ---表示主备端口
        }
    }
}
```

（3）显示 port-chain

| 方法 | URI | 功能 |
| --- | --- | --- |
| GET | /v2.0/ts/port_chains/{port_chain-id} | 显示指定 port_chain |

请求消息：

```
GET /v2.0/ts/port_chains /1ae8aa80-ed74-48d8-8896-c59df9b1408e
Accept: application/json
```

返回消息：

```
'status': '200'
'content-length': '194'
'content-type': 'application/json;
{
    "port_chain":
    {
        "id": "1ae8aa80-ed74-48d8-8896-c59df9b1408e",
        "name": "V1-V4",
        "tenant_id": "f667b69e4d6749749ef3bcba7251d9ce"
        "description": false,
"classifiers":["850d3f2c-f0a5-4f8b-b1cf-5836fc0be940"],
    "ports": {
```

```
        "a591376f-eaee-49b0-9fdc-687ea55e2dd4":
        ["18a50d57-37bd-44bf-be47-bf921207f203"]
        }
    }
}
```

（4）删除 port-chain

| 方法 | URI | 功能 |
|---|---|---|
| DELETE | /v2.0/ts/port_chains/{port_chain-id} | 删除指定 port_chain |

请求消息：

```
DELETE /v2.0/ts/port_chains /1ae8aa80-ed74-48d8-8896-c59df9b1408e
Content-Type: application/json
Accept: application/json
```

返回消息：

```
status: 204
```

此操作应答消息没有消息体。

### 9.4.4 业务链示例

某 Web 应用对外发布 IP 地址，以便互联网用户可访问该门户。因为用户门户访问来自互联网，需要进行防火墙安全防护。同时为适应大并发量的门户访问，需将门户访问请求通过负载均衡分发给不同的门户服务器。由此，转换到 OpenStack 环境下的一种实现方式如下：各个 Web 服务器、防火墙、负载均衡分别部署在不同的虚拟机上，通过 vRouter 与互联网对接，通过 Floating IP 功能实现 NAT 转换，通过 Traffic Steering+SDN 技术将 vRouter 进来的数据包强制引流到防火墙虚拟机上进行安全过滤，数据包再经过负载均衡虚拟机转发给各个 Web 服务器，如图 9-7 所示。

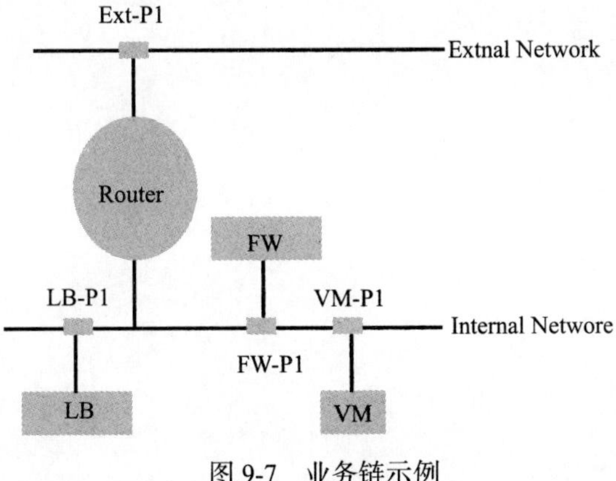


图 9-7 业务链示例

场景中各 Port 的 Neutron Port UUID 如下：

```
Ext-P1: d4d81319-4934-4a96-9cef-ad12cd10b25b
FW-P1: da97aeb3-65fe-4f1c-bab7-2940a8e59a1c
LB-P1: e337e3f8-2f9e-4d57-a094-8d93ab78643c
VM-P1: 726775d2-76e2-4226-8efc-d9497a052737
```

VM 内部 IP 地址为：10.1.1.5。

LB 为三层 LB。

要求从外网访问 VM 的 http 流量需要经过如下 Service Chaining：

EXT-NETWORK → FW → LB → VM

## 9.5 小结

SDN 业务链有利于运营商根据访问业务目的地址、用户类型、应用、性能等动态调制每个业务链。例如，当深度包检测 DPI 发现此用户所访问的网站视频容量非常大时，SDN 控制器就能为该业务流制定一个新的路径，可绕过防火墙、病毒入侵检测等 VAS 业务，有效地减轻 VAS 因处理不必要处理的流而带来的负载，提高使用率。目前 BGP、VRF、PBR 等技术虽然也能根据不同的业务配置不同的路径，但是只能静态配置用户的业务路径，而且一般只能基于 APN 对用户或流量进行粗略划分，几乎不感知用户、应用和网络信息，只能提供有限的业务组合，存在业务单一、网络节点低效和扩展性难题。如果要提供个性化的服务，网络架构调整极其复杂，集成周期长，成本高昂，将大幅度增加网络复杂度和运营成本。

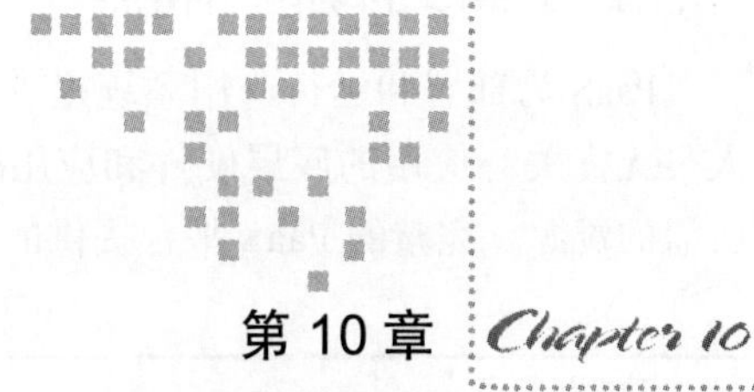

第 10 章 Chapter 10

# PaaS 平台

每一个新兴的计算技术都会迎来一个对应的新的应用平台，在云计算时代，应用平台将被作为一种服务，通常被描述为平台即服务（PaaS）。通过使用 PaaS 提供的服务使得应用程序更容易部署、运行和扩展。

## 10.1 PaaS 平台概述

### 10.1.1 PaaS 定义

PaaS 是一种云计算服务，提供运算平台与解决方案堆栈即服务。能够为企业和个人提供一个应用开发平台或者运行平台，用户不需要关心应用开发和运行所需要的基础设施以及应用的开发环境运行环境和中间件的构建过程，同时可以托管应用并可以免去应用的运维、手动扩展等繁琐的操作。在云计算中这是一个新的商业模式，并以上层软件即服务的模式提交给用户。

Gartner 将 PaaS 市场细分为 4 个主要子市场：

- 应用部署和运行平台 APaaS
- 集成平台 IPaaS
- 专注于业务流程管理的平台 BPM PaaS
- 专注于应用生命周期的平台 AD/ALM PaaS

其中市场中占据绝大部分份额的是 APaaS，其次是 IPaaS、BPM PaaS、AD/ALM PaaS，剩下的市场份额也可以细分为专注于数据库的 PaaS 和专注于信息传送的 PaaS 等。

### 10.1.2 PaaS 的功能与特点

PaaS 为部署和运行应用系统提供所需的基础设施资源和应用基础设施，所以应用开发人员无需关心应用的底层硬件和应用基础设施，并且可以根据应用需求动态扩展应用系统所需的资源。完整的 PaaS 平台提供的功能如表 10-1 所示。

表 10-1 PaaS 平台功能

| 功能与特点 | 简　介 |
|---|---|
| 应用程序开发框架 | 能够为客户提供健壮及多样的应用程序开发框架，以方便用户使用 |
| 多租户架构 | 能够使多个用户并发使用同一个应用程序 |
| 集成服务 | 提供标准的 Web 服务和数据库服务 |
| 可移植性 | 平台应该不限制底层基础设施类型，允许公司把应用程序从一个 IaaS 转移到另一个 |
| 可伸缩性 | 提供负载平衡和故障转移等功能，在负载高峰期或低谷期能够根据基础设施层的资源进行自动伸缩 |
| 可用性 | 让客户可以随时随地访问并使用该平台 |
| 安全性 | 必须保证平台给客户的安全性，平台应该解决跨站点脚本、SQL 注入、拒绝服务和通信流加密等问题，同时应支持单点登录等功能 |
| 包容性 | 能够包容、嵌入和集成在相同平台或其他平台上构建的其他应用程序 |
| BPM 工具 | 业务流程管理工具，围绕 BPM 框架对业务流程进行建模，围绕业务流程构建应用程序 |
| 移植工具 | 提供移植工具，供使用者从本地或者其他云端方便地移植应用程序 |
| 容易使用 | 提供友好及容易使用的工具，包括 UI、IDE 和拖放工具等 |
| 强大的 API | 提供尽量齐全的 API 供使用者存储、获取文件以及使用数据库等，使使用者能够灵活地创建和定制软件应用程序，以便与平台交互 |

### 10.1.3 PaaS 的应用场景

应用的快速开发、部署、测试和运行：由于 PaaS 提供的基本功能就是免去中间件的环境搭建等过程，同时提供托管环境免去管理应用的复杂性和繁琐性。所以能够使开发者专注于程序开发而不必关心底层基础设施，只需要把开发代码提交到 PaaS 就可以进行测试、部署和运行了。这样就使程序的开发周期大大缩短。

1）应用扩展：PaaS 平台可以免运维，提供负载均衡和故障转移等功能，可以根据应用的运行情况、负载情况对应用程序进行自动扩展、缩容，以及在应用出现故障时进行重启等操作。

2）运行与监控：这一场景中，主要目标是管理与监控 PaaS 平台中的应用运行情况，为了得到应用的性能和运行情况，客户可以通过 PaaS 来监控应用，同时为客户提供大量的日志和记录。同时根据反馈的信息对应用做进一步的调试和配置。

3）应用移植：在该场景中，PaaS 可以支持连续、可靠地跨多个云提供商部署应用。客户能够在同一类的 PaaS 平台中轻松部署和配置应用，同样希望能够轻松地把这些应用移植到其他 PaaS 平台而不改变应用的运行状况和配置，并且不受云提供商的影响。

### 10.1.4　业界开源 PaaS 平台

目前业界有两大主要开源 PaaS 平台，分别是 Pivotal 的 Cloud Foundry 和 RedHat 的 OpenShift。但是随着 Docker 技术的兴起，业界又出现很多基于 Docker 的轻量级的 PaaS 平台技术，如 Flynn、Deis、DINP 等。

OpenShift 是 RedHat 推出的一个开源的 PaaS 平台，使开发者和企业能够轻松地开发、测试和运行他们的应用程序，并把应用程序部署到云上。它提供了多种开发语言和框架，如 Ruby、Java、PHP 和 Python 等。同时 OpenShift 基于一个开源生态系统为移动应用、数据库服务等提供支持。目前已有 V1、V2 两个版本，基于 Docker 和谷歌的 Kubernetes 构建的 V3 版本也已发布。但是 OpenShift 对 IaaS 层要求较为苛刻，目前只支持 RedHat 公司的系统产品以及 RedHat Linux 上运行的应用程序，平台选择性太小。而 Cloud Foundry 能够吸取各个 PaaS 产品的优点，并能改变其中的不足，目前已成为业界的事实标准。

## 10.2　Cloud Foundry 平台

目前市场上有多种多样的 PaaS 产品，但大部分有太多的限制条件，不能满足用户的需求。其限制条件如下：

- 只支持有限的开发语言和开发框架。
- 不能提供云应用所需的应用服务。
- 限制部署在一个云上，不能实现云应用在不同云上或者本地的迁移。

为了克服诸多限制，Pivotal 推出开源的 PaaS 平台 Cloud Foundry（见图 10-1），该平台

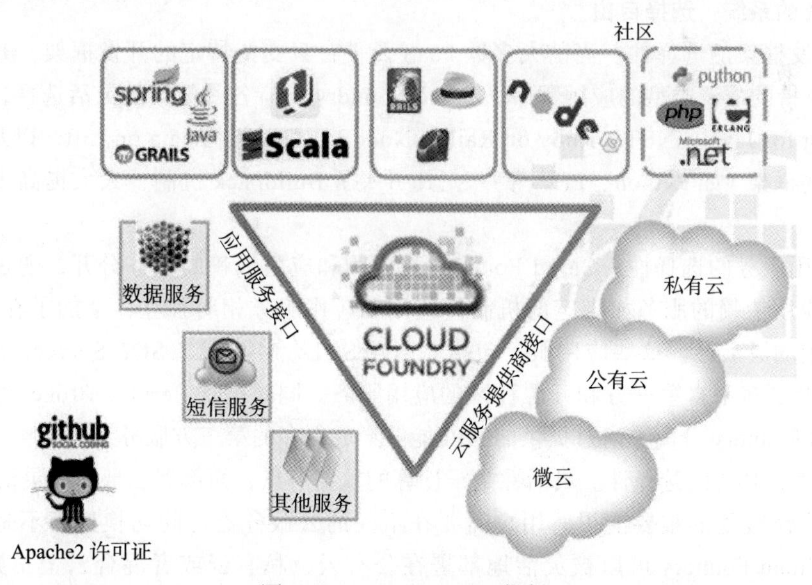


图 10-1　Cloud Foundry 框架

支持多种框架、语言、运行时环境、云平台及应用服务，使开发人员能够在几秒钟内进行应用程序的部署和扩展，而无需担心任何基础架构的问题，可以部署在多种私有云和公有云上。大多数 PaaS 产品开发限制选择框架，应用服务和部署云。Cloud Foundry 上的开放性和可扩展性意味着开发商不会被锁定在一个框架、单套应用服务或单一的云上。

Cloud Foundry 不但能够为开发者带来敏捷性的便利，还能够优化软件交付，使应用程序能够根据负载使用进行自动伸缩，同时方便应用程序移植。

### 10.2.1 Cloud Foundry 的功能和特点

Cloud Foundry 的功能和特性主要有以下 3 点。

#### 1. 开发者敏捷性：开发者和应用之间没有障碍

Cloud Foundry 可以让开发者在不受到任何干扰的情况下开发、测试和部署应用程序。让开发人员专注于程序开发，而不用为中间件和基础设施分心。并提供自助式的开发框架和应用服务，使开发人员可以快速地使用自己的笔记本电脑开发和测试自己的下一代应用，并能部署到云上而无需做任何代码更改。

#### 2. 优化的软件交付：无需更改的可移植性

开发者只需写一次应用就可以测试、横向扩展和部署该应用到生产环境而无需任何代码修改。并且支持多种部署方式：私有云、公有云和混合云。在应用程序负载高峰和低谷时，可以根据需要随时对应用程序进行伸缩，免去运维人员的维护烦恼。Cloud Foundry 使得程序架构师和运维团队通过简化软件发布流程来大大缩短应用程序上市的时间。

#### 3. 开放的系统：选择自由

1）开发框架的选择性。当前大多数 PaaS 云平台只支持特定的开发框架，开发者只能部署平台支持的框架类型的应用程序。Cloud Foundry 支持各种框架的灵活选择，这些框架包括 Spring for Java、.NET、Ruby on Rails、Node.js、Grails、Scala on Lift，以及更多合作伙伴提供的框架（如 Python、PHP 等），尤其引入了 Buildpack 机制，大大提高了平台的灵活性。

2）应用服务的选择性。Cloud Foundry 将应用和应用依赖的服务分开，通过在部署时将应用和应用依赖的服务相绑定的机制使应用和应用服务相对独立，增加了在 PaaS 平台上部署应用的灵活性。这些应用服务包括 PostgreSQL、MySQL、SQL Server、MongoDB、Redis，以及更多来自第三方和开源社区的应用服务。同时增加 Service Broker 组件，使服务与 Cloud Foundry 分离，通过提供的 API 能够集成更多的第三方服务。

3）部署云环境的选择性。灵活性是云计算的重要特点，而部署云环境的灵活性是 PaaS 云平台被广泛接受的重要前提。用户需要在不同的云服务器之间切换，而不是被某家厂商锁定。Cloud Foundry 可以被灵活地部署在公有云、私有云或者混合云上，如 vSphere/vCloud、AWS、OpenStack、Rackspace 等多种云环境中。

通过以上 3 个维度的开放架构，Cloud Foundry 克服了多数 PaaS 平台被限制在非标准框架下且缺乏多种应用服务支持能力的缺点，尤其是不能将应用跨越私有云和公有云进行部署等不足，使得 Cloud Foundry 相比其他 PaaS 平台具有巨大的优势和特色。

### 10.2.2 Cloud Foundry 社区现状

Cloud Foundry 作为开源项目，背后有强大的社区支持。为了推动建立 PaaS 的全球标准，Cloud Foundry 作为全球开放的 PaaS 行业标准，经过大半年的资源整合，在 2014 年 12 月，Cloud Foundry 的非营利的独立基金会正式成立。Cloud Foundry 基金会将以 Linux 基金会协作项目的形式来管理，并在一个由来自创始成员公司的开源专家团队建立的开放监管体系下运作。目前已有超过 40 家成员公司，如图 10-2 所示。其社区贡献度的显著增加，有助于推动建立一个 PaaS 的全球标准。

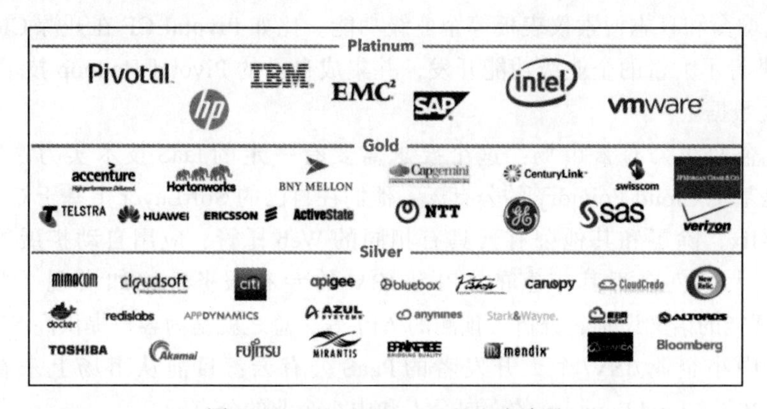


图 10-2 Cloud Foundry 基金会成员

Cloud Foundry 长久以来引领了开放的 PaaS 项目，在过去的一年里，社区代码贡献量已经有 36% 的增长，并有超过 1700 个的社区下载请求。

Cloud Foundry 已经在多个商业项目中被使用，包括 Pivotal CF、IBM Bluemix、HP 的 Helion，以及 Anchora 的 MoPaaS（魔泊云）项目等。这些成就，加上数量不断扩展的成员投入，让 Cloud Foundry 项目得以推进和加速云时代的应用开发。

作为一个 Linux 基金会的协作项目，Cloud Foundry 基金会将受益于行业中最深厚的开源技术资源池，在监管、运营、宣导以及治理上得到最好的实践指导。

Cloud Foundry 基金会同时也在启用一个叫 Dojo 的新方式去支持开源开发。它提供给开发者一种独特的“快车道”的 commit 权利。

作为开放的 PaaS 技术，Cloud Foundry 也在整合包括 Docker 在内的其他开放技术。特别值得一提的是，Docker 也成为 Cloud Foundry 基金会成员，从而加速了这种云计算技术和服务的融合。Cloud Foundry 最新的产品特性和社区贡献包括：

- 下一代新项目 Diego 的开发以及对 Docker 的支持情况。

- 在 Buildpack 机制中增加对 Go、PHP、Python 和其他语言的扩展支持。
- Cloud Foundry CLI 的国际化和扩展模型。
- BOSH 外部云供应商接口（CPI）。
- 添加 FUSE（Filesystem in Userspace）设备到容器中的能力。

### 10.2.3 Cloud Foundry 应用场景

作为开源 PaaS 平台，各个基金会成员公司根据市场发展方向在 Cloud Foundry 基础上开辟自己的商业模式，不同的商业模式使 Cloud Foundry 应用到不同的场景中。

1）面向企业级私有云市场：在基于 Cloud Foundry 的私有云市场中，需要在 Cloud Foundry 上开发一些企业级功能，比如内置一些必要的第三方服务，如 MySQL、RabbitMQ 和 Redis 等，提供 Web UI 图形管理工具和系统监控工具，并进行 Cloud Foundry 各个组件的 HA、负载均衡和日志搜索仪表板等企业级功能。比如 Pivotal CF 在开源 Cloud Foundry 的基础之上进行了大量的企业级功能开发，并集成自己的 Pivotal Hadoop 技术，使其能够很好地处理大数据。

2）面向企业级公有云市场：这个要求需要有一定的 IaaS 技术实力，比如 IBM 的 BlueMix 就是基于 Cloud Foundry 的公有云，他们在自己的 SoftLayer 上基于 Cloud Foundry 构建的 BlueMix，除了和其他公有云具有相同的 Web 托管、应用自动扩展等功能之外，BlueMix 的一大特色在于其丰富的 API 和 IBM 的专有服务，比如实现了物联网 API，Watson 人工智能的语义识别、分析、预测的 API 等。总之就是为客户提供高 SLA。

3）面向中小企业 /ISV/ 个人开发者的 PaaS 公有云：目前从市场上来看，Anchora/MoPaaS 就是基于 Cloud Foundry 的面向个人和中小企业的公有云。

## 10.3 Cloud Foundry 架构和功能

2011 年 4 月 12 日，VMware 推出的业界第一个开源 PaaS 云平台 Cloud Foundry，也就是 Cloud Foundry V1。它的内核采用 Ruby 开发，它本身是一个基于 Ruby on Rails 且由多个相对独立的子系统通过消息机制组成的分布式系统，使平台在各层级都可水平扩展。其主要通过 Ruby 语言来实现，并内置第三方服务，如 MongoDB、MySQL、PostgreSQL、Redis 等。

2013 年 6 月 6 日，在给用户的一封信中，Cloud Foundry 宣布终止当前服务，同时发布 Cloud Foundry V2。第二代 Cloud Foundry 采用 Go 语言，几乎将 V1 时代的组件全部重写，以满足新的需要。新服务采用新架构，并以付费形式提供。新版本提供 Web 控制台、团队开发支持和用于定制语言和运行时环境的构建包（Buildpack）等新功能，还支持定制域以及服务市场。

目前 Cloud Foundry V3 正在开发，可以在开源社区中下载安装并试用，正式发布日期还未公布，其中已知的主要变动是对前两个版本中的DEA组件进行重新设计和开发，作为一个单独的项目存在，并命名为Diego。并把V2中的Warden组件用Go语言编写，推出新的容器技术Garden。Garden可以支持在Linux和Windows两种操作系统上创建（可以跨平台）；并能够支持现在很热门的技术Docker。

### 10.3.1 Cloud Foundry 架构

Cloud Foundry V1 架构如图10-3所示。各个组件都是通过Ruby语言开发的，用户通过VMC Client将应用上传到Cloud Controller上，Cloud Controller将应用部署到DEA Pool上面。用户可以通过Router访问各自的应用，通过Health Manager查看各个App状态，在App应用出现故障时，保证可以自动重启。同时V1中还提供了各种Service，如MySQL、Redis等，用户可以根据需要选用，而不需要自己开发和集成。

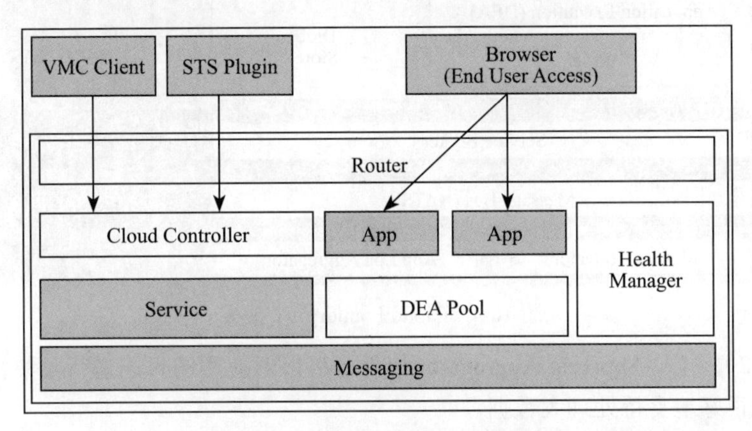


图10-3 Cloud Foundry V1 架构图

但是在V1中也存在诸多限制条件，目前租户可以自由使用系统提供的Runtime和Service，但是在私有云用户中通常使用新的Runtime和Service，这在一定程度上用户也可以自己开发，但是需要系统管理员介入，租户没有办法完成，这就限制了租户的自由，所以很难满足市场需要。在该版本中还存在一些其他问题，如Router性能不佳、协议匮乏，Health Manager单点，DEA没有资源限制，单个应用可以跑满CPU等。

为了改善V1架构中的不足，对V1架构中的组件使用Go语言进行了重写，推出了Cloud Foundry V2以满足用户需要，如图10-4所示。

在App方面，在上传应用的时候，用户可以同时上传一个Buildpack，这样租户可以根据自己的需要来部署应用，无需通知云管理员。Buildpack是Heroku的部署机制，在社区有着丰富的资源。因此Cloud Foundry和Heroku是兼容的，可以部署在Heroku上的应用也可以部署在Cloud Foundry上。还有很多其他PaaS也使用Buildpack，Buildpack已经成为PaaS应用部署的事实标准。

在服务方面，V2不再内置第三方Service，而是提供很简洁的Service Broker和User

Provided Service 接口，用户可以通过 Service Broker 来集成第三方服务，可以通过这种方式集成各种各样的服务；User Provided Service 可以让用户接上现有服务，如 Oracle 等，保护现有资产。让 Cloud Foundry 不强依赖自动化的创建 Service，这种方式使用户在创建 Service 的时候，输入已经建好的 Service 的访问参数，如用户名、密码，Cloud Foundry 把这参数存起来，在绑定的时候注入环境变量中，这样就可以使用，免去因需要自建太多 Service 所带来的麻烦。

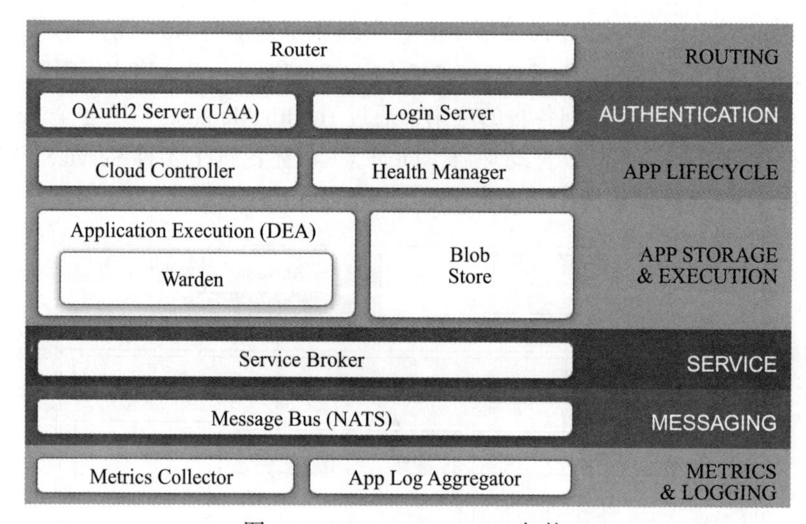


图 10-4 Cloud Foundry V2 架构

由于在 V2 中引入 App Log Aggregator 组件，可以对应用的日志进行收集，并进行实时分析，所以能很好地支持处理大数据。

在 Cloud Foundry 部署方面，V2 版本开发了新的部署工具链 BOSH，可以非常方便地部署 CF。同时 Router 的性能瓶颈得到解决。UAA 可以提供第三方认证。Health Manager 也不再是单点了。

### 10.3.2 Router

在 V2 中 Router 也称为 Go-Router，是基于 Go 语言编写的，用于 Cloud Foundry 平台到各组件（如 CC、DEA 等）的网络路由。Router 是整个平台的流量入口，负责分发所有的请求到对应的组件，包括来自外部用户对 App 的请求和平台内部的管理请求。

Router 是 PaaS 平台中至关重要的一个组件，它在内存中维护了一张路由表，记录了域名与实例的对应关系，要实现实例自动迁移靠的就是这张路由表，某实例宕掉了，就从路由表中剔除，新实例创建了，就加入路由表。

### 10.3.3 UAA

UAA 组件全称是 User Account and Authentication，是基于 Java 语言进行开发、使用

Maven 进行包管理的一个子项目，主要用于 Cloud Foundry 平台的身份验证管理。事实上，它并不是 Cloud Foundry 平台的内部组件，而是一个基于 OAuth2 和 OpenID 通用身份验证规范的独立功能组件，可以用于 Cloud Foundry 平台的身份验证，也可以为其他项目提供 SSO 单点验证服务。

### 10.3.4 Cloud Controller

Could Controller 是 Cloud Foundry 的管理模块，主要负责为 cf、vmc、sts 等客户端提供 REST API，管理 App 的整个生命周期的状态及运行环境、日志等，是基于 Fog 组件规范的接口。

用户把 App 推送给 Cloud Controller，Cloud Controller 将其存放在 Blob Store，在数据库中为该 App 创建一条记录，存放其 meta 信息，并且指定一个 DEA 节点来完成打包动作，产出一个 Droplet（一个包含 Runtime 的包，在任何 DEA 节点都可以通过 Warden 运行起来）。完成打包之后，Droplet 回传给 Cloud Controller，仍然存放在 Blob Store，然后 Cloud Controller 根据用户要求的实例数目，调度相应的 DEA 节点部署运行该 Droplet。另外，Cloud Controller 还维护了用户组织关系 org、space，以及服务、服务实例等。

### 10.3.5 Health Manager

Health Manager 最初是用 Ruby 写的，后来用 Golang 写了一版，称为 HM9000。HM9000 主要有 4 个核心功能：

1）监控 App 的实际运行状态（如 running、stopped、crashed 等）、版本、实例数目等信息。DEA 会持续发送心跳包，汇报它所管辖的实例信息，如果某个实例挂了，会立即发送 droplet.exited 消息，HM9000 据此更新 App 的实际运行数据。

2）HM9000 通过转储 Cloud Controller 数据库的方式，获取 App 的期望状态、版本、实例数目。

3）HM9000 持续比对 App 的实际运行状态和期望状态，如果发现 App 正在运行的实例数目少于要求的实例数目，就发命令给 Cloud Controller，要求启动相应数目的实例。HM9000 本身不会要求 DEA 做些什么，它只是收集数据，比对，再收集数据，再比对。

4）用户通过 cf 命令行工具是可以控制 App 各个实例的启停状态等，如果 App 的状态发生变化，HM9000 就会命令 Cloud Controller 做出相应调整。

说到底，HM9000 就是保证 App 可用性的一个基础组件，App 运行时超过了分配的 quota，或者异常退出，或者 DEA 节点整个宕机，HM9000 都会检测到，然后命令 Cloud Controller 做实例迁移。

### 10.3.6 DEA

DEA（Droplet Execution Agent）部署在所有物理节点上，管理 App 实例，将状态信息广播出去。比如我们创建一个 App，实例的创建命令最终会下发到 DEA，DEA 调用 Warden 的接口创建 Container；如果用户要删除某个 App，实例的销毁命令最终也会下发到 DEA，DEA 调用 Warden 的接口销毁对应的 Container。

当 Cloud Foundry 刚刚推出的时候，Droplet 包含了应用的启动、停止等简单命令。用户应用可以随意访问文件系统，也可以在内网畅行无阻，跑满 CPU，占尽内存，写满磁盘。一切可以想到的破坏性操作都可以做到，情况很糟糕。Cloud Foundry 为了改变这一状况，开发出了 Warden，这是一个程序运行容器。这个容器提供了一个孤立的环境，Droplet 只可以获得受限的 CPU、内存、磁盘访问权限，以及网络权限，再没有办法搞破坏了。

Warden 在 Linux 上的实现是将 Linux 内核的资源分成若干个 namespace 加以区分，底层的机制是 cgroups。这样的设计比虚拟机性能好，启动快，也能够获得足够的安全性。在网络方面，每一个 Warden 实例有一个虚拟网络接口，每个接口有一个 IP，而 DEA 内有一个子网，这些网络接口就连在这个子网上。安全可以通过 iptables 来保证。在磁盘方面，每个 Warden 实例有一个自己的 filesystem。这些 filesystem 使用 aufs 实现。aufs 可以共享 Warden 之间的只读内容，区分只写的内容，提高了磁盘空间的利用率。因为 aufs 只能在固定大小的文件上读写，所以不会出现写满磁盘的可能性。

LXC 是另一个 Linux Container。那为什么不使用它，而开发了 Warden 呢？因为 LXC 的实现是和 Linux 绑定的，Cloud Foundry 希望 Warden 能运转在各个不同的平台，而不只是 Linux。另外 Warden 提供了一个 Daemon 和若干个 API 来操作，LXC 提供的是系统工具。还有最重要的一点是 LXC 过于庞大，Warden 只需要其中的一点点功能就可以了，更少的代码更便于调试。

### 10.3.7 Message Bus

Cloud Foundry 使用 NATS 作为内部组件之间通信的媒介，NATS 是一个轻量级的基于 pub-sub 机制的分布式消息队列系统，是整个系统可以松散耦合的基石。

### 10.3.8 Metrics & Logging

Metrics Collector 会从各个模块收集监控数据，运维工程师可以据此来监控 Cloud Foundry，出了问题及时发现并处理。

Cloud Foundry 提供了 Log Aggregator 来收集 App 的 Log。也可以通过其他手段直接把 Log 通过网络打出来，比如 syslog、scribe 等。因为能够收集 App 的日志，所以 Cloud Foundry 能够很好地支持大数据分析，目前基于 Cloud Foundry 并能够进行大数据分析的产品是 Pivotal CF。

### 10.3.9 Buildpack

在 Cloud Foundry V2 中，为了能够更灵活地支持不同的 Runtime 和 Framework，Cloud

Foundry 引入了 Buildpack 机制。Buildpack 最初在 Heroku 的平台上使用，用来打包应用在云端运行所需的运行时和框架等。因为它编写和使用上都很简单方便，所以这种方式已被各大 PaaS 平台广泛使用。其实现了一个可插拔的模型，该模型添加了对额外的运行时的支持。

如果部署一个应用程序并让其能够正常运行，开发人员或者运维人员需要手动解决程序代码、部署配置、环境依赖和运行依赖等问题，这样看起来，要部署个程序相对比较烦琐。那如何改变传统的部署方式？希望有某种程序能把要部署的程序及其所有依赖的东西打成一个包，而在另外一台环境完全相同的机器上，你只需要下载这个压缩包，解压到对应目录下，然后启动脚本，应用就可以完美地复制到这台机器上。这就是 Cloud Foundry 进行动态扩容的原理和基础。Cloud Foundry 就通过引进 Buildpack 机制来解决这些问题。可以说 DEA 和 Buildpack 是整个 Cloud Foundry 设计最出彩的地方，想想别的 PaaS 开发新加一门语言是多么费劲？而 Cloud Foundry 仅仅需要几天，而且还支持用户自定义语言和应用类型，这一切都是由于 Buildpack 打包设计的功劳。

Buildpack 是一个脚本集合，这个脚本集合的作用是把用户写好的程序（Cloud Foundry 中一般称为 App)、其依赖的环境、配置、启动脚本等打包。它实现了检查部署的应用程序、下载和配置需要的依赖关系所需的操作。一个打好的压缩包就是一个 Droplet，Droplet 是 Cloud Foundry 自创的一个概念，它是一个 App 的可运行实例配合实例启停脚本的压缩包。打压缩包的程序就叫 Buildpack，打包的过程叫 Staging。不同的应用类型对应的 Buildpack 代码也不同。如果要增加 Cloud Foundry 默认不支持的语言或者应用类型，就需要自定义 Buildpack。

最简单的 Buildpack 只需要包含一个 bin 目录，里面有 3 个脚本，表 10-2 所示是每个脚本的名称和用途。

**表 10-2　脚本的名称和用途**

| 脚本 | 用　途 |
|---|---|
| detect | 检测应用是否被当前 Buildpack 支持。检查同一种语言下应用的类型，例如是一个 sinatra 应用还是一个 rails 应用，以供 compile 脚本使用 |
| compile | 构建应用的运行环境，包括安装运行时、依赖等。这是 Buildpack 的核心文件，一般作用就是去拉取相应的 Runtime，做一下配置再放到指定位置；拉取相应的 Framework，做一下配置再放到指定位置 |
| release | 配置运行应用的方法，包括启动命令、环境变量等。输出自定义的启动命令等相关信息，以便写入最终的启动脚本 |

表 10-3 列出 Cloud Foundry 默认支持的 Buildpack，每个 Buildpack 行列出支持的语言和框架。

**表 10-3　Buildpack 支持的语言和框架**

| 名称 | 支持的语言和框架 |
|---|---|
| Go | N/A |
| Java | Grails、Play、Spring 或其他基于 JVM 的语言或框架 JVM-based language or framework |
| Node.js | Node 或 JavaScript |

（续）

| 名称 | 支持的语言和框架 |
| --- | --- |
| Php | N/A |
| Python | N/A |
| Ruby | Ruby、Rack、Rails 或 Sinatra |

### 10.3.10 Service Broker

App 在运行的时候通常需要依赖外部的一些服务，如数据库服务、缓存服务、短信邮件服务等。Service Broker 就是 App 接入服务的一种方式。比如我们要接入 MySQL 服务，只要实现 Cloud Foundry 要求的 Service Broker API 即可。

Cloud Foundry V1 中都是内置 Service，对用户来说有很大限制，只能使用指定的几个服务器，而在 V2 中进行了改进，通过引进 Service Broker 机制，可以使 Cloud Foundry 集成用户提交的任何第三方服务，提高了系统的灵活性。

Service Broker 是用来实现 Service Broker API 的服务组件的术语，这个组件相当于一个服务网关（Service Gateway）。Service Broker 就是实现了 Cloud Foundry 规定的一组 Rest API 的服务端程序，它作用于 Cloud Foundry 的 Cloud Controller 组件与服务的资源池中间，Cloud Foundry 通过调用 Service Broker 上这些规定的 Rest API，对服务资源池进行管理，而 Service Broker 实际执行这些资源池管理操作。

结构图如图 10-5 所示。

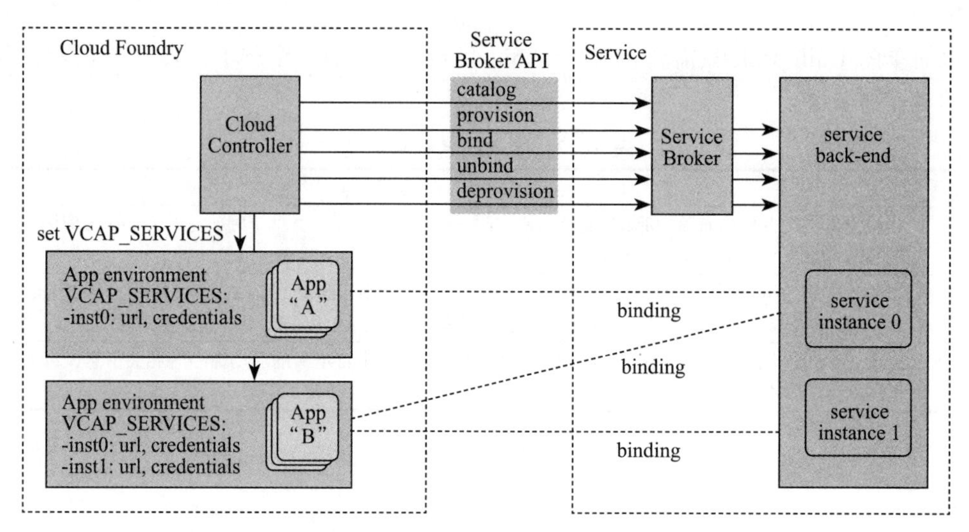


图 10-5 Service Broker 结构与流程

Service Broker API 用于连接 Cloud Controller 和 Service Broker。一个 Service Broker 一般需要实现 5 类 API 接口。

- catalog：service 发现，获取此 Service Broker 管理的全部服务。

- provision：service 创建。
- bind：service 绑定。
- unbind：service 解绑定。
- deprovision：service 删除。

### 10.3.11 Cloud Foundry V1 与 Cloud Foundry V2 的区别

2013 年 6 月 6 日，Cloud Foundry 正式宣布终止对 Cloud Foundry V1 的服务，包括升级、功能增强等。同时将 Cloud Foundry V1 切换到 V2，二者的主要区别如下：

1）V1 中 Router 使用的是 Nginx+Lua+Ruby 服务器的方式，V2 使用了 Go 语言 Gorouter，支持了 Websocket 且提升了 4 倍以上的性能。V1 不支持 Router 集群，V2 支持 Router 集群和负载均衡。

2）V2 中 Cloud Contoller 新增了 quota、org、space 等新的概念，更便于进行权限和资源管理，支持团队开发和项目阶段管理。

3）V1 中为应用打包使用的是 stager 组件，V2 中移除了该组件，将打包功能加入 DEA 中，并将所有语言的打包程序以 Submodule 的形式放在 Buildpacks/vendors 目录下。

4）完全重写了 Health Manager。

5）V1 里 DEA 可以独立运行，一个 DEA 负责的所有 App 都以子进程的形式挂在 DEA 主进程下。但 V2 之后，DEA 严重依赖于 Warden 提供的安全容器来运行 App。V2 杜绝了一个应用把 CPU 跑满、一个应用把磁盘占满等情况。

6）V1 不是完全地构建包功能，V2 的构建包兼容 Heroku，AWS 收购的 PaaS 公有云平台，Heroku 提供了上百种 Buildpack，意味着 V2 几乎支持所有开源的应用平台。

7）V2 支持 AppDirect，可以与大多数现有软件集成。但 V1 不支持，难以和现有软件集成。

8）V1 的应用不能直接迁移到 V2，需要源代码级的改造。V1 是框架型，而不是 Buildpack 运行环境打包型。

9）V2 也支持针对 CF 应用的定制域，并可以定制子域，V2 的路由器和域都与 V1 不同。V1 不提供域定制能力，而 V2 提供了定制能力。其他的好处还有，多租户应用可以针对每个租户定制域名或子域名。

## 10.4 Cloud Foundry 工作机制

在对 App 进行 CF push 之后，Cloud Foundry 会进行如图 10-6 所示的处理。

1）用户在命令行下进入自己的 App 所在的目录，运行 CF push。

2）CF 命令行工具发现用户给的指令是 push，于是发请求给 CCNG。

3）CCNG 管辖了两个存储，一个是 CCDB（是一个 RDBMS，可以用 MySQL），另一个是 BlobStore，存储一些大的二进制文件，比如用户要 push 的 App 和最后打包成的 Droplet。CCNG 会先保存当前 App 的元数据，比如名称、subdomain、实例数、内存限制等。

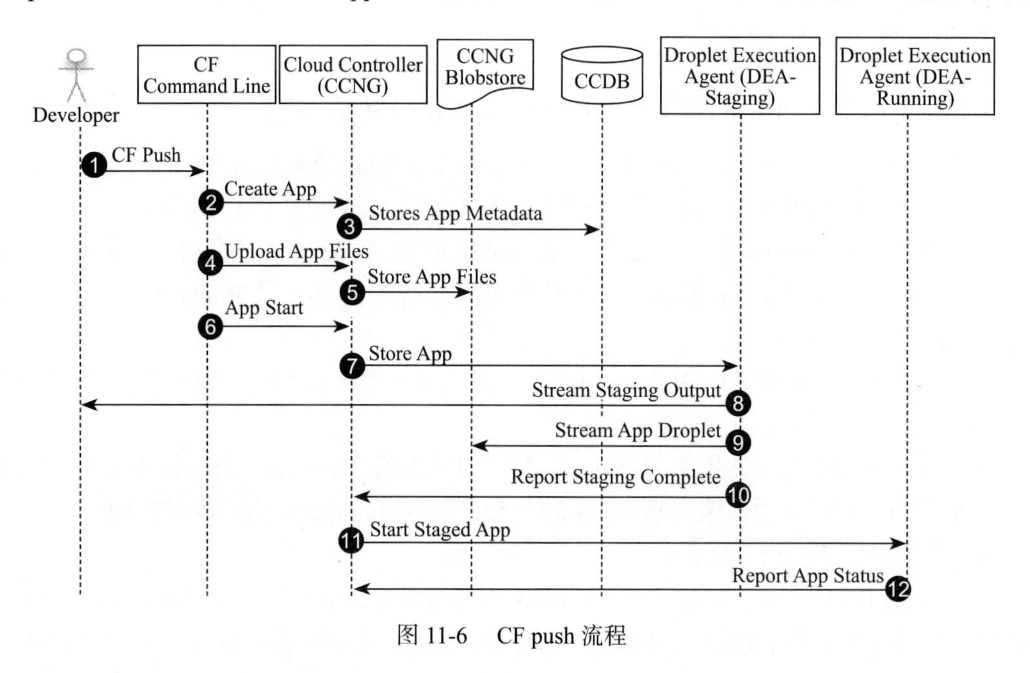


图 11-6　CF push 流程

4）CF 命令行工具把用户 App 所在目录下的所有文件（除 .cfignore 中配置的文件以外）上传给 CCNG。

5）CCNG 把用户的 App 文件打包存放在 BlobStore 中。

6）CF 命令行工具发起 start 指令。

7）CCNG 接收到 CF 命令行给的 start 指令，但是此时用户的 App 文件仅仅包含了应用逻辑代码，没有运行时环境的支持和启停脚本等，没法直接运行。所以 CCNG 现在开始做一件很重要的事情：选择一个合适的 DEA，并开始打包应用，把用户的 App 文件和运行时依赖（Javaweb 的项目的话，比如 JDK 和 Tomcat）以及启停脚本一起打包成 Droplet。

8）某个 DEA 接收到 stage 请求，于是开始打包过程，过程中可能会出问题，所以，打包的时候的输出需要同步显示给终端用户，方便排错。

9）打包完成之后 DEA 需要把 Droplet 上传到 CCNG 的 BlobStore 中存放。

10）报告给 CCNG 说完成打包了。

11）CCNG 读取元数据，看用户想部署几个实例以及内存要求等，然后选取相应的 DEA 去部署 Droplet。

12）DEA 是否部署和启动成功，需要汇报给 CCNG，并最终反映到终端用户控制台上。

## 10.5　Cloud Foundry 应用部署与使用

在目前的调研中，通过搭建单节点的 Cloud Foundry 环境，并假设该环境面向个人开发。下面从一个简单的 Web 开发来介绍 Cloud Foundry 对个人开发带来的益处。

1）查看 Cloud Foundry 的组件是否正常运行，以及知道 Cloud Foundry 的 API 地址，如图 10-7 所示。

```
dxg@dxg-desktop:~$ sudo /var/vcap/bosh/bin/monit summary
[sudo] password for dxg:
The Monit daemon 5.2.4 uptime: 6h 34m

Process 'nats'                       running
Process 'nats_stream_forwarder'      running
Process 'cloud_controller_ng'        running
Process 'cloud_controller_worker_local_1' running
Process 'cloud_controller_worker_local_2' running
Process 'nginx_ccng'                 running
Process 'cloud_controller_worker_1' running
Process 'cloud_controller_clock'     running
Process 'uaa'                        running
Process 'uaa_cf-registrar'           running
Process 'haproxy'                    running
Process 'gorouter'                   running
Process 'warden'                     running
Process 'dea_next'                   running
Process 'dir_server'                 running
Process 'dea_logging_agent'          running
Process 'loggregator'                running
Process 'loggregator_trafficcontroller' running
Process 'etcd'                       running
Process 'hm9000_listener'            running
Process 'hm9000_fetcher'             running
Process 'hm9000_analyzer'            running
Process 'hm9000_sender'              running
Process 'hm9000_metrics_server'      running
Process 'hm9000_api_server'          running
Process 'hm9000_evacuator'           running
Process 'hm9000_shredder'            running
Process 'postgres'                   running
System 'system_dxg-desktop'          running
```

图 10-7　组件运行状态

从监控上看，各个组件都已正常运行，并从搭建过程中知道，Cloud Foundry 的 API 地址为 https://api.10.0.2.15.xip.io。

2）通过 cf login 进行登录，第一次登录需要配置 Org、Space 等个人使用空间，如图 10-8 所示。

```
dxg@dxg-desktop:~$ cf login -a https://api.10.0.2.15.xip.io -u admin -p cloud
c0w --skip-ssl-validation
API endpoint: https://api.10.0.2.15.xip.io
Authenticating...
OK

Select an org (or press enter to skip):
1. DevBox
2. adminorg

Org> 2
Targeted org adminorg

Targeted space adminspace


API endpoint: https://api.10.0.2.15.xip.io (API version: 2.4.0)
User:          admin
Org:           adminorg
Space:         adminspace
dxg@dxg-desktop:~$
```

图 10-8　个人空间配置

3）编写应用程序。

该样例选择的是一个简单的 Sinatra 程序。

```
require 'sinatra'
get '/hi' do
    "Hello World!"
    end
```

4）编写 manifest.yml 文件并进行部署。

manifest.yml 文件如下：

```
---
applications:
- name : hello
 memory : 128M
instaces : 1
host : hello
path : .
```

正常开发的话，开发者需要先安装应用所需要的 Ruby、Sinatra 等依赖软件包，然后运行并查看应用程序。而在 Cloud Foundry 环境下，开发者只需要在文件下内通过 cf push 命令把代码推送到 Cloud Foundry，就可以让程序运行，如图 10-9 所示。

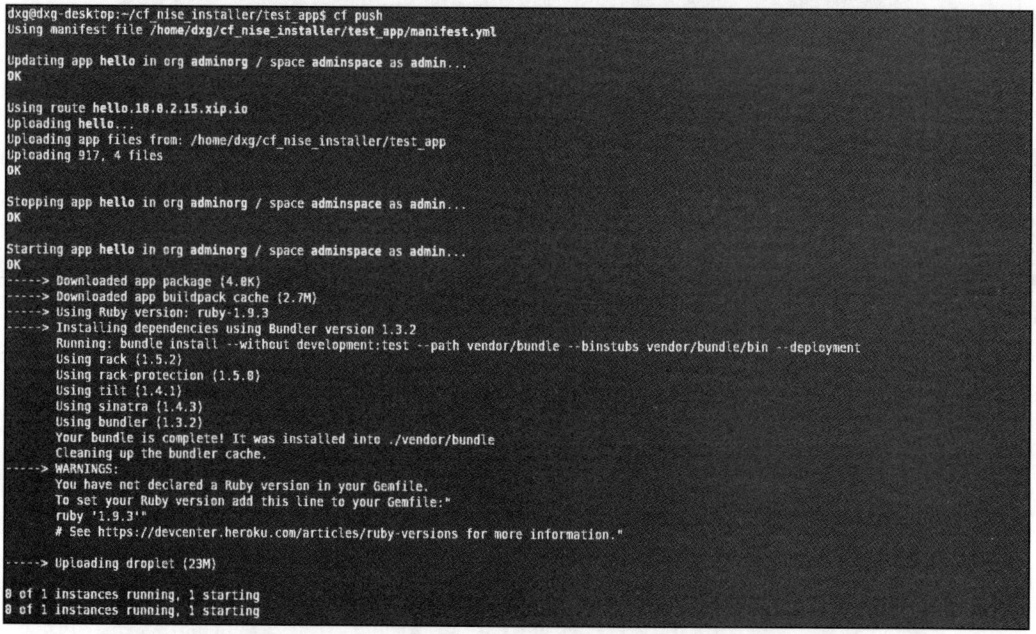

```
dxg@dxg-desktop:~/cf_nise_installer/test_app$ cf push
Using manifest file /home/dxg/cf_nise_installer/test_app/manifest.yml

Updating app hello in org adminorg / space adminspace as admin...
OK

Using route hello.10.0.2.15.xip.io
Uploading hello...
Uploading app files from: /home/dxg/cf_nise_installer/test_app
Uploading 917, 4 files
OK

Stopping app hello in org adminorg / space adminspace as admin...
OK

Starting app hello in org adminorg / space adminspace as admin...
OK
-----> Downloaded app package (4.0K)
-----> Downloaded app buildpack cache (2.7M)
-----> Using Ruby version: ruby-1.9.3
-----> Installing dependencies using Bundler version 1.3.2
       Running: bundle install --without development:test --path vendor/bundle --binstubs vendor/bundle/bin --deployment
       Using rack (1.5.2)
       Using rack-protection (1.5.0)
       Using tilt (1.4.1)
       Using sinatra (1.4.3)
       Using bundler (1.3.2)
       Your bundle is complete! It was installed into ./vendor/bundle
       Cleaning up the bundler cache.
-----> WARNINGS:
       You have not declared a Ruby version in your Gemfile.
       To set your Ruby version add this line to your Gemfile:"
       ruby '1.9.3'"
       # See https://devcenter.heroku.com/articles/ruby-versions for more information."

-----> Uploading droplet (23M)

0 of 1 instances running, 1 starting
0 of 1 instances running, 1 starting
```

图 10-9 部署指令 -1

此处的 manifest.yml 文件可以不预先写好，但是在部署过程中系统会单步询问你配置信息，比较麻烦，如图 10-10 所示。

5）在应用被成功推送之后，系统会返回一个 URL ：hello.10.0.2.15.xip.io，如图 10-11

所示。

6）通过系统返回的 URL 进行访问，如图 10-12 所示。

```
dxg@dxg-desktop:~/admin/test$ cf push
Name> test

Instances> 1

1: 128M
2: 256M
3: 512M
4: 1G
Memory Limit> 128

Creating test... OK

1: test
2: none
Subdomain> test

1: 10.0.2.15.xip.io
2: none
Domain> test.10.0.2.15.xip.io

Creating route test.test.10.0.2.15.xip.io... OK
Binding test.test.10.0.2.15.xip.io to test... OK

Create services for application?> n
```

图 10-10　部署指令 -2

```
0 of 1 instances running, 1 starting
0 of 1 instances running, 1 starting
1 of 1 instances running

App started

Showing health and status for app hello in org adminorg / space adminspace as admin...
OK

requested state: started
instances: 0/1
usage: 128M x 1 instances
urls: hello.10.0.2.15.xip.io

     state     since                    cpu    memory          disk
#0   running   2014-06-28 12:25:08 PM   0.0%   23.1M of 128M   52.1M of 1G
```

图 10-11　推送反馈

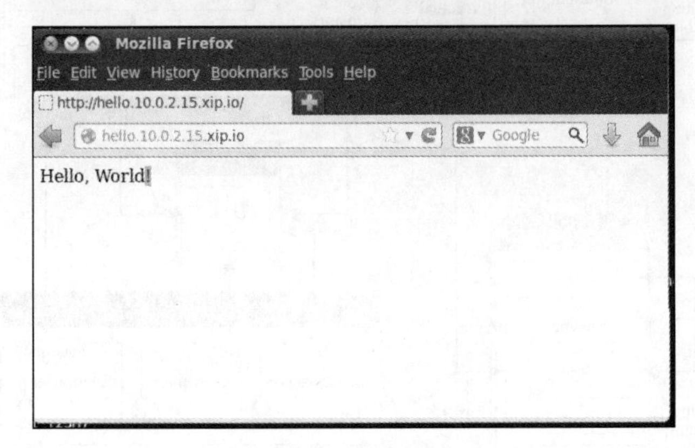


图 10-12　URL 访问

7）程序运行之后，可以通过一系列的 cf 命令查看应用的状态，如图 10-13 所示。从 cf services 命令可以看到，V2 的 Cloud Foundry 不再内置 services 了，如图 10-14 所示。

```
dxg@dxg-desktop:~$ cf apps
Getting apps in org adminorg / space adminspace as admin...
OK

name    requested state   instances   memory   disk   urls
hello   started           1/1         128M     1G     hello.10.0.2.15.xip.io
```

图 10-13 应用状态查看

```
dxg@dxg-desktop:~/cf_nise_installer/cf-release/config$ cf services
Getting services in org adminorg / space adminspace as admin...
OK

No services found
```

图 10-14 V2 应用状态查看

## 10.6 Cloud Foundry V3

目前 Cloud Foundry V3 架构还未正式推出，从 Github 上和网上能够了解到下一代架构中的主要变化。其项目地址为：https://github.com/cloudfoundry-incubator/diego-release。其主要变化还是在重新用 Go 语言开发 DEA 组件也就是 Diego 项目，并在 Diego 项目中推出新的容器技术 Garden，这项技术能够支持跨平台和 Docker 新兴容器技术，如图 10-15 所示。

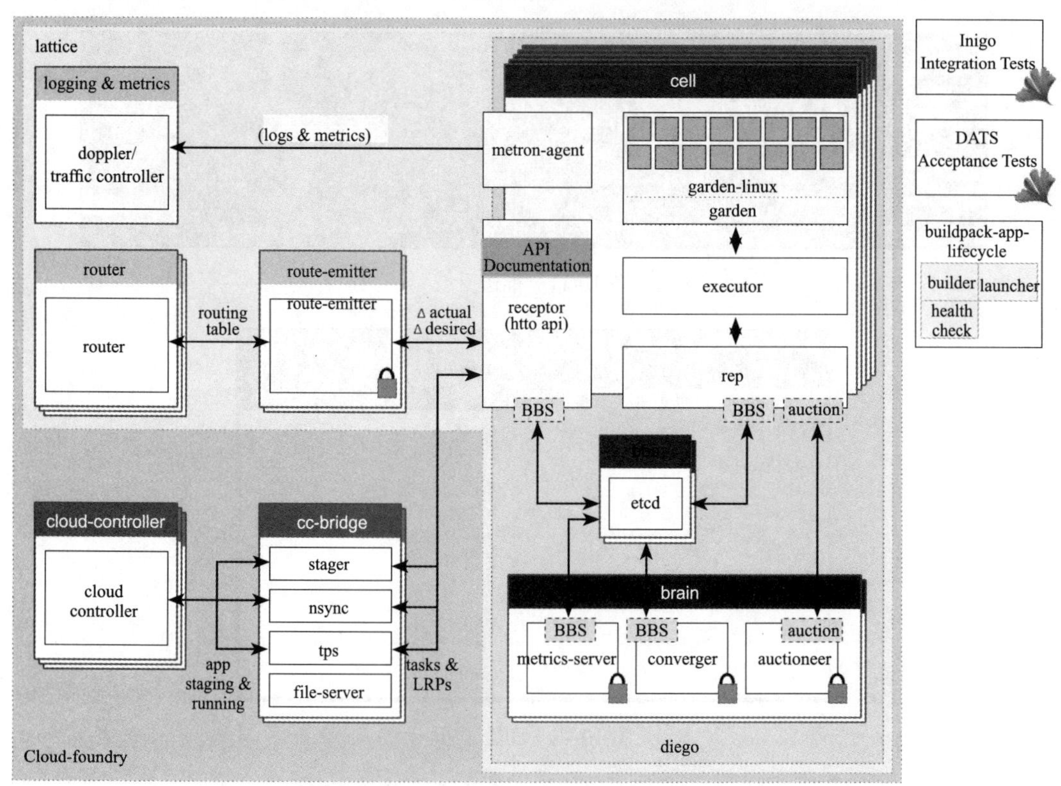


图 10-15 Cloud Foundry V3 架构图

目前调研中在 Diego 项目中新增加如下功能：

1）重大的架构更新，etcd 在 V2 架构中作为 HM9000 的 K/V 存储组件，跟其他组件没什么关系，但在 Diego 中重新对其进行定位，同时定名为 BBS，其功能在 V3 中大大增强。

2）增加了任务（Task），确保之运行一次。LRP（长周期进程）可以运行多个实例。设置预期的 LRP 实例数，Diego 会试图确保和预期一致的实例数，即使遇到网络故障或是应用故障也能保证。

3）Diego 设计的一个要求是应用放置，通过竞拍的方式放置应用实例。

4）统一支持不同的应用容器，如 Linux Container、Windows，还有 Docker。

5）提供 SSH 等方式访问容器。

## 10.7　Cloud Foundry 与容器

### 10.7.1　Cloud Foundry 的容器技术

在 V2 中，在每个安装好的 DEA 上都会运行 Warden 服务（用 Ruby 写的，调用大量 shell 来配置 host），用来管理 cgroups、namespace 和进程管理。同时，Warden 容器的感知和状态监控也由此服务来负责。作为一个 C/S 结构的服务，Warden 使用了谷歌的 protobuf 协议来负责交互。每个容器内部都运行一个 wshd daemon（C 语言写的）来负责容器内的管理，比如启动应用进程、输出日志和错误等，如图 10-16 所示。这里需要注意，由于使用了 protobuf，Warden 对外的交互部分严重依赖于 Warden Protocol，使得 Warden 对开发者的易用性大打折扣。

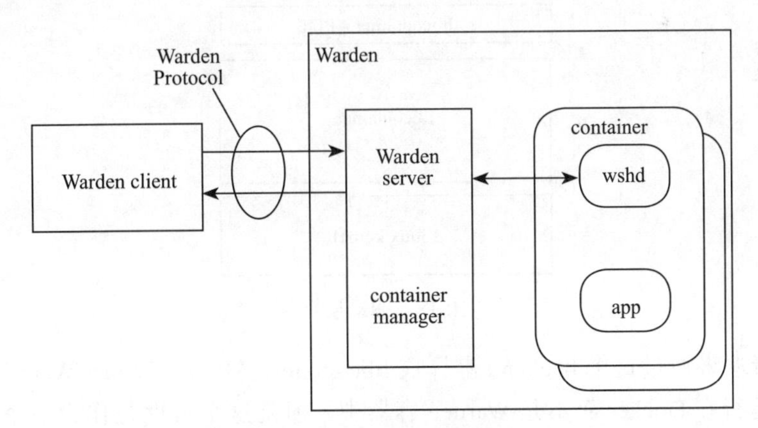


图 10-16　Warden 架构图

Pivotal 团队对于 Warden 进行了基于 Golang 的重构，并建立了一个独立的项目 Garden，如图 10-17 所示。在 Garden 中，容器管理的功能被从 Server 代码里分离出来，即 Server 部分只负责接收协议请求，而原先的容器管理则交给 backend 组件，包括将接收到的请求映射成为 Linux（假如是 Linux backend 的话）操作。值得注意的是：这样 backend 架构可以使以后的 Garden 支持跨平台。更重要的是，RESTful 风格的 API 终于被引入 Garden 中。原作者说是为了实验和测试，但实际上 Docker 最成功的一点正是友好的 API 和以此为基础的扩展能力。

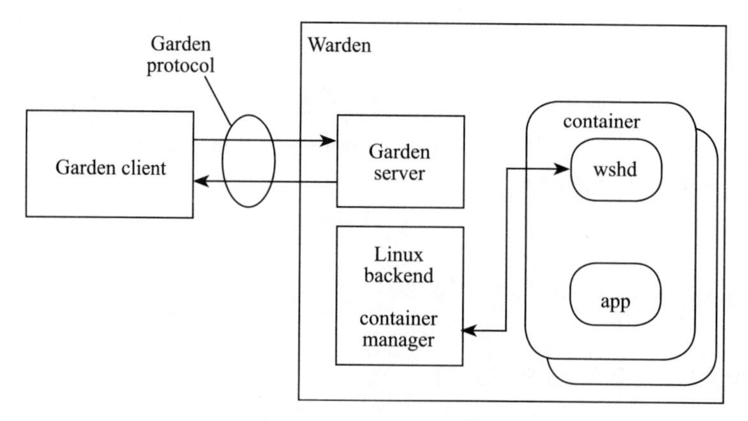


图 10-17 Garden 架构图

Pivotal 还计划通过更通用的驱动层来将 Docker 直接合并到现有的系统中。主要实现方式是为前面所说的 backend 添加 libcontainer-specific backend，如图 10-18 所示。

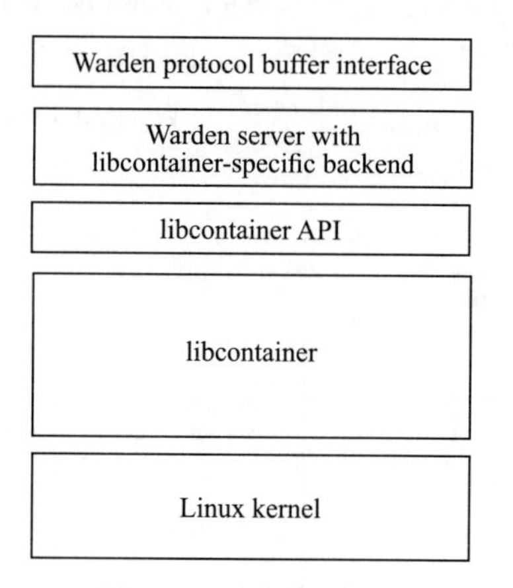


图 10-18 驱动层合并

用户的请求将通过这个 backend 翻译成 libcontainer API 来启动 Docker 镜像，比如将用户的应用运行在 Docker 而不是 Warden 容器中。但是这个特性是作为一个长期计划与 Garden 并行的，由于 libcontainer 包现在开发还不完善，比如还暂不支持 user namespace 功能，要做很多工作去完善，目前还在采用很初级的替代方案。Cloud Foundry 在提供 Docker 支持方面远远落后于竞争对手 RedHat 公司的 OpenShift。OpenShift V3 就是基于 Kubernetes 和 Docker 来实现的。Cloud Foundry 对 Docker 的支持目前来看也始终不温不火。如果以

Garden 为代表的容器方法与 Docker 一样大受欢迎，它可能会更多地谈论 Garden。但是现在提出来只会有助于被人拿来在市场接受方面与 Docker 进行一番比较（Garden 显然处于下风）。后续还需要持续跟踪调研。

### 10.7.2 Warden 与 Docker

Cloud Foundry 与 Docker 之间的关系，其实就是 Cloud Foundry 所采用的容器技术 Warden 与 Docker 之间的对比关系。对这两种容器技术之间的异同如表 10-4 所示。

表 10-4 Warden 与 Docker 技术对比

| 对比项 | Warden | Docker |
|---|---|---|
| 资源隔离与控制方面 | 比较丰富，能够提供 CPU、内存、硬盘、带宽 | 稍微欠缺，提供 CPU、内存 |
| 容器内进程 | wshd 守护进程，可运行多个进程 | 单一进程 |
| 资源动态配置 | Warden 可动态配置资源，不需要进行重启容器 | 容器启动之后，不能改变，若要改变需要重启容器 |
| 镜像管理 | 固化，使用静态的镜像 | 镜像层级管理，可复用 |
| API 交互 | 只支持 UNIX Domin Socket | UNIX Domain Socket、加密传输 TCP（HTTP，HTTPS） |
| 用户权限 | Cloud Foundry 全权接管，Warden 对用户开放权限低 | 几乎所有内部环境，Docker 用户均可以定制，使用权限高 |
| 跨 Host 管理 | 暂不支持 | 本身不支持，但是可以通过 Kubernetes、Swarm 和 Mesos 等技术实现 |
| 网络安全隔离度 | 容器间及容器与平台间隔离度均不高 | 容器间的隔离度不高 |

## 10.8 Cloud Foundry 与 OpenStack

Cloud Foundry 可以部署在 OpenStack 之上，但目前从官网了解到，只有 Folsom、Grizzly 和 Havana 三个版本的 OpenStack 支持 Cloud Foundry。在部署过程中，官方推荐使用 BOSH 工具链进行部署。

在部署 Cloud Foundry 过程中需要面对复杂的环境配置、中间件管理以及虚拟机运维等 IaaS 需要面对的问题，为了使 Cloud Foundry 与 IaaS 层解耦，使其不直接与 IaaS 交互，而通过扩展运行 Cloud Foundry 集群中的 DEA 组件和 Service 组件，实现动态扩展和管理。由于 Cloud Foundry 组件过多，如果出现底层扩容、版本更新、开发和产品环境管理等问题，就会使开发和运维人员陷入困境。这种情况极大地限制了 Cloud Foundry 推向产品化的发展，而 BOSH 工具链就是为了解决部署 Cloud Foundry 难题而产生的。

这样，OpenStack 与 OpenStack 的关系其实就是 BOSH 与 OpenStack 的关系，由 BOSH 与 OpenStack 交互创建所需要的虚拟机等，在虚拟机上进行 Cloud Foundry 部署。

BOSH是一套通用工具链，它能够在提供监控、警告和自我修复的功能的同时，将许多处于IaaS上层的多节点应用程序协调地结合起来，并管理IaaS的生命周期，其中包括状态数据。它会管理VM模板（在Cloud Foundry术语中称之为干细胞Stemcell)、软件发布与部署。BOSH利用YAML清单，并且会创建和管理一个VM池，为每个任务从池中取出一个VM，并通过部署清单来更新它的配置。

在了解BOSH时，需要理解BOSH中的以下概念。

**BOSH CPI**：可以理解为BOSH与IaaS层的接口，通过CPI调用各个IaaS层的API来实现BOSH对虚拟机的操作，目前支持OpenStack、AWS、vCloud和vSphere，其中OpenStack和AWS通过fog进行。在OpenStack中，BOSH CPI调用OpenStack Compute API来管理OpenStack的虚拟机。

**Stemcell**：被称为干细胞，也就是创建VM的模板，BOSH在IaaS层创建的VM都是通过这个模板来创建的。Stemcell在创建VM之前上传，并在创建VM时传递网络和存储配置等信息。

**Release**：BOSH面向的对象是Release。BOSH的一个Release包含了源码、配置信息和启动脚本等内容。通过使用bosh create Release，把源码打包成Release，才能使用BOSH进行部署。

**Deployment**：这个概念可以理解为部署过程，通过指定一个manifest文件用于描述配置信息，如网络配置、虚拟机类型和虚拟机运行的操作系统等。这样在部署过程中，BOSH Director先读取mainfest文件，并根据文件进行部署，如图10-19所示。

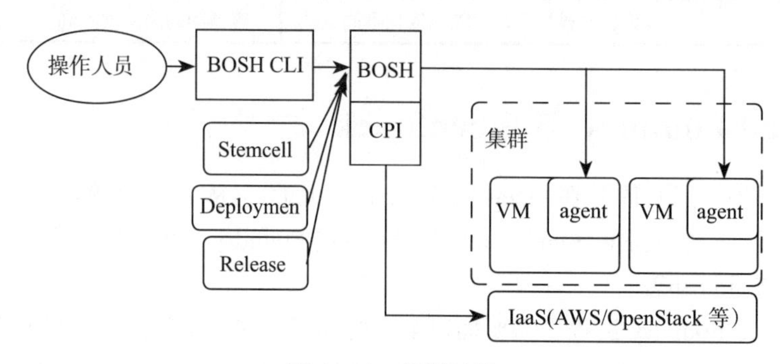


图10-19 部署过程

这样在进行部署Cloud Foundry时免去了用户从IaaS平台准备虚拟机的繁琐步骤，而是由BOSH同IaaS的API进行交互，管理虚拟机状态。因此当IaaS平台VM出现不稳定的状况时，在部署Cloud Foundry时能够快速反应。而Cloud Foundry会被打包成Release，其中各个组件的信息会以job的方式存在，job包括了运行资源包的二进制文件的配置和启动脚本，每当一个VM启动后，Agent就根据BOSH中的Director分配的job，让VM担当不同的任务进行部署。

## 10.9 小结

本章首先描述了PaaS平台的定义、应用场景以及功能与特点，比较了业界主流的Cloud Foundry、OpenShift等开源PaaS平台，为读者提供了开源PaaS平台选择的参考。

然后，以Cloud Foundry平台为例，详细介绍了其社区现状和应用场景。

在基于Cloud Foundry构建的PaaS云中，开源版本提供的只是一个简单的架构，若要以此为基础构建企业级的PaaS私有云或者公有云，需要在其上面进行大量开发，并围绕用户需求增加功能。以下列出的几个方面是目前在部署PaaS云中需要考虑的一些要点，作为参考使用。

1）系统部署：在IaaS方面OpenStack比较热门。目前Cloud Foundry只支持在Folsom、Grizzly和Havana三个版本的OpenStack上部署，而且Cloud Foundry还提供BOSH部署工具链以简化在OpenStack上面的部署，所以在OpenStack上部署是一个比较好的方案。现阶段HP的Helion已经支持在OpenStack上部署，但对OpenStack的版本更加苛刻，只针对他们自己开发的HP Helion OpenStack版本。随着Mirantis加入Cloud Foundry基金会，Pivotal CF最近在其官网上更新他们能够支持版本为5.1（IceHouse）和6.1（Juno）的Mirantis OpenStack，其他发行版或者版本只是说有可能支持。所以在OpenStack选取方面需要慎重，或者对当前使用的OpenStack版本进行开发，以满足Cloud Foundry需要，但需要对两个系统都有一定的了解。

2）增加开发框架及集成服务：Cloud Foundry V2提供了Buildpack和Service Broker，使开发者或者企业有更好的选择，如果要构建私有云或者公有云，提供多种多样的开发框架和第三方服务是必要的，以方便客户使用。目前流行的开发框架有Java、Ruby、Node.js、PHP、Python；集成的第三方服务有：MySQL、PostgreSQL、RabbitMQ、Redis、Memcache等，同时保留接口，让客户可以根据自己需求来开发和定制。也可以通过集成公司的产品来增加亮点，比如Pivotal CF通过集成他们自己研发的Pivotal Hadoop来处理大数据分析，IBM BlueMix专注于集成WAS和DB2技术。

3）资源隔离方面：从业界来看，目前基于Cloud Foundry的产品都以Warden作为资源隔离技术。Docker作为目前比较热门的资源隔离技术，Cloud Foundry的V3架构会兼容它。但是惠普号称已经在Helion中的PaaS平台使用Docker作为容器，今后值得去跟踪研究。

4）界面管理工具：为用户提供一个方便和友好的基于Web的图形化管理界面也是必不可少的，从Cloud Foundry的安装、应用的部署和运维、应用和服务的组织管理、应用与系统的监控管理，到日志搜索和处理，这些都需要为用户提供一个基于Web的图形化管理工具，方便用户使用。但这些目前作为企业级功能需要大量开发。

5）功能扩展：作为企业级的私有云或者公有云，目前开源版本Cloud Foundry的弹性伸缩能力、各个组件的HA、Router的负载均衡以及网管集成都需要做一些功能扩展。京东的JAE在Router负载均衡方面借鉴了Nginx的路由策略，采用权重算法，负载越小的实例越有机会响应请求的方法对 Router 进行功能扩展，同时在弹性收缩方面也做了扩展以满足需要；Pivotal CF 通过支持 SNMP，确保和网管系统的集成。

6）移动服务：这也是 PaaS 云的一个热点，因为当前越来越多的人使用移动设备，企业用户也希望能迅速将许多 IT 应用的使用转移到移动设备和平板电脑上面，在 Cloud Foundry 上面也可以开发移动服务，以满足现在的需要。内置的弹性收缩能够根据应用的使用情况和数据的产生速度做出变化，并能够提供日志跟踪、推送通知、数据同步等服务。业界有 Pivotal CF 和 BlueMix 提供这些企业级的移动服务。

7）收费模式：以 Cloud Foundry 构建的公有云中，其收费模式是根据资源隔离器中（Warden）使用内存大小来收费，不同于目前公有云 AWS 和国内 SAE 的收费模式。

# 推荐阅读

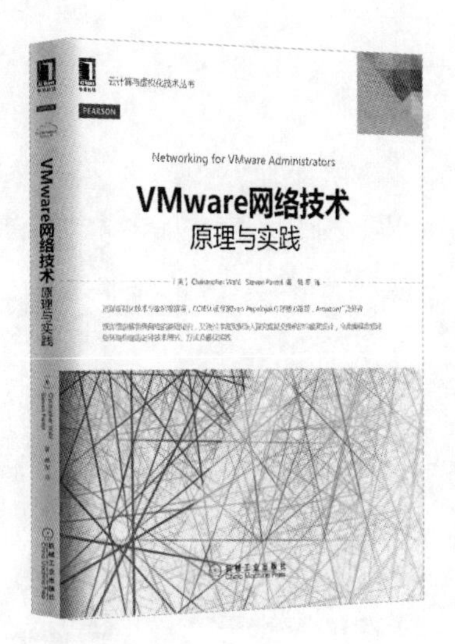

## VMware Virtual SAN权威指南

作者：（美）Cormac Hogan 等 ISBN：978-7-111-48023-5 定价：59.00元

**不论您是虚拟化新手，还是存储专家，这本书是有关VMware Virtual SAN最权威的解读，是实现软件定义存储最有效的指南。**

**——任道远，VMware中国研发中心总经理**

VMware资深虚拟存储专家亲笔撰写，全球第一本全面、系统讲解Virtual SAN技术的权威著作，Amazon全5星评价。

从Virtual SAN的部署、安装、配置到虚拟机存储管理、架构细节和日常管理、维护等方面，深入探讨Virtual SAN的各项技术细节，并用多个实例详细讲解Virtual SAN群集的设计和实现。

本书专为管理员、咨询师和架构师所著，在书中Cormac Hogan和Duncan Epping既介绍了Virtual SAN如何实现基于对象的存储和策略平台，这些功能简化了虚拟机存储的放置，还介绍了Virtual SAN如何与vSphere协同工作，大幅提高系统弹性、存储横向扩展和QoS控制的能力。

## VMware网络技术：原理与实践

作者：（美）Christopher Wahl 等 ISBN：978-7-111-47987-1 定价：59.00元

**资深虚拟化技术专家亲笔撰写，CCIE认证专家Ivan Pepelnjak作序鼎力推荐，Amazon广泛好评**
**既详细讲解物理网络的基础知识，又通过丰富实例深入探究虚拟交换机的功能和设计，**
**全面阐释虚拟网络环境构建的各种技术细节、方法及最佳实践**

本书针对VMware专业人员，阐述了现代网络的核心概念，并介绍了如何在虚拟网络环境设计、配置和故障检修中应用这些概念。作者凭借其在虚拟化项目实施方面的丰富经验，从网络模型、常见网络层次的介绍开始，由浅入深地介绍了现代网络的基本概念，并自然地过渡到虚拟交换等虚拟化环境中与物理网络最为关联的部分，最后扩展到实际的设计用例，详细介绍了不同实用场景、不同的硬件配置下，虚拟化环境构建的考虑因素和具体实施方案。